浦江水仓

主　编　傅克平
副主编　刘定湘　夏　朋　杨　研
耿思敏　陈　璐

中国水利水电出版社
www.waterpub.com.cn
·北京·

内 容 提 要

“浦江水仓”即“水之仓库”，是浦江水文化的重要组成，在浦江发展史上发挥了重要作用。本书通过文献梳理和实地调研，坚持图文并茂编撰而成。

全书包括四个部分：“浦江水仓”的由来，主要从浦江县志、水利志等历史素材中总结“浦江水仓”的内涵、分类以及灌溉功能等，深刻阐释“浦江水仓”在浦江发展史上的重要地位和作用；“浦江水仓”历史篇，分五个阶段梳理浦江水仓发展历史；“浦江水仓”体系篇，通过追溯浦江灌溉历史，立足现状，梳理各类水仓的特点及灌溉工程体系；“浦江水仓”价值篇，从历史文化价值、社会经济价值、生态价值和科技价值等四个方面分析“浦江水仓”价值。

图书在版编目（CIP）数据

浦江水仓 / 傅克平主编. -- 北京 : 中国水利水电出版社, 2023.10
ISBN 978-7-5226-1774-9

Ⅰ. ①浦… Ⅱ. ①傅… Ⅲ. ①水利史—浦江县 Ⅳ. ①TV-092

中国国家版本馆CIP数据核字(2023)第169866号

书　　名	**浦江水仓** PUJIANG SHUICANG
作　　者	主　编　傅克平 副主编　刘定湘　夏　朋　杨　研　耿思敏　陈　璐
出版发行	中国水利水电出版社 （北京市海淀区玉渊潭南路1号D座　100038） 网址：www.waterpub.com.cn E-mail：sales@mwr.gov.cn 电话：（010）68545888（营销中心）
经　　售	北京科水图书销售有限公司 电话：（010）68545874、63202643 全国各地新华书店和相关出版物销售网点
排　　版	中国水利水电出版社微机排版中心
印　　刷	天津嘉恒印务有限公司
规　　格	170mm×240mm　16开本　21印张　323千字
版　　次	2023年10月第1版　2023年10月第1次印刷
印　　数	001—800册
定　　价	**148.00**元

序

Preface

2021年9月，我受任浦江县水务局局长、党委书记一职，恰逢《浦江水仓》一书编纂之际。作为一名水利工作者，我深知水、水利工程和水文化的重要意义。

中华民族悠久的文明史就是一部兴水利、除水害的历史。每个地方的人能够生存、繁衍、延续和发展，水利设施功不可没。历史悠久的浦江，其泉、堰、塘、井、渠等小型水利工程，以及水车、桔槔、戽斗、水接等灌溉器具共同组合，立体化分布，互为补充，全天候可灌溉，成就了独具浦江区域特色的传统灌溉工程体系代表性典范——“浦江水仓”。

现阶段，水利作为国民经济的基础性产业，面临着从传统水利向现代水利转变，从工程水利向资源水利、环境水利、生态水利转变。研究古代典型水利工程，挖掘、传播“浦江水仓”水文化，必将促进浦江水利事业迈向新台阶，为“人水和谐”奠定坚实基础。

浦江县位于浙江中部浦阳江源头，因水而名，依水而生。浦江建县1800余年，历史上水旱灾害频发，为了在浦江大地上繁衍生息，浦江先人因地制宜，修建了大量的塘、井、堰、渠等小型水利工程，这些水利工程统称“浦江水仓”，其中的溪井、拗井、天渠等农田灌溉水利工程世所罕见。

1万年前，浦江先民在浦阳江北岸二级阶地聚落定居，耕作灌溉，驯化野生水稻。上山文化是迄今中国境内乃至东亚地区发现的规模最大、分布最为集中的早期新石器时代遗址群，聚落定居当时已经成为上山文化的生活模式，上山文化遗址也是迄今发现的最早的村落；上山先民开始稻的耕种实践，以金衢盆地为中心的钱塘江地区应是世界稻作农业的重要起源地。袁隆平院士亲笔题写“万年上山 世界稻源”。

1000 年前，郑氏家族在白麟溪傍水而居，饮“孝感泉”，恪守廉俭孝义，创造了合族共财同居十五世，历朝 173 人为官无不勤政廉政的、无一人的贪墨家族传奇。“平生无别念，念念只麟溪。生则长相思，死当复来归”。致仕归家的明朝开国文臣之首宋濂念念不忘白麟溪上“江南第一家的”十桥九闸。

700 年前，宋元交替之际，江南诗坛名流在“其泉视月盈虚为消长”的名泉“月泉”之畔，开创文学史上的“奇迹”，结成史上第一个诗社——月泉吟社，开史上第一次诗歌命名比赛先河，出版了中国现存最早的一部诗社总集，涓涓细流，纳入钱塘江诗歌之路。

500 年前，浦江历史水利第一人知县毛凤韶主持修建“仙华堰”，著《筑塘解》，劝谕百姓“救荒无他奇策，不如讲求水利”“灌溉则莫如修陂塘而已”，提出多建堰坝，多挖水塘来抵御旱魔的水利策略，这一策略，浦江人沿用至今。

300 年前，嵩溪村人在嵩溪，刘笙村人在蜈蚣溪，筑“明暗溪”“阴阳坝”，铺松木建溪井；登高村人从 700 米高山凿石 2 里许，架“天渠”引水，饮用、洗濯、灌溉、消防、消暑，一水多用，物尽其用；浦阳江畔的巧溪村人在河滩垒石掏拗井，立杆作桔槔，为稻田灌溉辛苦劳作。

60 年前，通济桥水库破土动工，高峡出平湖，建成总库容 8158 万立方米的中型水库。浦江盆地从此摆脱洪魔肆虐，抗旱排涝能力有了质的飞跃，农业生产获得快速发展，人民生命财产安全得到切实保障，浦江的面貌从此焕然一新！

2013 年，以“浦阳江治理工程”率先打响了浙江省“五水共治”的第一枪，系统推进防洪排涝、水环境综合治理等，浦阳江全线形成20年一遇以上的防洪闭合圈，河里的水由污变净、由净变美，成功打造国家水利风景区和省级美丽河湖，成为“安全、生态、文化、宜居、富民”的“幸福河”。

“涛落浙江秋，沙明浦阳月。今游方厌楚，昨梦先归越。”“诗仙”李白路过浦阳江时写下了当时的浙秋风光。浦江作为“浙江诗路”上一颗璀璨的明珠，其诗歌文化历史可以追溯到南朝，其间留下了许多与水有关的诗歌、民谣。

“浦江水仓”为浦江人千百年来的智慧结晶，涌现了许许多多的治水人物，乡贤钱遹、名宦毛凤韶等为后人留下了宝贵的治水理念和经验。

浦江有古老的水事管理和丰富的水习俗与水信仰。塘长制、堰长制自明朝就有明确记录。浦江民间年年举办摆祭祭大禹、接龙王、迎板凳龙、迎会、八月初一村村“试水龙”等活动，“罗隐秀才过巧溪”“作水过金坑”“仙姑娘娘行云布雨”等民间传说仍代代相传。水习俗、水信仰、水故事共同构成浦江独特的水文化脉络。

从万年“上山文化”到“五水共治”文化，从高山山巅到河谷平畈，“浦江水仓”遍布全县各地，至今仍然发挥着灌溉、饮用、沐浴、浣洗、消防、养殖诸多功能。

傅克平等同志共同努力，多年来，走访农村，拜访村民，翻阅古籍，手抄笔录，多方考证，几经修改，编著了这本资料翔实、图文并茂的《浦江水仓》。本书的出版，将对深入挖掘传统水文化遗产，总结提炼传统治水方略，提升“浦江水仓”内涵和品位，繁荣和发展水利文学艺术，保护和利用好“浦江水仓”这一金字招牌，发挥重要作用。

潘期枫

2023年8月

目录

CONTENTS

第一章 概述

先民智慧的结晶、杰出的古代水利工程代表——“浦江水仓”，位于中国浙江省金华市浦江县。

浦江县位于金华市北部，东经 119°42′～120°07′，北纬 29°21′～29°41′之间。金华，古称婺州，于天文为婺女，“金华”一名源于“金星与婺女争华”。浦江东北邻诸暨市，东南接义乌市，西南与兰溪市毗连，西北和建德市、桐庐市接壤，距金华城区 46 公里，国土面积 918 平方公里。全县辖 7 镇 5 乡 3 街道，227 个行政村和 17 个社区，户籍人口 46 万。

图 1-1 浦江地标——龙德寺塔

浦江县地处亚热带季风气候区，兼有山地、盆地气候特征。气温适中，年平均气温在 13～17℃之间；光照充足，日照时数 1846 小时，无霜期多年平均为 243 天；雨量丰沛，多年平均年降水量为 1457 毫米，但空间、季节分配不均，年际间变化较大，最大年降水量为 2336.6 毫米，发生在 1937 年；最小年降水量仅有 934.2 毫米，发生在 1978 年，其最大最小比值达 2.48，历史上旱涝灾害频发，5—7月为梅雨季，7—10月为热带风暴影响的季节；多年平均水资源总量为9.278亿立方米，人均约1740立方米（低于全省人均2000立方米）；地下水资源比较丰富，地下水资源总量0.93亿立方米；多年平均水面蒸发量为907毫米，水面蒸发量的年内分配不均匀，主要集中在7—9月，为年蒸发量的42.7%；多年平均干旱指数0.62，属湿润地区，但在7—8月易出现干旱，干旱指数大于1.1。境内主要有共同发源于西北部花桥乡天灵岩的浦阳江和壶源江两条河流，浦阳江和壶源江贯穿浦江盆地和北部山区，俱为钱塘江一级支流。境内共有大小河流（河段）计577条，河道总长度1018公里。

浦江地形西北高东南低，龙门山脉在县境内分三支自西向东延伸，以低山丘陵侵蚀地貌为主，约占全县总面积的81%，又有河谷、盆地，地形比较复杂，属浙西中山丘陵盆地交叉地区。县境内最高峰为与桐庐交界的朝天门，海拔1050米，最低处为与诸暨交界安华水库库尾，海拔接近24米。境内土壤类型多样，生物资源丰富。耕地面积1.61万公顷。

浦江农业生产以传统种植水稻为主，兼种植小麦、薯类、玉米、油菜等粮食作物和茶叶、葡萄、香榧等经济林。浦江有“水晶之都”“挂锁之城”“绗缝家纺名城”之誉。工业产业众多，目前已基本形成服装、针织、水晶、制锁、绗缝等一批优势特色产业和块状经济。其中水晶、挂锁分别以70%以上的市场占有率而成为全国最大的产品集散地，花边绗缝为全国最主要的加工出口基地之一。全县拥有各类民营工业企业3600多家，工业销售产值500万元以上的规模企业达到400家，出口产品企业300余家，拥有自营进出口权企业260多家。

浦江县因母亲河——浦阳江得名，素有“万年上山、千年宋韵、百年书画兴盛地”的美誉。春秋战国时期，浦江属于越国，秦、西汉时隶属会稽郡。浦江建县于东汉兴平二年（195年），时称丰安，唐天宝十三年（754年）置浦阳县，后梁开平四年（910年）改称浦江县，宋初属东阳郡，后属两浙路。元初属婺州路，后属浙东海右道。元至正十八年（1358年）属宁越府。明、清属金华府。民国初属金华道，1927年直属浙江省。1960年11月撤县，辖地除梅江公社划入兰溪县外，其余均并入义乌县。1966 年 12 月国务院批准恢复浦江县建置，至今已有 1800 多年历史。2017 年被联合国评定为中国地名文化遗产——千年古县。浦江县历代名人辈出，素有“文化之邦”“书画之乡”之称。

第一节 万年上山

2000 年秋冬之际的一次专题考古调查，在浦江浦阳江盆地发现了距今 8600～11400 年前的栽培水稻、稻壳、夹炭红衣陶片和聚落定居遗迹，揭开了“万年上山”神秘面纱。

浦阳江盆地南与金衢盆地、北与诸暨盆地相邻，浙东平原由此正式过渡至绵延的浙西南山地。浦江盆地地形方正，边界清晰，盆地东西长超过 18 公里，南北宽 10 公里，总面积约为 200 平方公里。浦阳江从西向东横贯盆地南半部，在黄宅急转 90 度北流，沿盆地东缘入安华水库。盆地主要地貌类型为红土低丘、红岩低丘、低丘之间的坳沟和冲积扇平原，山地与低丘的分界线海拔为 100～140 米，发源于南部与北部山地的河道出山口后，都有冲积扇平原与河谷平原相连。冲积扇的扇顶部与山麓连接。河谷平原主要由高河漫滩组成，土地肥沃，盛产稻米。浦江盆地河谷平原是浦江县主要经济聚集区。

上山文化遗址坐落在浦阳江盆地中心地带，位于黄宅镇现上山村，原渠南、渠北和旧骆村附近。遗址在浦阳江北岸、蜈蚣溪西岸，距浦阳江盆地距西侧边缘 10 公里左右，南侧、北侧、东侧边缘俱为 5 公里左右，周围地势相对平坦，海拔约 50 米，为河流二级阶地的残丘，分布位置靠近支流、远离干流，既易于取水，又可避免洪水灾害。遗址的具体位置在两个间距几十米，俗称“上山”黄土堆积的小土丘上，并因而得名，相对高度 3～5 米。南丘为土山，面积约 15000 平方米，北丘为石山头，面积约 10000 平方米，地势平坦开阔，易于建造房屋，开展农耕。同时，在全新世早期气候转暖的大背景下，优越的气候条件和丰富的自然资源都为上山先民在此居住提供了必备的条件。

1996 年春，浙江省文物考古研究所对拟建的杭金衢高速公路沿线进行前期文物调查，并发现了诸暨楼家桥新石器时代遗址，从而逐渐改变了浙江新石器时代文化以钱塘江为界的两大系统的认识，即浙北的马家浜—良渚文化系统，浙南的河姆渡文化系统。

2000 年 9 月，以蒋乐平为领队，开展“浦阳江流域新石器时代遗址的调查与研究”项目工作，联合浦江县文物管理办公室，进驻渠南村歪塘山背。村中间分布着一口呈南北向，折而向东，宽 10 多米，曲折断续的水塘，当地人称之为歪塘。歪塘实为废湮的蜈蚣溪古河道的遗留水域。9 月 27 日，在歪塘西边的小土丘上发现了一个距今 5000 年前的良渚文化时期的墓葬，给考古人员莫大惊喜，后扩大调查范围，目标定在村北同样为小土丘的“上山”。2000 年 11 月 10 日前后，考古发掘完毕，发现了厚约 0.5 米的文化层，并有 2 个灰坑。出土一件残石锛及数量众多的夹炭红衣陶片，可复原陶盆 1 件，初定遗存可达 7000 年。自此，上山遗址发现了。

2001 年 2 月至 2006 年 1 月，浙江省文物考古研究所与浦江博物馆对该遗址进行三期考古发掘，发掘面积约 1600 平方米，出土石制品数千件，修复陶器 80 余件。2002 年，由于测定技术进步，夹炭陶片也可用来作测年样品，蒋乐平将四块夹炭陶样送交北京大学考古文博学院碳十四实验室。经测定，四个测年数据分别为（9610±160）年，（8740±110）年，（8620±160）年，（8050±110）年，早晚关系与地层关系完全一致，后经树轮校正后约距今 8600～11400 年，比河姆渡遗址的年代早了 4000～3000 年，比跨湖桥遗址早了 3000～2000 年！

2006 年 5 月，上山遗址由国务院公布为全国重点文物保护单位。同年 11 月，中国第四届环境考古大会暨上山遗址学术研讨会在浦江召开，会上，上山遗址被命名为“上山文化”（图 1-2）。

中国工程院院士袁隆平和考古学家严文明曾分别为上山遗址题词“万年上山 世界稻源”和“远古中华第一村”。上山文化具有四大文化内涵特征。

（1）上山遗址是中国迄今发现的年代最早的新石器时代遗址之一。遗址的年代距今 8600～11400 年。当初河姆渡遗址出土 7000 年的人工栽培水稻，曾将世界稻作农业起源的研究热点引到长江下游地区，而上

图 1－2 浦江上山考古遗址公园

山遗址又将这一纪录提前了 3000 多年。上山遗址的发现是中国早期新石器时代考古的重大突破，将长江下游地区的人类文明发展史大大提前，也进一步证实了中国是世界上最早种植水稻的国家之一。

（2）上山遗址是迄今发现保留丰富栽培稻遗存年代最早的新石器时代遗址。在出土的夹碳陶片表面，发现较多的稻壳印痕，胎土中夹杂大量稻壳。对陶片取样进行植物硅酸体分析显示，此系经过人类选择的早期栽培稻。这一结论证明，上山遗址所在的长江下游地区是世界稻作文明的重要起源地，也为稻作农业起源研究提供了十分珍贵的资料。

(3) 遗址内涵具有明显的由旧石器向新石器过渡的特征。在遗址出土的陶器（片）和石器中，陶器多为夹炭红衣陶，数量少、陶质疏松、火候低、器型简单，85%都是敞口盆形器；石器以打制石器为主，并间有少量通体磨光的石锛和石斧。遗址发现大量的石球、石磨棒和石磨盘，其中以石磨盘与石磨棒的组合最具特点，反映了与原始农业紧密相关的经济生活模式。

(4) 在中国迄今发现的万年以上的早期新石器时代遗址中，多以洞穴、山地遗址类型为主，而浦江的上山遗址位于浙中盆地，四周平坦开阔，这是人类早期定居生活的一种全新选择。遗址发现了结构比较完整的木构建筑基址，反映了长江下游地区在新石器时代早期农业定居生活发生、发展中的优势地位。

2020 年 11 月，浦江县隆重举行上山遗址发现 20 周年学术研讨会等系列活动，进一步明确了“三个定义”：上山是世界稻作农业的起源地，上山文化是中国农耕村落文化的源头，上山文化的彩陶是迄今发现的世界上最早的彩陶。自 2000 年浦江上山遗址发现以来，浙江省总共发现早期新石器时代遗址 21 处，是中国境内乃至东亚地区规模最大、分布最集中的早期新石器时代遗址群。2022 年，浦江县上山遗址、嵊州市小黄山遗址、义乌市桥头遗址、永康市湖西遗址、龙游县荷花山遗址、仙居县下汤遗址联合申报世界文化遗址，努力让“万年上山”成为“万年浙江”“万年中国”重要文化标识。

第二节 浦江水利

上善若水，水善利万物而不争。水，润物无声，有周济天下的情怀。在人类生产、生活和精神世界中，水扮演着不可或缺的角色。人类的历史，是人类适应自然、改造自然的历史。水寄托了人类很多情感，人们认为水有“以柔克刚的特质，有包容接纳的胸怀，有百折不挠的精神，有能屈能伸的度量，有聚气生财的品格，有达济天下的情怀，有功成身退的境界”。治水，除弊兴利是人类社会发展进程中极为重要的活动之一。1800余年的浦江史，也是浦江的水利发展史，也是浦江人民为构筑人水和谐共存发展的奋进史。

浦江地处河流源头，四周皆山，交通不便，商业不兴，无大水可资灌溉，“邑负大山，山险地狭，土壤硗瘠”，“非宾客商贾之奔辏”，又“无珍货绝产以阜通其利，民为耕稼外，以佥啬自全其生”。历史上，浦江力农务本，以农为业，但水旱悬殊，灾害频发，唯有讲求水利。

历史上，能见诸文献中最早的水利工程是“鹤塘”，距今1100余年，相传在五代时即有人在其旁居住灌溉，在中华人民共和国成立后扩建为“岳塘水库”（图1-3），至今仍发挥灌溉功能。

图1-3　岳塘水库

北宋时，邑人钱侃、钱遹“阅月之良，涓日之吉，鸠工备材，民廪粟，具畚锸，一旦辟而新之”。斥巨资兴修水利，修建东湖塘、西湖塘、椒湖塘，三塘建成，不但庇荫钱氏族人，还惠及后世子孙及乡里人，“赖以灌溉，而无旱岁”。

北宋元符二年（1099年），郑氏始迁祖郑淮在香岩溪畔定居。为纪念郑氏先祖白麟，郑淮公将香岩溪改名为白麟溪，后郑绮公在白麟溪畔掘“孝感泉”饮用，终成郑氏十五世同居始祖，浦江郑氏因此受敕为

“江南第一家”。

壶源江上虞宅席场桥、席场堰、虞大塍等工程，首建于南宋宝庆年间，至今已有800年历史，现在仍屹立于壶源江，守护着一方安宁。500年前，《嘉靖浦江志略》记载的“嘉靖二十塘”中的陈湖塘、蒲池塘、后汉塘在20世纪50年代纷纷扩建成小型水库。

中华人民共和国成立后，在共产党领导下，依靠合作化力量，水利有了飞速发展。1952年完成了农田水利的恢复工作，至1958年，新建改建了金狮岭等10座小型水库，蓄水量达1593万立方米，山塘21550个，蓄水量达5070万立方米，堰坝谷坊5214条，可供水量170万立方米，水田的抗旱能力由中华人民共和国成立前的10天左右，提高到52天；1958年12月，通济桥中型水库上马开工，多灾的浦阳江也逐渐驯服，全县水利面积有了根本变化。1978年后掀起治水兴利的新高潮，相继建成金坑岭、外胡、派顶等跨流域引水工程，西水东调，彻底解决浦江盆地北缘的灌溉和浦江盆地水资源不充足、不平衡问题。

进入新世纪，浦江高度重视民生水利，新建续建一大批水库、河道堤防、节水灌溉、水土保护小流域治理等水利工程设施，并全面实施千万农民饮用水工程（甘泉工程），新建了一批饮用水源，铺设了通村管网，全县99%以上的居民用了干净卫生方便的管道自来水。

2013年以来，浦江以“一天都不耽搁，一点都不马虎”的浦江治水精神，全面启动浦阳江水环境综合整治，率先打响了浙江省“五水共治”的第一枪。浦江举全县之力，聚全县之智，强势推行治水工作，全面消灭了全县“牛奶河”“垃圾河”“黑臭河”，结合“三改一拆”“四边三化”和“浙中生态廊道”“美丽浦江”建设，浦江生态环境发生翻天覆地改变，治理后的浦阳江形成20年一遇防洪闭合圈，成功抵御2017年、2019年等多次洪水；2014年起，浦阳江流域饮水水源地金坑岭水库、通济桥水库的水质常年维持Ⅱ类，浦阳江出境断面水质从整治前的连续8年劣Ⅴ类稳定提升至Ⅲ类，生态环境公众满意度从治水前的全省倒数第一提升到全省第4位。

2017年，浦江县持续深入推进“五水共治”，把生态廊道建设作为“五水共治”的新战场，成功创建浦阳江获评浙江“最美家乡河”

"最美绿道"和金华市第一家"国家水利风景区"，连续八年获得浙江省五水共治"大禹鼎"奖，浦江用脱胎换骨般的变化，全域实现了美丽河湖。

从2016年起，浦江积极推行水利标准化管理，"重建轻管"面貌得以根本改变，通过"定标、定责、定岗、定员、保障经费"，实现每个管理行为、环节"有人管、有钱管、依标管、严格管"，全县水库、河道堤防、水闸、山塘、渠道、电站、水文测站、农村饮用水工程等水利工程基本建成长效管护机制，实现工程管理的"产权化""物业化"和"数字化"，工程形象面貌和管理水平得到质的飞跃。

浦江历史悠久，人文荟萃，水文化种类繁多。2021年浦江开展了全县水文化调查和浦江水仓遗迹普查，摸清了家底，建立了重要水利工程遗产、涉水相关物质类和非物质类水文化名录，形成了遗产数据库，为打好浦江治水品牌，讲好浦江水故事夯实坚实基础。

经过一代一代水利人不懈努力，浦江水利已从单纯为农业服务向整个国民经济服务，向建设和谐优质的社会环境服务，传统水利成功转型为现代水利，成为"生态水利""民生水利""资源水利""法治水利"。

一、地形、地貌

浦江918平方公里中林业用地占56.5%，耕地占19.5%，水域占3%，公路、道路、城镇、村庄等其他占20.6%，素有"七山半水二分田，半分道路和庄园"之称，属江南典型的丘陵盆地地貌。地势西北高、东南低，海拔高程24～1050米。

浦江地貌类型分为平畈、岗地、丘陵和山地。浙江千里岗山脉之龙门山地，自西向东进入浦江，在浦江县内分北支、中支、南支和浦东山脉。与会稽山脉东西相接。四支中以北支山脉地势最高，海拔多为500～1000米，坐落于大畈乡的朝天门海拔1050米，为县境内最高峰，鄞岩顶、西顶、乌坛、天雷岗等山峰海拔1000米以上，均属此支。中支山脉俗称"北山"，多为低山丘陵。位于花桥乡高塘村西的后山，海拔822.5米，浦阳江、壶源江发源于此。南支山脉为丘陵，俗称"南山"，海拔多在500米以下，其最高峰为与义乌市交界的草大坪，海拔809米。浦东山脉海拔300米以下，最高峰官岩山，海拔301米。中支低山丘陵自西向东，把浦江分为南北两半，其北壶源江横贯其中，是竹、木、茶叶和林特产品主要产区。其南由中支、南支和浦东三支丘陵低山环拱而成浦江盆地，浦阳江居中横贯，是粮食、油料、棉花、茶叶、蚕茧和水果的主要产地。

平畈面积约121平方公里，分河谷平畈和山间平畈。河谷平畈面积约107平方公里，浦阳江支流冲积扇平原与干流河谷平原相连。山间平畈主要分布于壶源江流域。岗地面积约38平方公里，海拔在150米以下，地势平缓，坡度3～6度，为浦阳江两岸二、三级阶地。丘陵面积约380平方公里，其中海拔250米以下的低丘约110平方公里，主要分布于浦江盆地的东西两端。海拔250～500米的高丘约270平方公里，主要分布在浦江盆地南北和县境东北部。海拔500米以上，坡度大于25度的山地面积约360平方公里，以低山为多。

二、地质、土壤

按照浙江大地构造分区，浦江位于绍兴—江山断裂带西侧，属华夏古陆南岭准地槽钱塘江凹陷带。地层出露较为齐全，除晚古生界外，元古界至新生界均有发育。中生界遍布全县，约占全县面积的三分之一。东北部主要以古生界以前海相地层为主；西部以中生界火山岩陆相地层为主；东南部则为新生界第四纪松散堆积地层。

全县岩石除南山白石源有少量火成岩外，绝大部分为水成岩演变而成。一般可以分为流纹岩、凝灰岩、红色软岩、石灰岩和火成岩五种。

流纹岩主要分布在石马、文溪、方宅、潘宅、东塘、岩头、堂头、曹源、东岭、杭坪、虞宅、朱宅、石井、罗家、平湖、大元等地。岩石坚硬，质地良好。

凝灰岩主要分布在花桥、前吴、前陈、吴店等地。岩石中含有砂砾，凝结力较差，容易发生断层。

红色软岩主要分布在浦阳、大许、七里、黄宅等地。岩石色红质软，极易风化。

石灰岩主要分布在嵩溪、旌坞、中余等地，质地较好。

火成岩主要分布在白石源，质地坚硬。

浦江的土壤一般均由水成岩冲积土演变而成。

红壤是浦江分布最广的土类，占土壤总面积的65.1%。分布于海拔600以下的低山丘陵及盆地的缓坡岗地。土体淋溶强烈，其中以浦江盆地的红色黏土（俗称黄黏泥）最为典型，具有酸、黏、瘦、红的特点。

黄壤分布于海拔600米以上的山地；岩性土在境内主要是石灰岩土和钙质紫砂土，占全县土壤面积的10.4%，主要分布于郑家坞、前吴、花桥、平安、大溪、中余和黄宅的治平等地，土壤多处于半风化状态。

潮土主要分布于浦阳江、壶源江和大陈江支流两侧冲积滩地及盆地四周谷口洪积扇上。潮土是江溪冲积物、洪积物为母质经长期熟化而形成，通气透水，土层深厚，土体中下部常受地下水渗漏影响。

水稻土系各种土壤经人为水耕熟化下形成的土壤，全县约有22万亩，占全县土壤总面积的17.6%。水稻土集中分布于浦江盆地和山间谷地，地下水位适中，排灌方便。

浦江的土壤质地以重壤与中壤为主，土体中下层砾石含量较多，土层普遍不厚，山地与旱地坡度较大，土层瘠薄，水土流失严重。

三、农业、植被

农业历来是浦江经济的基础。在距今9000～11000年之前的时期新石器时代，浦江的先民就已经在此村落集聚、种植渔猎活动。“万年上山”遗址发掘发现，当时即有最早的村庄雏形和种植驯化稻。浦江居民素来“朴茂质实，力农务本”（南宋陈亮语），“民业耕稼外，以俭啬自全其身”（元吴莱语），地瘠民穷，因而克勤克俭，精耕细作，因地制宜，蔚然成风。浦江境内地少人多，田少山多，地貌复杂，土壤各异，生物资源分布不均，交通、市场信息与经济基础状况亦多有不同，区位优势差异明显。各地农民通过长期的生产和社会实践，逐步形成了自己的农业思路。

浦江主要的粮食作物有稻、麦、玉米、豆、粟、番薯。东南盆地以往主种水稻，西北山区主种玉米。水稻一年种一熟，多系中稻，品种有“三百粒”“四百粒”“东阳青”等，少种早稻，不种晚稻。中华人民共和国成立以后，随着水利条件改善和政府提倡，改种二熟。过去，水稻田收割之后一般多种花草（紫云英，俗称花草田为“歇田”）。农事遵循二十四节气，顺次进行，在很大程度上受制于水利条件和气候变化。清明播种，谷雨插秧，水稻生长需水与浦江降雨同步。水稻种植十分重视水利和用水的管理。“有收无收在于水”“三分种，七分管”。

浦江属中亚热带常绿阔叶林北部亚地带，浙闽山丘甜槠木林植被区。大多为常绿阔叶次生林、松灌残次林、灌木小竹丛、草灌及人工林。植被有较明显的垂直分布。明清时期，境内森林茂密，森林资源十分丰富。但在近代，人类活动频繁，森林破坏严重，自然植被残存甚少。经坚持森林培育保护，现森林覆盖率为68%。马尾松是县内分布最广、面积最大的森林植被群系。1998年马尾松总面积53.2782万亩[1]，占林业用地总面积的55.8%。

四、气候、气象

浦江县地处亚热带季风气候区，是一个以低山丘陵为主、又有河谷盆地、地形呈多样性的县份。浦江县兼有亚热带季风气候和山地、盆地气候特色，冬夏季风交替明显，四季冷暖干湿分明；降水丰沛，季节分配不均，年际变化大，旱涝发生频率高；光照充足，昼夜温差大；气候类型多样，立体气候明显。

全县各地年平均气温在13～17℃之间，以浦江盆地中心黄宅一带最高（16.9℃），西北山区最低（不到14℃）。各地气温年较差为23～25℃，高于0℃年均积温为5000～6200℃。气温季节变化明显，以1月为最低，以后逐月升高，升温最快的是4月，7月为最高，以后逐月下降，降温最快的是10月。气温日较差春秋大于冬夏，以11月最大，4月和10月次之，1月和6月最小。城区年平均气温16.7℃，最冷年15.8℃（1984年），最热年17.9℃（1998—2007年），气温年际变化2.1℃。最冷月（1月）平均气温4.4℃，最热月（7月）平均气温

[1] 1亩≈666.67平方米。

28.5℃，气温年较差24.1℃。日最高气温高于35℃的高温日数年均26日，2003年达61天，1982年仅5天，极端最高气温41.4℃（2003年7月31日）。日最低气温低于0℃的冰冻日数年均31.0天，1968年度达52天，2000—2007年度仅13天，极端最低气温为11.1℃（1969年2月6日）。

在山区，气温随海拔高度升高而递降的特征很明显，平均每升高100米气温要下降0.52℃。递降率随季节而变化，夏季最大，8月达0.64℃/100米，冬季最小，12月和1月仅为0.44℃/100米。气温垂直递降率还与坡向有关，以南坡最大，北坡最小。在浦江盆地四周相对高度低于200米的山坡上，冬春存在逆温层，特别是冷空气侵袭时，坡顶最低气温高于坡底。

全县各地年平均降水量在1250～1600毫米之间，年平均降水日数在145～165天之间。降水地区差异大，山区雨量大于盆地。降水季节分布不均匀，春夏两季（3—9月）降水量占全年80%，特别是梅雨量（5月至7月上旬）占全年1/3以上。城区年降水量1450毫米，最多为2140毫米（2002年），最少为984毫米（1978年），年际差达1155毫米。年均降水日数为156天，最多197天（1985年），最少129天（2003年、2007年），年际差达68天。全年各月降水量变化呈单峰型，1—6月降水量逐月增加，6月平均降水量达247.3毫米，为降水最多月，7月起逐月减少，12月平均降水量仅为51毫米，为降水最少月，月际差达195.7毫米，月降水日数以3月最多（17天），11月最少（9天）。最大月降水量576.9毫米（1994年6月），最多月降水日数26天（1980年3月、1992年3月）。日降水量≥50毫米的暴雨日数年均3.2天，最多9天（1994年），1974年和2005年全年无暴雨。暴雨主要集中在梅汛期（5—7月），单日最大降水量163.0毫米（1997年7月8日）。连续三天最大降水量283.8毫米（1997年7月8—10日），连续五日最大降水量386.6毫米（1997年7月7—11日），任意10日最大降水量508.2毫米（1994年6月8—17日）。最长连续降水日数23天（1992年3月12日至4月3日），最长连续无降水（<0.1毫米）日数43天（1973年11月28日至1974年1月9日）。

五、水系、河流

浦江境内河流具有源短流急、河床比降大、径流季节性变化明显等山溪型特征。古代迄至民国时期，沿江一带常春涨夏霉，时患水潦；依山之地则伏旱秋冽，频遭枯水。主要河流浦阳江和壶源江发源于本县西部花桥乡的天灵岩，分别贯穿浦江盆地和北部山区，为钱塘江的一级支流。二级支流大陈江，纵贯东部的郑家坞镇汇入浦阳江（表 1-1）。

表 1-1　　浦江县主要河流基本情况表

水系	河流名称	发源地主峰及高程/米	河口	境内流经乡镇	流域面积/平方公里	主流河长/公里
浦阳江	浦阳江	天灵岩 822.5	萧山闻家堰	花桥乡、前吴乡、浦阳街道、浦南街道、仙华街道、黄宅镇、郑宅镇、白马镇等	3452/494.81	150/49.61
	童坞溪	天灵岩东 816.5	下宅溪	花桥乡	9.85	6
	寿溪	芜莱山 794	花吴公路桥下	前吴乡	7.65	5.75
	袅溪	芜莱山 794	墎山口	前吴乡	8.75	7.75
	里黄溪	寺心岭 401	朱桥	前吴乡	14.65	6.05
	真溪	梅树岭 530	真溪村	前吴乡	6.1	4.2
	石马溪	佑岩山北 649	毛桥村南	浦阳街道	6.6	7.14
	里坞溪	白泥岭 310	横大路	浦阳街道	4.35	3.78
	西溪	杭口岭南 430	水月庵	浦阳街道	13.7	5.73
	五路岭溪	桐坞岭 300	下季宅	浦阳街道	9.23	5.4
	东溪	八角尖 806.5	东溪口	浦阳街道	15.68	6.48
	黄龙溪	黄岗山 130	蒋村	仙华街道	3.25	1.95
	中埂溪	登高山 450	蒋村	仙华街道	17.93	9.85
	无名溪	平岗山 563	石埠头	浦南街道	11.76	6.9
	巧溪	草大坪 809	巧溪村	浦南街道	16.9	8.5
	丽水溪	义乌大峰山 680	余间	浦南街道	25.65	10.5
	岳塘溪	猪头岩东 640	卤冰店	仙华街道、岩头镇、黄宅镇	21.80	13.09
	蜈蚣溪	麦磨尖 595	魏村	岩头、黄宅	45.10	11.78

续表

水系	河流名称	发源地主峰及高程/米	河口	境内流经乡镇	流域面积/平方公里	主流河长/公里
浦阳江	和平溪	分水塘 190	下傅	黄宅镇	24.4/18.6	10.59
	义乌溪	义乌天公山 468	古塘	黄宅镇	81.7/19.6	18.8/4.81
	金桥头溪	新屋来 73	新宅	黄宅镇	11.55	7.57
	厚大溪	淡竹岭 568	甄村	郑宅镇、黄宅镇	22.75	16.8
	白麟溪	石磨门 489	后芦金	郑宅镇	15.63	10.25
	芦溪	鸡冠岩 725	后芦金	郑宅镇	17.08	11.08
	碧溪	鸡冠岩 725	五丰村	白马镇	15.45	9.18
	下柳溪	大南尖 580	利丰村	白马镇	15.85	8.1
壶源江	壶源江	天灵岩 822.5	富阳青江口	杭坪镇、虞宅乡、大畈乡、檀溪镇等	761/396.72	103/48.8
	曹源溪	后山 822.5	派顶	杭坪镇	22.95	10.65
	东岭溪	大岩岭 942	石宅	杭坪镇	22.95	10.19
	石响溪	木杓尖 655	石宅	杭坪镇	3.88	3.45
	中村溪	马山 550	前荷	杭坪镇	4.2	3.1
	大楼溪	塘雪岭 584	笑流坞口登云桥	杭坪镇	16.43	7.2
	朱宅源	木荷湾尖 911	西山	虞宅乡	39.93	13.1
	双姑源	朝天门箬岭 1050	壶源江汇合口	大畈乡	53.93	20.4
	清溪	八角尖 806.3	仓来	大畈乡	16.00	5.65
	黄坛源	金竹湾尖 920	廊家畈村	大畈乡	8.95	8.8
	金家源	西龙门 723	何坞口	大畈乡	4.78	4.4
	罗家源	天雷岗 1005	外罗家	檀溪镇	32.5	16.6
	长车坞	茅草坪 599	塘家会	檀溪镇	4.38	4.15
	中余溪	小伏岭	下毛店	中余、檀溪	60.15	16.20
	大元溪	升舞岭	潘周家	檀溪镇	19.23	9.13
大陈江	大陈江	义乌大坞尖 718	诸暨安华	郑家坞镇	264/23.82	37/3.95
	梅溪	分水塘	江桥	郑家坞镇	14.53	7.29

贯穿浦江盆地的浦阳江是浦江县干流之一，发源于西部花桥乡高塘村东之天灵岩南麓，流经三十六村至平水殿马源与井坑岭的岭脚溪汇合，几经迂回注入前吴乡的通济桥水库，而后自西向东，穿越城区经浦阳、浦南、黄宅、白马等乡镇（街道）流入诸暨市的安华水库，过诸暨市，直至杭州市萧山区闻堰小砾山注入钱塘江。浦阳江干流总长 150 公里，浦江境内主流长 49.61 公里，主要支流 34 条，干支流总长度为 278.99 公里，流域面积 518.63 平方公里。浦阳江在通济桥水库坝址以上河段，因山高谷窄，水流湍急。出水库入浦江盆地，水势渐缓，河床宽 22～75 米，两岸发育大片冲积滩地。

境内另一大河流壶源江，古称岩坑、湖溪、湖源、壶溪、壶江，发源于花桥乡高塘村天灵岩西北麓，过高塘村向北，汇合库岭溪折向东流，穿流于群山峡谷之中。先后纳五家村源、截拓岭水与曹源之水，在杭坪镇石宅村附近（上段统称三宝源）汇东岭源，至杭坪镇折向东北，经虞宅、大畈、檀溪等乡镇，至檀溪镇大梓树脚村西北的荡江岭下出县，穿桐庐县一角，复入马剑乡（1967 年划归诸暨市），出金沙村入富阳市，于青江口注入富春江，流程共 103 公里，壶源江在浦江县境内长 48.8 公里，流域面积 396.72 平方公里，主要支流 14 条，河道弯曲，水流湍急，河床卵石群集，水源充足，水质好。

大陈江源于义乌市巧溪乡全章岭西麓大坞尖，金华地区境内全长 28.5 公里，流域面积 200.3 平方公里，本县境内主流长 3.95 公里，流域面积 23.82 平方公里。大陈江自义乌市大陈镇西北穿经本县郑家坞镇，至诸暨市安华镇附近注入浦阳江。古名龙溪，又名苏溪。

六、水库、山塘

浦江共有水库 63 座，其中中型水库 3 座、小（1）型水库 12 座、小（2）型水库 48 座（表 1－2）；共有山塘 326 座；共有水闸 1 座。

七、水域、水面

2020 年浦江县水域调查成果显示，浦江县共有五种水域类别，分别为水库、河道、山塘、人工水道和其他水域，水域总面积 27.91 平方

表 1-2　　浦江县中型水库工程基本情况表

序号	水库名称	集水面积/平方公里	正常蓄水位/米	设计洪水位/米	校核洪水位/米	总库容/万立方米	水域面积/平方公里
1	通济桥水库	104.5	108.6	110.56	112.41	8080	4.77
2	金坑岭水库	12.4	170.32	171.5	171.93	2150	0.96
3	仙华水库	5.03	238	238.16	238.57	1160	0.40
合计		121.93				11390	6.12

公里，水域总容积为 19830 万立方米，水面率 3.04%。其中河道共 660 条，水域面积为 12.56 平方公里；水库 63 座，水域面积为 9.65 平方公里；山塘 326 座，水域面积为 1.93 平方公里；其他水域 1645 个，水域面积为 3.48 平方公里；人工水道 7 条，水域面积为 0.29 平方公里（表 1-3，图 1-4）。

表 1-3　　浦江县水域调查成果表

分类	数量/（条、座、个）	长度/公里	现状水域面积/平方公里	现状水域容积/万立方米	水面率/%
河道	660	1134.20	12.56	3361	
水库	63		9.65	15104	
山塘	326		1.93	723	
其他水域	1645		3.48	589	
人工水道	7	81.92	0.29	53	
小计		1216.12	27.91	19830	3.04

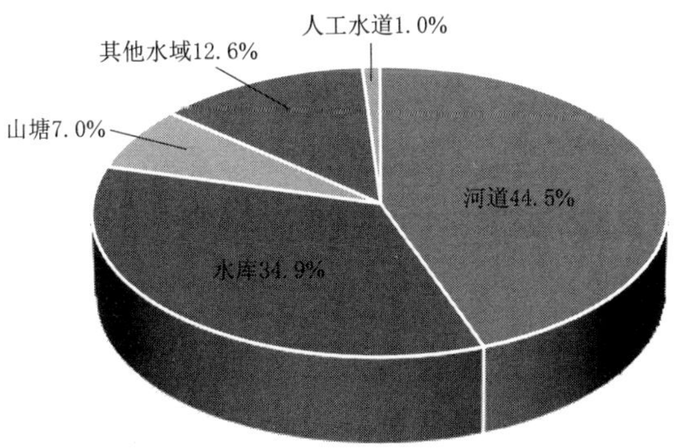

图 1-4　不同水域类型的水域面积比重图

（一）河道

浦江县共有660条河道，总长度1134.20公里，水域面积12.56平方公里。其中县级以上河道13条，乡级河道（含溪流）647条（表1－4）。

表1－4　　浦江县河道情况汇总表

序号	河道等级	数量/条	长度/公里	水域面积/平方公里	水域容积/万立方米
1	市级	2	36.63	4.47	1924.00
2	县级	11	131.22	3.71	777.85
3	乡级	647	966.36	4.37	659.55
合计		660	1134.20	12.56	3361.40

（二）水库

浦江县共有63座水库，其中中型水库3座，小（1）型水库12座，小（2）型水库48座（表1－5）。

表1－5　　浦江县水库情况汇总表

序号	类　型	数量/座	水域面积/平方公里	总库容/万立方米
1	中型	3	6.12	11390
2	小（1）型	12	2.09	2571
3	小（2）型	48	1.43	1143
合计		63	9.65	15104

（三）山塘

浦江县共有山塘326座，水域面积1.93平方公里。其中，高坝山塘26座，屋顶山塘67座，普通山塘233座（表1－6）。

表1－6　　浦江县山塘情况汇总表

序号	类　型	数量/座	水域面积/平方公里
1	高坝山塘	26	0.20
2	屋顶山塘	67	0.60
3	普通山塘	233	1.13
合计		326	1.93

（四）人工水道

浦江县共有人工水道 7 条，其中属于通济桥灌区 5 条，属于金坑岭灌区 2 条，总长度 81.92 公里（表 1－7）。

表 1－7　　浦江县人工水道汇总表

序号	所属灌区	数量/(条/段)	长度/公里	水域面积/平方公里	水域容积/万立方米
1	通济桥灌区	5	66.53	0.25	46.08
2	金坑岭灌区	2	15.39	0.04	7.26
合计		7	81.92	0.29	53.34

（五）其他水域

浦江县共有其他水域 1645 座，水域面积 3.48 平方公里。

（六）分乡镇水域统计

浦江县 15 个乡镇的水面率情况见表 1－8。

表 1－8　　浦江县分乡镇水域成果表

乡　镇	陆域面积/平方公里	水域面积/平方公里	水面率/%
浦南街道	72.53	1.91	2.63
仙华街道	54.71	2.57	4.69
浦阳街道	39.57	1.79	4.52
黄宅镇	66.49	3.70	5.56
白马镇	59.17	2.38	4.03
郑家坞镇	24.96	1.09	4.37
郑宅镇	41.09	1.20	2.92
岩头镇	49.10	0.81	1.65
杭坪镇	97.92	1.64	1.68
檀溪镇	109.44	2.18	1.99
前吴乡	63.46	5.45	8.59
花桥乡	48.34	0.51	1.05
虞宅乡	56.95	0.84	1.47
大畈乡	90.01	1.39	1.55
中余乡	44.40	0.45	1.01
合　计	918.16	27.91	3.04

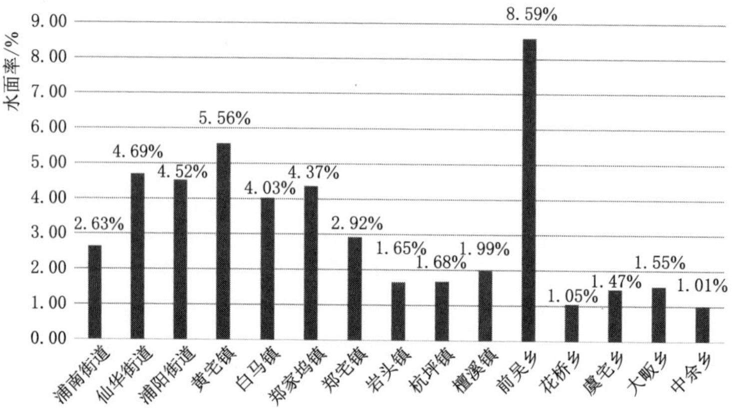

图 1-5　各乡镇水面率对比图

从不同乡镇的水面率来看，前吴乡的水面率最高，为 8.59%，其次是黄宅镇，水面率为 5.56%，中余乡的水面率最低，为 1.01%（图 1-5）。

八、社会、人口

浦江历史悠久，东汉兴平二年（195 年）建县，唐天宝十三年（754 年）置浦阳县，五代吴越天宝三年（910 年）改浦阳为浦江，至今已有 1800 多年历史。

浦江县域面积 918 平方公里，下辖 7 镇 5 乡 3 街道、227 个行政村和 17 个社区。人口从东汉兴平二年（195 年）建县后的 900 余年无考。南宋绍兴二十四年（1154 年）至民国三十七年（1948 年）的近 800 年间，全县约增加 16 万人，达到 23.21 万人。1949 年至 1985 年的 36 年中也增加了约 16 万人，1986 年至 2000 年人口规模扩大而增长幅度趋缓，15 年共增加 2.9 万人，年人口平均自然增长率为 6.5‰。根据第七次人口普查数据，截至 2021 年 11 月 1 日，户籍总人口 39.94 万人，其中男性 20.72 万人，女性 19.21 万人。年末常住总人口 46.2 万人，其中城镇人口 29.06 万人，城镇化率为 62.9%。全年出生人口 2418 人，出生率为 6.04‰；死亡人口 2636 人，死亡率为 6.59‰；自然增长率为 −0.54‰。

浦江的居民多从外地迁入，据 1985 年调查，人口在 5000 人以上的 18 主要姓氏，共 248731 人，占全县总人口的 71.5%。这些姓氏的祖先是分为 38 批 61 支由各地迁入浦江，其中东汉 1 姓 1 支，隋、唐、五代均为 2 姓 2 支，北宋、南宋、元代共为 20 姓 28 支，明代 9 姓 24 支，清代 2 姓 2 支。

浦江居民的家庭结构以传统的主干家庭、多代重叠的直系家庭和联合家庭为主。以农业生产为主，讲究“耕读传家”。浦江历来有聚族而居的风俗习惯，现县内有四分之一的村名属于姓氏地名。郑宅郑氏“江南第一家”十五世同居共食不分家，历时 350 余年，在宋、元、明三朝屡受朝廷旌表，是国内罕见的大家族。

2021 年全县实现生产总值（GDP）262.30 亿元，按可比价计算，比 2020 年增长 8.1%。其中，第一产业增加值 10.89 亿元，增长 2.1%；第二产业增加值 116.93 亿元，增长 11.7%；第三产业增加值 134.48 亿元，增长 5.8%。三次产业增加值结构为 4.2：44.6：51.3。全县常住人口人均地区生产总值达到 56806 元，比上年增长 7.9%（图 1－6）。

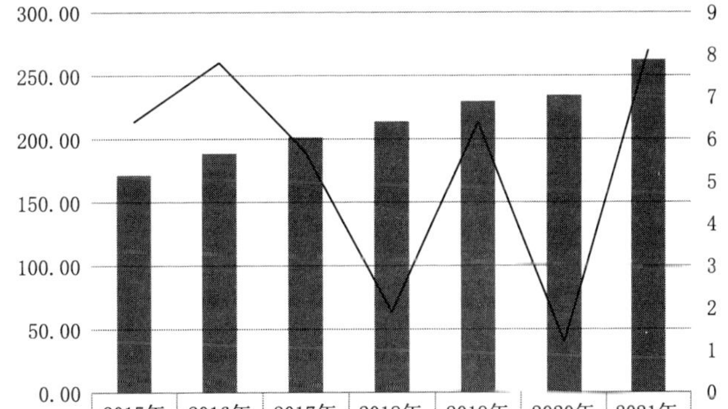

	2015年	2016年	2017年	2018年	2019年	2020年	2021年
总量/亿元	171.75	188.61	201.37	213.77	229.61	234.36	262.30
增速/%	6.4	7.8	5.7	1.9	6.4	1.2	8.1

图 1－6　2015—2021 年地区生产总值及增速

据城乡住户抽样调查，2021 年全年全县常住居民人均可支配收入 44281 元，比上年增长 11.1%。城镇常住居民人均可支配收入为 55066 元，增长 10.3%；农村常住居民人均可支配收入为 28014 元，增长

12.3%。全体居民从收入来源看，人均工资性收入 26135 元，增长 10.4%；人均经营性净收入 9276 元，增长 15.9%；人均财产性净收入 5831 元，增长 5.3%；人均转移性净收入 3039 元，增长 16%。全体居民人均生活消费支出 28285 元，增长 19.7%，其中城镇常住居民人均生活消费支出 34561 元，增长 19.2%；农村常住居民人均生活消费支出 18818 元，增长 19.5%。

九、文化、文艺

浦江历史源远流长，人文底蕴深厚，名人名家辈出。有南宋诗人方凤，元朝大儒吴莱、柳贯，明代开国文臣之首宋濂、张孟谦，清初东渡日本的高僧心越禅师蒋兴俦等。浦江素有“文化之邦”“书画之乡”的美称，主要的传统文化类型包括：上山文化、水文化、农耕文化、民俗文化、书画文化、饮食文化、孝义文化、轩辕文化、古道文化等，文化类型多样，空间分布广泛。浦江自古以来文化氛围浓厚，现状拥有一个国家全国重点文物保护单位“万年上山文化”上山遗址，一个省级历史文化名镇郑宅镇，一个国家级历史文化名村白马镇嵩溪村，三个省级历史文化名村虞宅镇新光村、黄宅镇古塘村以及檀溪镇潘周家村。

在 800 多年前，在仙华山脚月泉之畔，发生了一件浦江文化史的足以浓墨书写的大事。宋末义乌县令浦江前吴人吴渭，入元后隐居家乡吴溪，创立了“月泉吟社”，并邀请遗民诗人方凤、谢翱、吴思齐等主持。元至元二十三年（1286 年），月泉吟社以“春日田园杂兴”为题向全国征诗，次年初应征有 2753 卷，评选得 280 人。后将前 60 名之诗结集，以《月泉吟社诗》为名刊行。“月泉吟社”是我国文学史上最早的文人结社。它也是中国历史上第一次举办的全国诗歌大赛并有实物奖励的赛诗活动。所以，浦江可谓是“中国诗歌大赛的发源地”，浦江也成为当时的文化高地。

宋濂是浦江文人之杰出代表，他继承发扬了婺学吕祖谦之绝学，婺学先传浦江方凤，再传浦江吴莱、柳贯，三传宋濂。宋濂（1310—1381 年），初名寿，字景濂，号潜溪，别号龙门子、玄真遁叟等。祖籍金华潜溪，后慕浦江郑氏九世同居，孝义传家，愿卜而为邻，举家迁居距郑宅五里的青萝山。宋濂被明太祖朱元璋誉为“开国文臣之首”，是元末明初著名政治家、文学家、史学家、思想家，与高启、刘基并称为“明初诗文三大家”，又与章溢、刘基、叶琛并称为“浙东四先生”。学者称其为太史公。明武宗时追谥“文宪”，故称“宋文宪”。宋濂从小英敏强记，每日手不释卷，一生笔耕不辍，于学无所不通。有明一代礼乐制度，其所裁定者居多。宋濂自少以文雄一时，以散文创作闻名，称为“一代之宗”。其散文质朴简洁，或雍容典雅，各有特色。他推崇台阁文学，文风淳厚飘逸，其一些作品开了“台阁体”的风气之先。其著作《送东阳马生序》入中小学教材。元顺帝至正五年（1345 年），其著作《蜀墅塘记》记载了义乌县南蜀墅塘水利工程的复修，朴实无华，却又简洁隽永。

第三节 水旱灾害录

浦江历史上水旱灾害频发，这是和浦江地形地貌、降雨分布和耕作习惯有密切关系。

一、气候因素

浦江地处季风频繁活动地带。夏季，受太平洋副热带高压控制，以东南风为主，天气晴热，局部地区多雷阵雨。冬季，在大陆冷高压作用下，西北风日盛，天气以晴冷少雨为主。春秋两季，是冬夏季风转换的过渡时期，冷暖空气频繁接触，锋面气旋活跃，雨量增多。4—6 月间冷暖气流对峙，形成准静止锋，造成历时长、范围大的降水，即为中国长江中下游地区等地出现的持续天阴有雨的气候现象，由于正是江南梅子的成熟期，故称其为“梅雨”，此时段便被称作梅雨季节，又由于梅雨季里空气湿度大、气温高、衣物等容易发霉，所以也有人把梅雨称为同音的“霉雨”。在浦江，梅雨期间的降水量约占全年总降水量的 44%，是江南地带主要雨季，极易发生洪涝灾害。又由于副热带高压的强度、准静止锋相持时间的长短各年度间变化较大，有的年度会出现“空梅”“重梅”或“倒梅”的情况，引起春旱、提早进入夏旱或者引发水灾。

浦江出梅一般在7月10日左右，出梅后，即进入夏伏天，天气晴热少雨，水面蒸发量大，容易出现伏旱现象，而水稻作物正好进入快速生长期，需水量最大，正是需要大量灌溉用水的时候，容易出现用水矛盾。盛夏时节的局地强对流天气，也会造成局部性洪涝灾害。夏秋时，由于受热带风暴和台风影响，带来大风大雨，此时易发生台汛，可以缓解部分旱情，却也容易形成洪涝灾害。

干旱的发生与太平洋副热带高压北移的迟早、强弱，台风影响的大小及冷空气活动的情况有直接关系。

二、地理因素

浦江中部以浦江盆地为主要地貌，西部、北部沿江分布着大大小小的冲积盆地，具有盆地气候特征。总地势西北高，东南低，相对高差达1026米，有较大的垂直差异。降水量在空间上的分布与地形、高程有密切关系，降水量由壶源江山区向东南浦阳江盆地渐减。因此，县域内各地发生旱涝灾害有较大的差异性。

境内河流均为钱塘江水系上游。具有山区性河流的源短流急，河流比降大，径流季节性变化明显的特征，调蓄能力差，旱季缺水灌溉，一遇强降水则洪水倾泻而下，极易形成干旱与洪涝灾害。俗语云：大雨大灾，小雨小灾，无雨旱灾，旱了又洪。又由于浦阳江和壶源江自西南向东北横贯浦江盆地和西部山区，一遇强降雨，几十条支流很快汇入主流，“涝成一条线，旱成一大片”。

三、历史水灾摘录

南朝梁天监二年（503年），丰安、信安、东阳三县水潦，漂损居民资业。

唐乾元元年（758年），浙江水旱重困，民多疫死。

北宋宣和六年（1124年），秋雨，两浙水灾，民多流移。

南宋嘉定三年（1210年），五月大雨，水圮田庐。

元至正四年（1344年），县南浦阳江堤久决，水不经桥。

明嘉靖十八年（1539年），大水冲坏民居。

明万历二十六年（1598年），夏，金华各县水灾，浦江县被灾七分。

清乾隆十六年（1751年），春雨连绵，大小麦歉收，米价腾高。

清嘉庆二十年（1815年），四月十五日狂风暴雨，淹没田地无数。

光绪十二年（1886年），七月淫雨，十三日至十八日连日淫雨狂风，田禾尽淹，茎立者亦垂芽寸许。

民国二十四年（1935年），6月25日全县暴雨，是日雨量96毫米，阴历五月雨量达400毫米。沿江两岸田地冲毁甚多。民谚云："夏至水，发大水；甲戌乙亥，两头通海。"

四、历史旱灾摘录

唐咸通（860—873年）初，岁大旱。

南宋绍熙五年（1194年），春旱，自去冬不雨至于夏。

元至正十六年（1356年），大旱。

明嘉靖五年（1526年），大旱，草根树皮俱食尽，饿殍载道。

明万历十年（1582年），二月至九月不雨，次年又春旱，灾民食草根树皮，吃观音粉（白泥）。

明万历十三年（1585年），旱。

明万历十五年（1587年），旱灾。

明万历十六年（1588年），大旱，谷石八钱。

明万历十七年（1589年），大旱，《金华府志》载：十五、十六、十七年八县连旱，民大饥，饿殍载道。

明万历十八年（1590年），大旱，连岁大旱，谷价每石一两，浦江县饥民数盈七八万。

明万历二十六年（1598年），大旱，清《康熙浦江县志》载：五月至九月不雨，次年春，民皆食草根树皮，至有咽垠者，饿殍不可胜言。《金华府志》亦载：八县大旱，颗粒无收，民多饿死。

明万历四十三年（1615年），旱。

明万历四十七年（1619年），岁旱。

清乾隆十六年（1751年），夏又大旱，自四月至九月不雨，一都至二十三都被灾尤甚。

清嘉庆八年（1803 年），七至八年大旱，继之水灾、大疫，灾情奇重，饥民颠沛流离，哀鸿遍野。

清嘉庆十六年（1811 年），大旱，有诗云："十室逃荒虚九室"，"草根树皮食已周"。

清嘉庆二十年（1815 年），入夏大旱，至小春无雨，麦稻粟菜等无收。

清嘉庆二十五年（1820 年），五月后大旱，粮一千五钱一斗。

同治二年（1863 年），春夏间饥疫并作，十病九死，又兼岁旱，饥民食草木树皮殆尽，饿殍载途，斗粟千钱，米斤百数十文，珠玉服饰贱如粪土，有以亩田易米升许者。

民国二十三年（1934 年），夏大旱，自 6 月 9 日至 9 月 1 日无雨。

第二章 浦江水仓

浦江农业灌溉历史悠久，万年“上山文化”开启了浦江稻作农业和灌溉发展的历史进程。1 万年前，浦江的先人就在浦阳江河谷平畈筑塍引水、播种水稻。在星罗棋布的古老水利工程庇佑下，代代浦江人应时而动，清明播种，谷雨插秧，夏耘秋收，在浦江大地上繁衍生息。古时候浦江人如何生存与延续？靠的就是大大小小的塘、井、堰等小型水利工程，这些水利工程统称“浦江水仓”。浦江水仓发展演变伴随着中国东部人口南迁、经济重心南移的社会文化变迁，也见证了中国古代水利工程科技发展进程。

浦江水仓中的各类灌溉工程型式的创建时间不尽一致，其大规模始建年代不晚于 12 世纪。根据现存溪井结构材料的放射性碳检测结果，现存溪井的结构年代至迟不晚于 18 世纪末。而有记载的最早水利工程为“鹤塘”，明、清、民国时期的县志中俱有记载。据明《嘉靖浦江志略》水利篇记载：“县东南十五里，曰鹤塘，《道经》谓二千亩。今属义门郑氏”。清《乾隆浦江县志》水利篇记载：“鹤塘，县东十五里。《旧志》相传望见白鹤自塘中冲天而去，因名。广袤数里，溉田二千余亩，五代时有西川吴氏来居其旁”。说明鹤塘至迟在五代时期（9 世纪）已经创建。

浦江水仓是在浦江区域里的立体化、多样化的灌溉工程体系，若按使用功能区分，可分为生产类、生活类及多用类。生产类水仓主要应用于灌溉、抗旱等农业生产；生活类水仓主要应用于饮用、洗涤、洗浴、消防等；多用类水仓兼具生产与生活功能，也具有生态、景观等功能。若按水源立体化分布也包括高山山泉（如登高天塘、乌浆山泉灌、虬树岭酒井等）、江河溪涧水（堰坝等）、地表水截流（水库、山塘、池塘等）、地下河底潜流（溪井、拗井、塘井等）。若按海拔高程分布则包括高山泉水梯田、盆地农田和河谷农田的用水工程。它还呈现多样化，有很多典型的、浦江特有的水利工程，如登高天渠、嵩溪明暗溪中的阴阳坝、郑宅“江南第一家”十桥九闸等。

浦江水仓在规划设计、结构设计、科学管理等方面体现出突出的科技价值。

浦江水仓以“一仓一渠一畈田”为灌溉单元，利用地形地貌合理选用水利工程型式，充分开发利用地表、地下水，使农田灌溉实现就地取水。山区高地的农田，基本以堰坝截流、水接等水利设施，导引山泉水进行灌溉；丘陵与平畈地带的农田，则以利用高差筑修堰坝，再蓄引河溪地表径流，或在平地开塘，积蓄雨泉，再辅以水车、戽斗等提水工具，进行水利灌溉。在地下水潜流丰富的农田，则挖拗井、泉水孔、泉水塘、闷塘以取水。针对丘陵区地表水洪枯水量变化大，河床下潜流水量丰富的特点，以在河床内挖溪井截蓄潜流，遇极旱时开启提水灌溉，作为抗旱救灾的最后的“底线”。“泉、塘、堰、井、渠”有机组合的水仓灌溉方式，可为国内外经济欠发达的丘陵山区低成本灌溉农业发展提供经历史验证的区域整体性解决方案，是丘陵山区水利工程体系的典型代表。

泉、塘、堰、井、渠等小型水利工程，以及水车、桔槔、戽斗、水接等灌溉器具共同组合，因地制宜，立体化分布，互为补充，综合保障各片区、全天候的灌溉用水，成为了独具浦江区域特色的水利工程型式多样化的传统复合灌溉范式和“基于自然的解决方案”理念的传统灌溉工程体系代表性范式。

浦江水仓取水工程工艺、形式、结构也各有特色，科学经济。溪井的修建可追溯至宋代。溪井，为在溪底挖坑贮水，并用松木垒砌成井字形，或用河卵石、干砌块石砌筑四边侧墙，面上再用松木覆盖，用来截蓄潜流，以备旱时之需之小型水利工程，其结构设计十分科学合理经济，是浦江灌溉水源的最后保证。拗井，“凿木为机，后重前轻，挈水若抽，数如泆汤，其名为槔”，“有械于此，一日浸百畦，用力甚寡而见功多”。塘井，将来水与蓄水合二为一，充分发挥水利生活、生产、灌溉、消防需要。堰坝，坝体分为上部“筑堰”和下部“备堰”两部分，“筑堰”平时截水蓄水，洪水期自行冲毁，此结构设计不仅可降低修筑堰坝的成本，还可在保证蓄水功能的基础上，降低农田被水淹的风险。浦江水仓修建所采用的卵石、松木、条石等材料都是取自当地，它以最低成本满足了灌溉需求，保障了浦江县的农业生态环境，是低影响开发的典范。

浦江水仓具有小型、数量众多、分散分布的特点，其取水工程单体多，且由所在农田户主或村庄集体建造、使用及管理维护，以民间管理为主，官府一般只是监督并就共性通行问题制定规则，如为保田稻，在蜈蚣溪范围禁放木排，颁布树立的“禁堰碑”等。民间的宗规民约在灌溉管理中发挥了主体作用。用水受益户小范围自治，方便灵活，受益各方权、责、利能够直接结合、简单而高效，与水仓的特点相适应；用水遇到纠纷，主要由宗族祠堂主事或村集体组织调解解决，体现了历史上宗族宗规在浦江县水事管理中的突出作用。

浦江历史上地表水存蓄能力有限，水田抗旱能力只有 10 天左右，素有“旱灾三六九，水灾年年有”之称。浦江水仓一直是浦江农业经济发展的基础支撑，现状可灌面积仍达 7 万多亩。水仓立体化分布，因地制宜，充分开发利用地表、地下水，积少成多，产生持续而突出的灌溉效益，同时在一定程度上提高了浦江县水田抗旱能力，保证了浦江县的粮食产量和人口繁衍，促进了浦江的历史经济发展进程。

浦江水仓历经 1000 多年的历史，在区域发展过程中衍生了丰富的文化内涵。水仓创建后，浦江因灌溉而农业发展，安居乐业，成为人才聚集之地，出现了吴莱、方凤、宋濂等文学大儒。“莫把轻言笑浦阳，浦阳人物是非常。十三布政曾为半，右左春坊立两傍。翰林学士吴戴宋，丹书旌表郑王张。吾今重把山河整，大抵擎天出我方。”浦江邑人、明永乐年间举人方彰，在其《朝中大臣笑浦江无人物因诗以答之》一诗中，曾这样细数浦江名人。成为了宋、元、明时期以“月泉诗社”为代表的文化高地；孕育了以孝义治家、清廉为政的江南第一家“郑义门”。以浦江水仓为主题，留下了无数脍炙人口的文学艺术作品，也让浦江成为人文底蕴深厚的代名词。

浦江水仓在漫长的历史进程中有其独特的管理方式，衍生了独具特色的民俗和祭祀文化。迎长龙、迎龙灯、试水龙、迎会桌、摆祭等独具区域特色的水事民俗流传至今。禹王庙、民间祭大禹等禹迹多有发现。里黄民间祭大禹已成为金华市非物质文化遗产。杭坪镇“杭坪摆祭”被列入金华市十大民间传统节日和浙江省非遗保护名录，并已成为全县规模最大的民间习俗文化活动。

浦江水仓以对自然地理环境影响最小的原则，持续运行一千多年，未对区域的生态产生不利影响，是典型的生态水利工程。浦江水仓取材当地，与周边环境融为一体，对生态环境毫无破坏和污染。浦江水仓充分利用当地丘陵山区地形地貌和丰富的地表水、地下水资源，立体化规划，高水高用、低水低用，塘堰井渠的有机组合，使分散在盆地及丘陵平坝的农田实现就地取水灌溉，对区域内水资源实现了优化配置，保障了浦江县的农业生态环境，成为低影响开发的典范（图 2－1）。

图 2－1　刘笙村口景观“浦江水仓”

第一节 溪井

浦江丘陵区河流地表径流洪枯水量变化很大，而河床下潜流水量丰富且相对稳定，因此成为丘陵区村中灌溉的重要水源。溪井最重要的功能为抗旱，但也用于日常灌溉，在特干旱年份，也是最主要的饮用水源。传统的溪井类似现在中小河流治理常用的截潜流工程，浦江修建溪井历史可追溯至宋代，且同类型的水利工程，在全国乃至全世界尚未发现，是目前发现历史最早、工程最典型的唯一的地区。

溪井，在浦江本地俗称水仓、闷塘、匣、水孔、板仓泉、泉等。1524 年的《浦江志略》中有记载，称“随田水孔”（图 2－2），说明水孔与稻田灌溉息息相关。溪井长度（顺河流方向）一般为 5～20 米，宽 5～8 米，高 1～2 米。据《浦江县水利志》记载：水仓，在溪底河沙淤积或有泉隙处，筑坑贮水。坑内用松木垒砌成井字形，下宽上窄，面上再用松木覆盖。有的用干砌块石砌筑四边侧墙，以条石覆盖面。遇旱时启开仓口戽水灌田，大者可灌田数千亩，小的也能灌 5 亩左右。1958 年，较完整的水仓有 308 条处，蓄水量 30.395 万立方米，其中比较集中的区域是岩头和白马一带。据《浦江县志·水利》（送审稿）记载：1985 年，完整的水仓尚有：浦阳镇溪下、礼张乡夏泉、礼张、刘笙、双溪、东山、长盛，朱桥乡溪洋、坑上，前陈乡讨塘沿、中央潭，黄宅乡前进，花桥乡东塘口、前坞桥头、盛田畈、陈岩头、下宅溪、花桥门前，郑宅乡上水碓、下水碓、深一后溪、周村、西店、义门桥头，前吴乡塘岭金马角丘、毛家门前、埬山口桥头、佃堰头、寿溪门前、马桥头东塘口、三伯堰、下葛门前，杭坪乡新岭堰下、腰来，白马乡嵩溪里水孔、牛头水孔，大畈乡廊下、湃桥及平湖乡的寺前牛车埠头、大泉坞口、丫叉路口、下宅花园殿前、毛店马塔、平山黄坛角等 100 余处。在 2021 年浦江水仓普查时，发现水仓被破坏湮灭严重，但在岩头镇刘笙村发现遗存较多，有 20 口。在县境内别的地方有零星发现，包括岩头的夏泉村遗存 3 处，陈礼村发现 5 处，郑都村 3 处，花桥乡的花桥 1

处、外黄宅1处，前吴乡的里黄村5处、章山村1处、朱桥1处、罗源村3处、毛家1处，白马镇的嵩溪8处、旌坞3处，郑宅镇的“江南第一家”景区1处、寺口村1处，可灌溉面积约4488亩。另外在普查中，兰溪横溪镇（原属浦江通化乡）也有发现。在通济桥水库库底，原前吴村吴溪底，也曾存有3～5处。在普查中还第一次发现“闷塘”。前吴乡里黄村现仍存有“闷塘”，“闷塘”呈全封闭状，唯留一取水口，上面覆盖松木后铺土，可耕种，它既是灌溉水源，又充分利用了土地资源。前吴乡毛家村旁老水仓，现改建为村集中饮用水水源，从水仓提水至高位水池，能基本满足毛家村生活用水。在毛家村前畈臬溪边，还发现修建于20世纪60年代灌溉水仓，共20余座，为当时平整土地时配套修建的，目前仍有5个水仓保存完好。

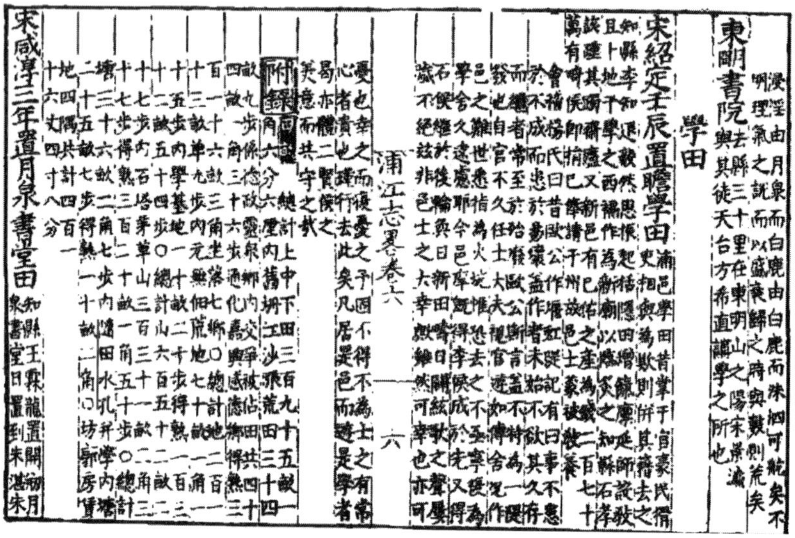
東明書院
學田
宋紹定壬辰置贍學田
浦江志畧卷六
宋咸淳三年置月泉書堂田

图2-2 《浦江志略》关于“随田水孔”的记载

溪井，具有水窖蓄水功能，一般布设在河床内有岩隙渗水之处，四壁以块石和千年水底松叠砌，上小下大，长宽深浅随地形而不同，最深的有4米多。水孔上覆松木，防止河沙淤积，因此，平时在河床处是看不到溪井的。遇到极端干旱年份，打开溪底“水孔”，架设水车，进行提水灌溉。在溪井旁的堤岸，都设有车水槽，车水槽比水车稍宽，呈斜坡状。因此，在河道边，若发现有车水槽，顺着车水槽，必定能找到河底的溪井，这也是古代农民的智慧。

溪井地处河底，是备用水源的“底线”。1934年浦江大旱，连晴89天，嵩溪村在别的水井、水塘俱无水可取时，只有歇马亭等几个溪井（本地人称之为“匣”）内尚有水出渗，村民日夜守在井底，保住了全村人饮和稻田灌溉（图2-3～图2-7）。

图2-3 刘笙村溪井

图2-4 溪井淘挖淤砂

在浦阳江支流蜈蚣溪上游岩头镇刘笙村处，现仍存有一处比较大、保存较好的溪井——“深堰水仓”（图2-8、图2-9）。该溪井长15米、

图 2-5 溪井内部结构实景

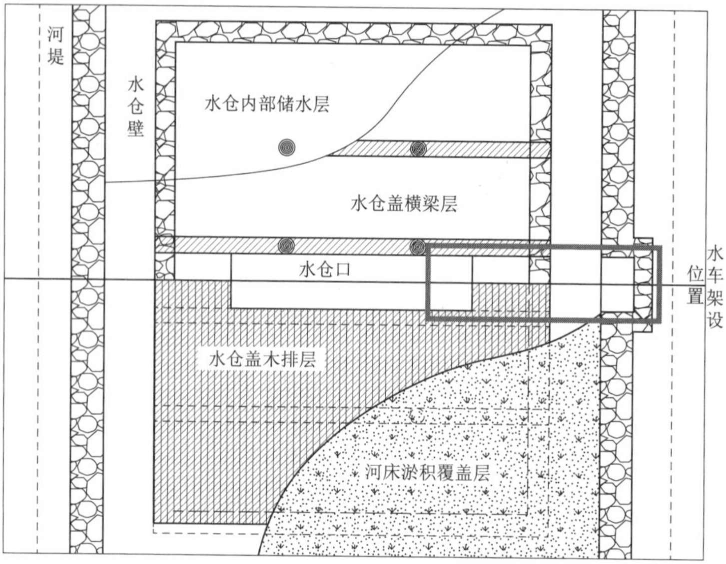

图 2-6 溪井结构平面图

宽 5 米、深 0.8 米，它和上游的深堰堰坝、引水渠道、农田一起，构成一个独立的、典型的“一堰一渠一畈田”小型灌区，可灌溉面积约 24 亩（图 2-10、图 2-11）。2021 年，浦江县水务部门对深堰水仓进行保护性挖掘，利用溪井木结构开展放射性碳素断代法（radiocarbon dating），测得其年代在（220±30）年之间，时间在清朝乾隆年间，与

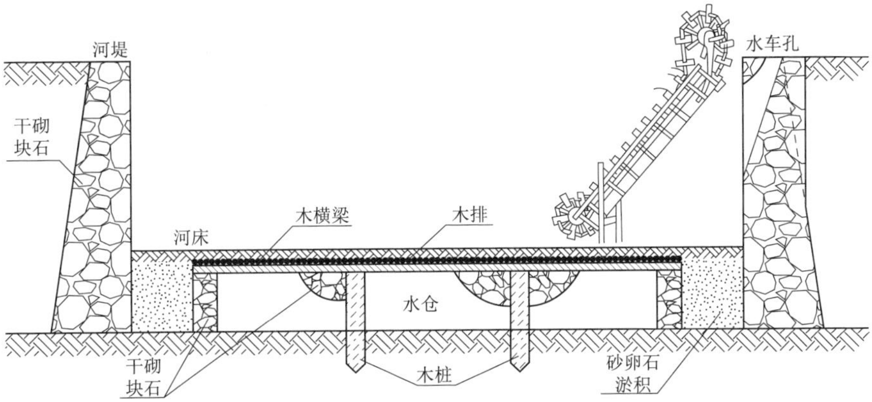

图 2-7 溪井结构剖面图

浦江人口迁入、增长年份相当。从挖掘的另外一个溪井上提取另外两份样品，测得的年份分别是（120±30）年间和 1965 年，说明刘笙村的溪井群直到 20 世纪 60 年代中叶仍在发挥作用，并不断更新、修复替换。据当地五六十岁的村民回忆，在小的时候，他们曾经在深堰水仓里洗过澡，水仓内部黑乎乎的，让他们心中有点害怕，也不敢游进去太深。另外一个小一点的水仓，有一年大旱时曾打开过，是整个村的唯一水源，大家都到那个水仓里取水饮用。

图 2-8 刘笙村深堰溪井位置

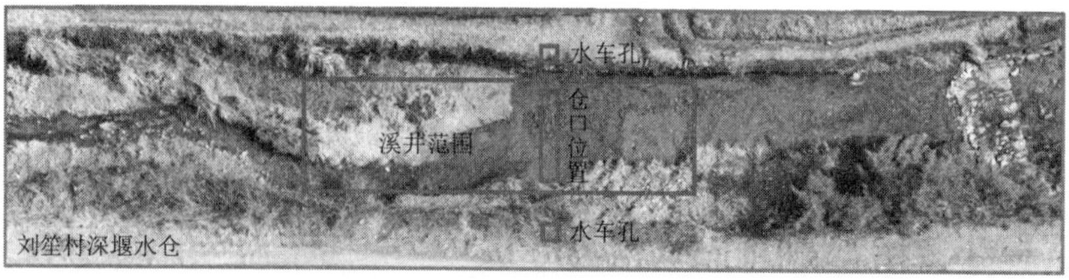

图 2-9 刘笙村深堰溪井位置

图 2-10 深堰溪井直接灌溉区域

图 2-11 深堰溪井周边地貌环境（图中村庄即刘笙村）

第二节 拗井

浦江水仓中另一个典型是拗井，拗井古称桔槔，据《庄子·天地篇》载："凿木为机，后重前轻，挈水若抽，（数）[速] 如泆汤，其名为槔。"《庄子·天运篇》中记载了颜渊（前 521—前 490 年）与师金的一段对话："且子独不见夫桔槔者乎？引之则俯，舍之则仰。"

浦江拗井主要分布在浦阳江支流巧溪沿岸和冲积扇带。据《浦江水利志》记载：南山山麓的火烧张、巧溪、中央宅、石鼓、源口、东陈村及县东岩头陈和山区的花桥一带，地下水丰富，砂砾地层较深，旧时靠拗井取水灌溉。井形上小下大，多取块石或鹅卵石筑成。井旁竖一根数丈高的木，上部缚有横木能随竖木上下自由转动，横木的一端系竹竿并木桶（俗称拗桶），每天能灌田 2 亩左右。有"日日三百桶，夜夜归原洞"之说。《浦江县志·水利志》（送审稿）记载：本县南山山麓平安乡火烧张、巧溪村和潘宅乡八村一带，地下水丰富，旧时靠拗井取水灌溉。在《光绪浦江县志稿》中也有类似记载。

1958 年水利调查时，全县有拗井 634 个，蓄水 20.226 万立方米，其中平安乡 337 个，潘宅乡 297 个。2021 年，浦江水仓普查时，经过初步调查统计，在巧溪村原有拗井 367 口，其中主要用于灌溉的 235 口、主要用于日常饮水的 88 口。这些拗井中，现保存完好的 89 口，井口被石板、水泥板覆盖 11 口，被填埋 135 口。另有泉水补充的车水塘井、泉水塘、大塘等 44 口，可灌溉农田面积 331.5 亩左右。另在浦南的宋溪村、横塘村也有零星发现。

南宋时期，北方人口大量南迁，灌溉农业得以快速发展，在浦阳江流域，拗井井灌开始发展。元代浦江大儒吴莱在《山中人二首·其二》诗中"去经十数里，霜露凄枯田。蓑笠既挂壁，桔槔亦倚垣。"描写了秋收之后枯田、桔槔（拗井）的情景。在巧溪村，拗井上的拗竹、拗杆、拗桶等拗水工具，是农民的宝贝，为免偷盗或者日晒雨淋，平时全部收藏在家中，只有在需要拗水时，才会背出去，重新安装，与吴莱描述的情景相符。吴莱的《东岭秋荫》“朝来雨足多秋意，井上无人事桔槔”，生动描写了浦江县城东岭一带秋收之后，秋意渐浓，不用拗水灌溉，桔槔就暂时搁置的情景。

据《巧溪孙氏族谱》记载：槁溪孙氏，宋绍定元年（1228 年）孙世琼随父由姚江主簿于浦，遂家焉，是为槁溪始迁祖，越八世，有士能公，讳学智者，于明宣德间创立谱。在孙士能主编的《孙氏族谱》中，记载了利用巧溪地下泉水饮用、灌溉的情况。《槁溪十景》之《枫井流泉》记载：

凿开顽石漾清漪，水脉潜通接槁溪。
石罅流来融雪髓，云根引去润春畦。
渴痟偏称相如饮，秋至还宜络纬啼。
最是旱天能灌注，管教金谷遍高低。

（枫井在现巧溪村孙氏宗祠之南，20 世纪 80 年代被填埋）

巧溪发源于浦江盆地南支山脉白石源，原名槁溪，取其时常枯槁无水之意。南山脚地势南高北低，这一带的稻田种植土普遍较薄，一般只有 50 厘米左右，下面即为一层不透水的硬塥层，厚约 10 厘米，在硬塥层下为较厚的砂砾层，具有很强的透水性。聪明勤劳的巧溪人发现硬塥下富含地下水，就在田边地角开挖，就地以卵石盘砌，呈下口大，上口逐渐收紧的葫芦状，井口收紧至仅可供一人跨立，本地人称之为拗井（图 2－12）。拗柱基础开在离拗井口 2～3 米处，深 40～50 厘米，四周用四块长条石块把小坑围砌，这四块石头叫本地人称“四门石”，四门石中间为一洞孔，用以安装拗柱。拗柱一般选用直径 20 厘米、长 4～5 米的松木或杉木。在拗柱梢头向下 20～30 厘米处凿一个洞，插进一根直径 5～6 厘米、长 50 厘米硬木，这硬木本地人称之为拗梢，拗梢为横向拗杆的杠杆支点，可防拗杆滑脱，拗梢稍向上翘起以支撑拗杆。拗杆一般长 7～8 米，选用两头相匀、粗细相当、树干笔直、质轻牢固的杉木。拗杆根部绑有一块长条石，本地人称后坠石。后坠石选用长 50 厘米、重约 30 来斤的河卵石。在拗杆尾部系有两条稻草绳，本地人称之为拉索。拉索粗 4～5 厘米，系将糯谷稻草细细敲打至绵软有韧性后纺搓而成，讲究的户家也有用麻绳的。在距后坠石 3 米合适处，需安装一块拗铁，拗铁中间有眼，套进拗梢，拗杆即能大幅度自由转动，拗铁位置以拗杆和后坠石的重心位置为宜，须有经验的老农才能判断。再选一根瘦长的老竹，以能盈握为好，本地人称之为拗竹。拗竹上部与拗杆绑接，既要牢固不脱落，又要有一定的转动幅度。拗竹是连竹根一起采挖的，在其竹根凿出一圆孔，用于安装拗桶。拗桶有大小之分，大的能装 30 斤水，小的也能装十五六斤，一般与自家水稻面积相配。

图 2－12　巧溪拗井

图 2-13 巧溪拗井灌溉壁画

拗井拗水历来只是巧溪人浇灌农田、抗旱保苗的手段（图2-15），而巧溪村内的水井，与浦江别的地方一样，是用水桶吊井水饮用。这一点，与诸暨赵家镇花明泉村的桔槔不同。在诸暨花明泉村里，仍然有沿用桔槔拗生活用水的习惯。

拗水虽是个体力活，也需有巧劲、合作与效率。拗水人本地称之为“把井头”，一般为家中男壮劳力。“把井头”拗水时，两脚叉开，面朝田渠立于井口，手握拗竹将拗桶伸至井中，装满水后，“一、二、三”，用力往上提三把，后面二拉索人须同时使劲。三人分工明确，共同使劲，密切配合，循环往复，一桶接一桶往上拗水。为减少冲刷，避免磕坏拗桶沿，在井埠头倒水处，人们也会铺上稻草垫。水稻生长初期一亩田一天拗五六百桶水即可，到了三伏天，天气炎热，水分蒸发快，沙田的渗漏严重，一亩田一天得拗八九百桶才能管够，因此，巧溪当地流传“日日三百桶，夜里归原洞”之说。

在以往农灌季节，拗水是南山脚的一大风景。过往的行人倍感稀奇，都会驻足停留看个不停。在阡陌纵横的田野里，只见拗柱林立，犹如油田的座座磕头机，拗杆上下翻飞，吱吱哑哑声不断，汩汩清水流过干涸的稻田，也滋润着农民的心田。明邑人义门郑腮有诗云：

枫井流泉旱不干，年年赖此灌原田。
凉如天上金盘露，香比峰头玉井莲。
晓卷辘辘清见底，时烹山茗绿生烟。
卢仝陆羽那能舍，绝胜衔杯李谪仙。

拗井一般属井旁的田户开挖所有，有独家所有，也有几家共有。拗井的出水量有差异，水源充足的拗井，周围户家会共同商量，分配时间，错开时段拗水，如意见不一致，则会采用抓阄的方式轮流拗水。在20世纪60年代，浦江通济桥水库72线渠道和80线渠道通水后，在渠道高程以下的拗井逐渐失去灌溉作用，另外近几年的土地平整，很多拗井也被填埋废弃，实在令人惋惜。令人欣慰的是，现在浦江南山脚的葡萄园里，仍在利用这些千年水利设施和洁净的地下泉水提水灌溉，其葡萄品质尤其优良可口，成为G20峰会的特供葡萄。2022年夏季，在巧溪村，经浦江县水务部门和巧溪村努力，共同恢复仿制了一处拗井，也算是为后人留下一点拗水灌溉记忆（图2－14）。

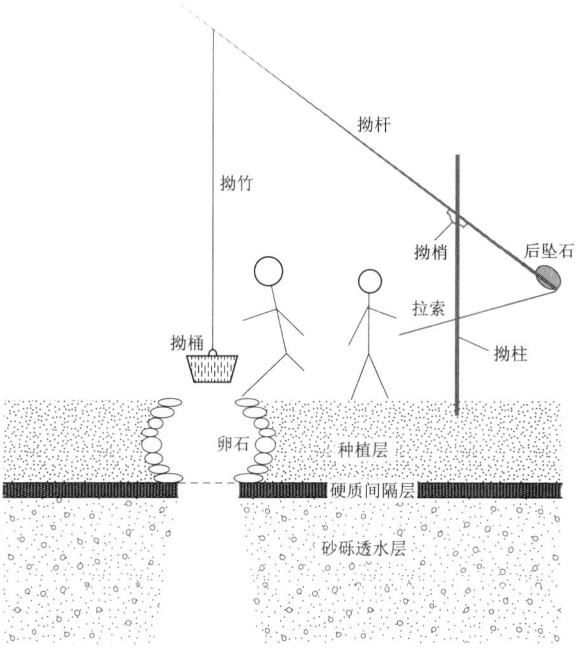

图2－14　拗井结构示意图

第三节　塘井

浦江水仓中第三个典型工程是水塘，尤其是塘井。浦江泉水多，池塘多，池塘多有泉水补充，塘、井难分。

明嘉靖二年（1523 年）知县毛凤韶重民生，兴水利，著《筑塘解》，积极倡导修建小型、便利的塘陂坝堰工程，在他所纂修的《浦江志略》列有水塘 21 处。《民国浦江县志稿》加列水塘 59 处。据考证，明洪武二十四年（1391 年），全县水塘面积 16805 亩；清雍正四年（1726 年），全县水塘面积 17227.5 亩。民国时期续有修建。中华人民共和国成立后，随着土地改革和合作化的实现，除修浚原有水塘以外，1950 年冬至 1951 年 11 月，全县新开塘 2344 口。1955 年以后，部分水塘扩建为水库，也有的在平整土地时改成良田，水塘面积有所减少。据 1958 年浦江县水利调查，当时全县（包括原通化乡和马涧乡）有水塘 21550 口、水井 654 座、水仓 308 处。1985 年，全县有水塘 11988 个，蓄水量 1055.86 万立方米，受益农田 3.6 万亩，其中壶源江流域有水塘 1067 口，蓄水 115.46 万立方米，受益农田 0.4618 万亩；浦阳江流域有水塘 10237 口，蓄水 867.95 万立方米，受益农田 2.88 万亩；大陈江流域有水塘 684 口，蓄水 72.45 万立方米，受益农田 0.2415 万亩。这些小型水利工程虽无法根治频发的旱涝之患，但却也是支撑浦江农业几千年的发展和历史延续的保证。

普通意义上的水塘通常蓄积雨水，但浦江的塘井与地下水系连通，水源主要来源于地下水出渗。有些塘井塘中有井，塘水与井水独立，有些塘井就是一口水井。在地下水充足地区，可实现自流灌溉，但绝大部分塘井堤岸都会预留车水埠头，采用水车提水灌溉。

在黄宅镇上山村，自北向南有一串大大小小水塘，弯弯曲曲，似连非连，土名“歪塘”（图 2－15）。水塘中间用老石板建有一口井，旱年不枯，井水清洌，井的水面明显高于塘面，呈现“井水不犯塘水”奇观（图 2－16、图 2－17）。据村里老人介绍，民国二十三年（1934 年）浦江大旱，别的地方都找不到水，远在 10 里外的七里村人都跑到这里来担水。

海塘村，在南宋宁宗时，洪氏先祖茱公从会稽迁此开基建宅，在旧宅东边有一塘，泉水涌涌，水清如镜，不管晴多久都不干涸，进入梅雨天也不外溢，四畔无沟，积而能散，塘虽小，如海之不枯，故称为“通海塘”，往后村子便以塘名。原先，在海塘村周围，有大大小小几十个水塘，除了能灌溉，又种了莲藕，养了菱角，每当六月盛夏，阡陌纵横，荷香遍野。

图 2－15　歪塘塘井，塘中有井

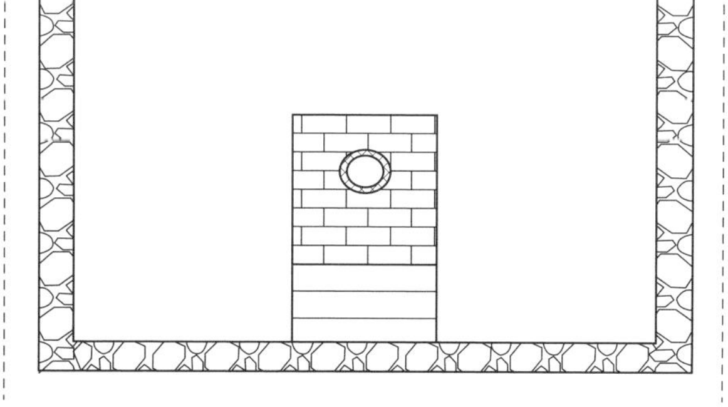

图 2－16　塘井结构平面图

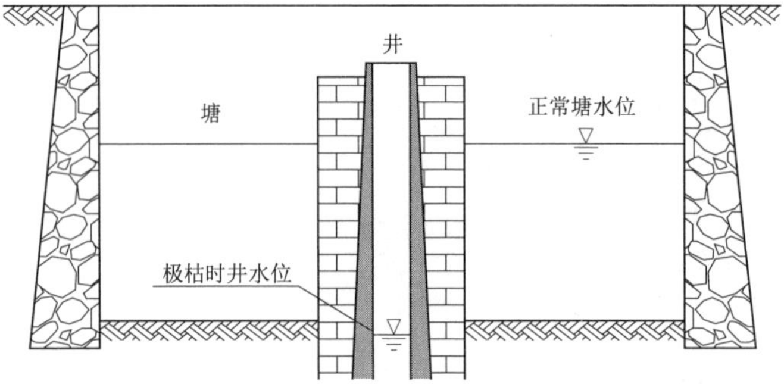

图 2-17　塘井结构剖面图

黄宅古塘村，原名林塘，以东有林壑，西有大塘得名，方氏先人于北宋大中祥符年间自睦州迁此居住，已有千年历史。明代举人方彰有诗云："山川浦汭东林最，长塘潋滟一门萃。"后因村子周围有大量的古代水塘群，又有《古塘月色》诗，改称古塘。现古塘村仍保留着 13 口古塘。先贤陈肇英故居前为一口大塘，塘边有一口修浚于民国二十三年（1934 年）的双眼古井。大塘暗合古代堪舆之术，村民希望塘能聚真气，留财运，大塘又具蓄水排涝、洗濯、防火消灾作用，还能养鱼养虾。一口大塘，将古塘村的自然山色与人文建筑完美融合，浑然一体，自由开阔，成为村民聚会聊天的场所，驻足岸边，女人在塘埠头浣洗衣物，鹅鸭互鸣，锦鳞游泳，白墙黑瓦，一片生机盎然，一幅江南水墨画，古塘村的水塘将生态效益和人文效益完美结合。

姓陈村，原名柑塘，为浦江柑塘陈氏聚居地，村因塘名。道光丁酉年（1835 年），族人趁岁旱冬晴，塘底龟圻之际，以宗族公事为名，有钱出钱，有力出力，同心协力，浚深池塘，掘地及泉，为来年抵御旱灾，提前做好预备。

蜈蚣溪出山后进入浦江盆地，河床底多为裸露的红色基岩，透水性不同的岩层相接触后，地下水就沿接触面出露，在仙水村一带形成泉水群，村子周围池塘密布，有泉水眼 20 多处，且多为涌泉。仙水村黄姓为主，据《黄宅镇志》记载：仙水塘，黄如川，是下宅黄宏陶三世孙。在明代永乐年间（1403—1425 年）由下宅迁居仙水塘。2020 年，在浦江水仓前期调查时，在村南葡萄田里，发现一口塘井保存完好。该塘井位于蜈蚣溪西岸，海拔 60 米，土壤以沙质土为主。塘井长 5 米，宽 3 米，深 5 米，水仓底部用松木架空，并建有一个集水涵洞，朝南方向延伸。仓沿用直径 10 厘米左右的河卵石干砌而成。水仓西侧建有宽 40 厘米，高 170 厘米的水车车水埠头（图 2－18、图 2－19）。据村里老人言，民国二十三年（1934 年），浦江遭遇大旱，蜈蚣溪干旱断流，别的地方连车水的水源都找不着，粮食颗粒无收，而仙水村却得益于这塘井，灌溉没受影响，反而由于光照充足，粮食比往年更丰收。村里的古泉历史悠久，村里的水仓更是浦江为数不多的古水利工程。当地村民的祖先因地制宜，采用水仓蓄水，水车提水，进行农业灌溉。现仙水村共有 200 亩葡萄种植面积，其中约有 100 余亩还在利用这水仓的水。葡农们安装了提水设施和节水喷滴灌，葡萄亩产经济收入 8000～10000 元，古水利工程至今仍发挥着大效益。在仙水村南，有个小自然村，名“泉塘沿口”，因泉、因塘而得名。

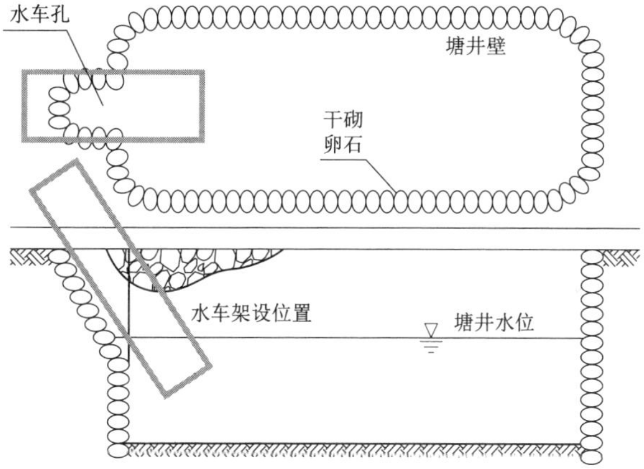

图 2－18　塘井的结构示意图

图 2－19　塘井预留的水车位置

浦阳江沿岸为浦江塘井集中分布带。在2022年浦江水仓普查时发现，浦阳江上游段花桥村、外黄宅村、马桥村等，都有塘井遗存，其中花桥村的塘井二十年前，曾被改建为村里饮用水的水源井（图2-20）。

图2-20　花桥塘井，建有车水埠头

浦阳江中游，文溪村水面面积0.5亩以上的塘井，据《文溪村志》记载有150口，很多塘都以泉命名，如杨泉、九斗泉等，只是1960年通济桥水库渠道建成，实现农田自流灌溉后，这些塘井逐渐失去功能，1993年园田化时，又改为田地，城市扩建后，很多塘都被填埋。

在巧溪的下于自然村高塴下，有个“长车塘”，水穴奇佳，久旱不涸，在大旱之年可供打长车而得名。1967年大旱，通济桥水库无水可放，下于村以13部水车，从长车塘经高塴顶、棺材塘、上八斗、车头井、大园到前店门口，将水车至上畈四石田抗旱保苗。1970年，又以抽水机提水，沿路用塑料布铺地，两侧用泥土垒高，将水抽到较高的敬义塘，再放下灌溉，粮食得以丰收。巧溪另一个自然村沙丘，是名副其实的泉水村。沙丘村的地势比巧溪还要低，埋藏在沙塥下的地下水，在这一带渐次出露。在沙丘村西南连片稻田里，有个泉水塘，泉水源源不断的涌出，是村民饮用、灌溉水源，泉水冬暖夏凉，四周砌有石埠头，也是村民洗澡濯衣水源。

在浦江盆地中部，距离“万年上山”遗址2公里处，有一个村子名上市村，全村600余户，1600余人大都姓黄，为浦阳黄氏黄苾后裔，在元至正年间（1341—1368年）从黄宅分居对门八甲，至今繁衍生息600多年。上市村地居浦江盆地腹地，前临浦阳江，右傍蜈蚣溪，为两江相汇之地，古又称“合溪”，村如其名，村里有好多供饮用、灌溉的塘井，其中最有名的当属“和尚塘”，和尚塘长150多米，宽70多米。塘西侧有一泉水小潭，潭壁用千年水底松架立，潭底用四方枕木框住泉眼，现改为有井圈的水井，名叫和尚井。和尚塘、和尚井相连，井水自溢，源源不断流入塘中，久旱不枯。它既是饮用水井，又是洗濯、灌溉水塘。据村里老人言，在上市的浦阳江滩地里，也曾分布许多塘井。浦阳江易涨易落，遇干旱时，车水不易，上市人就在河滩地里挖深加固，利用沙层渗水蓄积，用于灌溉，但这些塘井多在20世纪70年代土地改造时填埋。

相对于郊野主要用于灌溉的水塘、塘井，村里的水塘、塘井，其主要功能为饮用、洗濯、消防，形成村落宜居小气候等生活功能外，它还具有精神功能、审美功能，在诗词歌赋中占有一席之地。

浦江聚族而居，村落大多是同一祖先一脉相承，一个同姓同宗的聚居地。村中民房以堂楼为中心，为全村主屋。各房子孙在堂楼后厢和左右厢建造住屋，两边对称，整齐排列。一个堂楼为一大房族，一个或几个堂楼则形成一个自然村落。在堂楼前，都有一口水塘，人称“风水塘”（图2-21）。因为古代风水学认为“明堂一勺水，能救十家贫”，风水之术，得水为上，藏风次之，讲究“以水为财”，堂楼最好能坐北朝南，背山面水，没有水，就挖个水塘。平安张平二村郡司马第（园里厅）前建有太平池，据《平安园里造太平池记》一文记载，太平池始建于民国二十五年（1936年），东西长五丈，南北阔四丈八尺，深一丈，如方砚然，周围以墙，放水而蓄焉。太平池建好后，厅堂里人家虽曾发生多次失火，但因水源方便充足，都能及时消灭，而且，太平池建好后，“波流荡漾，荇藻纷披，群鱼游泳，风晨日夜，皆成佳趣”。水塘与堂楼、祠堂等公共建筑一起，构建了一个先人“敬畏自然、尊崇祖先”精神家园。水塘地处村子中心，极大方便了村民取水、洗濯，水塘周围设有长廊、石凳，白天是村民集聚休闲、交流信息的中心；月夜下，清冷的月色倒映着雕梁画栋，马头翘角，或夕阳斜照，或烟雨朦胧，或金秋，或白雪，成为一幅江南写意山水画，勾起多少文人的诗情画意，让多少外出的游子为之魂牵梦萦，浦江为诗画之乡，为此，历史上留下大量吟咏塘、井、泉的诗词。

图 2-21　平安村塘井

第四节　水井

水是生命的源泉。在漫长的人类历史过程中，人们逐水而居，人类文明大都起源在大江大河流域。可是，河流在给人类带来必需的水源外，会因雨季而泛滥，会因旱季而断流。河流的泛滥和干枯，都对人类的生存带来极大影响。后来，人们学会掘地而井，以水井来获得地下水，使人类不仅摆脱了河流带来的诸多不便，还提高了人类饮水的质量，扩展了人类的生存空间。因此，水井的发明，对人类的进步有着极其重要的作用。

在考古发现中，中国最早的一口人工井是在河姆渡遗址上发现的井。河姆渡遗址是 1973 年被发现的，它位于浙江余姚河姆渡村，测定年代为公元前5000年至公元前3300年。距今有7000年左右了。考古学家在河姆渡遗址第2层发现一眼木构浅水井遗迹。这是中国目前所知最早的水井遗迹，也是迄今发现的采用竖井支护结构的最古老遗存。水井位于一处浅圆坑内，井口方形，边长约2米，井深约1.35米。井内紧靠四壁栽立几十根排桩，内侧用一个榫卯套接而成的水平方框支顶，以防倾倒。排桩上端平放长圆木，构成井口的框架。水井外围是一圈直径约6米呈圆形分布的28根栅栏桩，另在井内发现有平面略呈辐射状的小长圆木和苇席残片等，可见井上还当盖有井亭。由此推断，原始形态的井的出现，还要早得多。

浦江上山文化为中国农耕村落文化的源头。在浦江上山文化遗址里，虽然没有发现典型意义的“井”，但是发现了房址两座（分柱列式和沟槽式），说明已经形成原始村落集聚，同时在南、中、北区发现有坑的遗迹，共有183个，其中早期105个，前段33个、后段72个；中期77个；晚期1个。这些坑呈不同形状与深浅，其中编号H202坑，整体上圆下方，坑口四角和坑底各有一圆形柱洞。坑上部敞口，坑壁较为竖直，坑中下部近似直筒状，上大底小，壁面斜起码，制作较为规整，深达1米多；编号H217整体形状上圆下方，坑上部为不规则椭圆形，弧壁内收，一侧有平缓台面，深1.14米。这些坑洞，据考古推断，可能为烧制大口盆彩陶取土用，但也不排除蓄水、取水之用，已经具备“水井”的集水、蓄水、取水、卫生防护等功能。

元朝王祯曰：“井，穴地出水也。说文曰：清也。故易曰‘井洌寒泉，食’。甃之以石，则洁而不泥；汲之以器，则养而不穷。井之功大矣……若夫岩穴泉窦，流而不穷，汲而不竭，此天然之井也。”浦江人所说的“水井”，主要是指人们为满足日常生产和生活的需要，经人工开凿、修葺的，可以汲取地下水的小型水利工程，其主要功能以人畜饮用为主。与“井”相关联的有“泉”，本地人通常也叫“泉水孔”，是指地下水的自然出露，有些泉水虽也经人口修葺，比较规整，但由于有泉水涌出，仍冠之以泉名。

在古代以农业为主的社会中，井的作用除了饮用、洗濯、灌溉消防之外，还衍生了其他许多功能。因为每天都要在水井周边活动，水井又成为一定范围内公共活动的场所，是人们聚会之地，因此又慢慢发展成物品交易的场所。“古者相聚汲水，有物便卖，因成市，故云市井”。“井”也具有文化功能，古人离开家乡叫“背井离乡”，乡村也叫“井邑”。

《周易》第四十八卦为井卦。井卦是异卦（上坎下巽）相叠。坎为水，巽为木。树木得水滋润才蓬勃。泉水用以养人，贵在自清。此卦比喻君子只要诚心养德，民将归之。在巧溪下方村廿四间头东侧天井，有一古井，井圈石制圆形，高 60 厘米，厚 8 厘米，外壁八个面窗格形雕刻，阳刻上坎下巽井卦卦象和隶书“并受其福”四字，并刻有“中華民國柒年”等字（图 2-22）。“并受其福”出自井卦第三爻辞：“九三：井渫不食，为我心恻；可用汲，王明，并受其福。”浦江古井有明确建造年份的不多，以井卦为装饰的，目前只发现这一口。此井为下方方氏所建。咸丰年间，长毛在浦江一带烧杀抢夺，百姓深受其害，方光忠立誓弃文从农，后来经过苦心经营，遂于光绪壬寅年（1902 年）建造了廿四间头，取名“维新堂”，终于使家业振兴。方光忠素以乐善好施而名，为修造湖山石桥和浦阳南桥慷慨解囊，深得百姓口碑。其子方绍舟，更是克承乐善好施之风，热衷于地方公益事务，修孔庙、编家谱、撰邑志，建筑湖山桥、创办湖山小学、迁移白石校舍等，出资赞助，不求回报，造福子孙后代，做到了“并受其福”。

图 2-22　巧溪下方村“井卦”古井

浦江的居民多从外地迁入，家庭结构以传统的主干家庭、多代重叠的直系家庭和联合家庭为主，历来有聚族而居的风俗习惯。每个村子，基本上都有多个井，且很多井从建村始居时即建成。据《民国浦江县志稿》记载，浦阳县城内公井有 16 口，位于县前、宫口、四牌楼、下巷口头、南门于、凌宅巷、县后官井头、高堆脚、城隍庙、石祠前右边、季祠前、大西门下园、东门大司后、祖厅后、西马路大路口、下田坂。2018 年，浦江县旧城改造指挥部调查仍有水井 61 口。杭坪一村有 33 口井。白马傅宅其祖傅瑄，于南宋己酉年（1129 年）由河南汴京（今开封），经临安（今杭州）迁居浦阳湖畈（今白马镇傅宅），在村中凿有多眼水井，有一支派称“井头”，且留下一个地名曰“井头沿”。在白马嵩溪村中央有一眼古井，位于“上中间”房子前面，五百年前徐姓兄弟分家，兄居上中间成为今天的徐氏井头派。虞宅“石井教寺”，原名“皇安普利院”，后因寺中古井而名，井水甘甜，不枯不溢。大儒柳贯与主持若空为同门，都为方凤学生，他们在石井寺精修理学，共研佛法，留下一段佳话。

图 2－23 嵩溪村塘井，有车水埠头和下水台阶

南方水土薄，地下水位较高，但并非随意开挖即能穴地出水，山有山脉，水有水脉，选择井址，必须找有经验的人。关于井址的选择，明代徐光启与传教士熊三拔合译的《泰西水法》记载了根据地貌和泉水出露情况选择井址的原则：“凿井之处，山麓为上，蒙泉所出，阴阳适宜，园林室屋所在。向阳之地次之，旷野又次之。……凿井者，察泉水之有

无，斟酌避就之。”就是说，在山麓冲积扇区域，地下水丰富，“蒙泉所出”即地下水出露处，是最佳的凿井位置。

开挖水井是宗族大事。在浦江农村，很多厅堂附近挖有水井，这与浦江人绕厅堂而居，方便用水有关，如新山背方氏敏德堂内，有挖于光绪二十三年（1897 年）的水井。在平安张平二村郡司马第（园里厅堂），厅堂始建于晚清，厅堂前后各挖有一口老井，堂后的老井水质尤其甘洌，旧时为周边五十多户人家生命之源。平二村另一个厅堂前，有一口建于康熙十八年（1679 年）的古井，厅堂虽已毁坏，古井仍在（图 2-24）。古人对挖井有很多习俗与禁忌。在挖井前，会请风水先生察看龙脉、水脉。龙脉（相对比较高的地方）要避开，防止开断龙脉。在人家的水脉上，是不允许挖井的，那样会断了别人的水源，引起纠纷。井深以一丈为宜，不宜太深，因为太深费时费力，井壁难砌，打水费劲，太浅则出水、储水不足，不能满足需求。大多水井井壁以当地河卵石叠砌为主，这样可以防止井壁塌落，延长使用寿命，但也有纯土壁的，如黄宅上市村的几口水井。浦江古水井形状以圆形为主，浦江的井都不太大，挖井人下井时活动范围受限，只能身子转着圈开挖。如果修成四方形，或者其他形状，还得收拾边边角角，反而不便。井壁用河卵石叠砌，圆形更加稳固，也与同样周长，圆形面积最大，井水汇水能力更强有关。浦江的水井一般露天，不加遮盖，也鲜见辘轳，以水桶吊水为主。浦江先人对预防水源污染极为重视。古时水井大都设有井圈、井盖等保护设施，以避免脏物及虫害落入井中，也为了防止小孩落入井中。井的周边用河卵石铺设为有一定坡度的圆面，污水可以顺利排出，新挖的水井，井壁及井底常用细砂、石灰、木炭、棕丝等过滤物料进行过滤。对水井每年要进行浚淘，清除水井沉积的污物、淤泥，以保持井水的卫生洁净，故有“井淘三遍吃甜水”“夏至日浚井改水，可去瘟病”的说法。同时，古人绝不将污物粪秽堆积于饮用水源的附近，修建排污的沟渠也远远离开水源，以防粪秽污物杂入，污染饮用之水。“饮水洁净，不得瘟病”。若饮用水混浊，则需净化后再饮用。饮用烧开的水也是我国人民的优良饮水卫生习俗。《养生要集》中写道：“凡煮水饮之，众病无缘生也。”

图 2-24 厅堂与古井

水井的井壁通常有青苔附着，井底经常有淤泥淤积，水井不常用，井水会不新鲜，因此，水井经常得清洗淘刷。村人认为淘洗水井是义务的，也是善举，可积功德。由于井壁附着青苔，比较滑溜，上下攀爬有一定的危险性，故清洗活动都由男人完成。

以往，大水缸、木水桶和挑水扎钩为每家每户所必备，开门七件事，除了“柴米油盐酱醋茶”外，必须先把水缸里的水挑满，一家人吃喝、洗漱，还有畜禽喂养，全靠它。到了 20 世纪 80 年代左右，出现了手压井，用一根钢管，前面打了眼，敲入土里，装上钢制套筒、铁制活塞、橡胶封垫和手摇臂，一压一提，出水管就源源不断流淌出洁净的地下水。手压井便捷实用、所费不高，迅速得到推广，有些村子几乎挨家有一个。手压井也成了小孩玩水玩具，成为那一代人的儿时记忆。后来，有了电力水泵，一开开关，水龙头里就有水，更加便捷。因此，很多人都在屋顶浇了水箱，安装了自来水管和磨石子水泥水槽，水龙头可以一直安装到锅台旁边，随用随取。山区的村民，几家几户集资，用塑料管子，将到高难处的山泉、山涧、池塘里引水到家。到了本世纪初，延续几千年的粪坑、尿桶被改造为抽水马桶，家家户户都做化粪池，人粪人尿不再还田做肥料，反而排入地底，再加上工业污染和农村田野面源污染，城乡排污系统尚不完善，因此，地下水被大面积污染。2006年，浦江开始实施农村饮用水改造提升，通过城市供水延伸农村、集中式供水和山区分散式供水，全面解决当时全县32万城乡人口的饮水安全，这个工程至今仍被人传颂，被喻为造福百姓的“甘泉工程”。现在的人们，早已告别以前肩挑手提的时代，一拧水龙头就能用水，水井的很多功能已逐渐替代而消亡，以前人们在井台挑水、洗濯，一起纳凉闲坐，拉拉家常的情景，已难得一见。水井，如世上很多东西一样，被时代大潮所改、所淹，这也是时代进步的表现。

浦江为千年古县，人烟稠密，自来水全面覆盖，但保留至今的古井并没有完全废弃，仍然发挥其作用。井水冬暖夏凉，冬天洗衣洗菜不冻手，夏天，在井边坐坐，可感受丝丝凉意，且随提随有，不像自来水管要检修，会停水。

浦江比较有名的井如城北的官井头的老井，与老县衙一墙之隔，井西侧为旧时知县内眷住处。据传此井为官府开凿，因得名。每逢元宵节迎灯，灯队到官井头时，总会在这口古井旁停留。老井井壁用卵石砌筑，井深有七八米，曾经是周边姓陈台门、白果树里居民的主要水源。古井旁边原本有几条石凳，每条石凳长三四米，宽四五十厘米，冬天，大伙围着古井坐在石凳上晒太阳，谈天说地，好不惬意，是周边居民集会的重要场所。井水清澈，井里面还养着两条鲶鱼，用井水泡的茶也香。每到夏天，古井边上比周边凉快。大人们会把西瓜拿出来，放在吊桶里，再放到井里，在水井里泡上几个小时，经过井水冰镇出来的西瓜，比用冰箱冰镇的西瓜，口感和味道更好。古井修建于何时不明确，但在清理井底淤泥时，发现康熙、雍正、乾隆年间的一些铜钱。现因周边房地产开发，被封盖保护了起来。

在东街大司巷口，也有一口古井。在文人张明笔下，东街是这样子的：东街东起迎春门，西到玉案头，长有一二百米。街路两边以住家为主，人员主要从事农业生产，所以东街一早就会有赶往田畈的农民的吆喝声和黄牛的“哞哞”声，看到的也大多是扛了锄头、挑了担子、肩了犁耙，尽数迎着朝阳走向田野的庄稼汉。这一带商业并不发达，谈不上业态，自然没有知名的商号。但迎春门作为大东门，地理位置却十分突出，东边七里八乡的人员，包括五里人挑担卖菜、七里人豆腐进城，东门几乎是必经之地。站在迎春门的城楼上，远可瞭望，近可防御，城防的作用不可低估。据老人们回忆，迎春门高有七八米，宽有四五米，墙基一律用青石砌成，上面再用坚实的城砖垒造，实在是江南一座典型的城池，带有明显的防御性。在画家黄新森画笔下，东街的古井是这样子的："浦阳东街，东起东楼，西止玉案头，形如束帛，势如弯弓，蜿蜒曲直，盖明清遗存。绘乡民素日图，商旅往来，记其旧貌，庶乐千载……""……过出圣亭，至清泉井，有巷名大司，去东门仅百步之遥，乃昔日屯兵要地。复前行，路有歧，通南北，乃玉案头角……"（图 2-25、图 2-26）。青泉井口为规整六边形，内径 60 厘米。井圈为青石制，石厚 8 厘米左右，三层叠置。上一层高 20 厘米，外壁正面为团寿图案，左右两面各为半个莲蓬形石纽，另三面阴刻有"青""泉""井"三字，内壁刻有年份：嘉庆十八年三月十八日，潘公镳、潘玉成仝助等字，因年久，尚有几字较模糊，难以辨认。中间一层内壁刻有"连升三级"四字。底层露出地面 10 厘米，从井内观察，仍高 20 厘米，且井口扩大至 80 厘米。井深 3 米，井壁为河卵石团砌，附着点点青苔、凤尾蕨。井旁立有一石碑，刻有"饮水思源"四字，边上摆有石制的洗衣台等。

图 2-25　东街清泉井

图 2－26　画家笔下的东街清泉井

浦江最古老的井，当属檀溪镇下宅村的宋井。在下宅村祖厅有双井，名曰“龙眼井”。据《檀溪陈氏宗谱》记载，项公之孙陈氏五世祖汝功为康王赵构之婿，是为郡马。靖康之变后，徽钦两帝及众多皇族子裔均被俘北国，唯康王赵构得以南逃，途中与金兀术追兵数度激战，汝功均身先士卒，与敌殊死搏斗并殉难。后赵构在临安（今杭州）登基称帝，史称南宋。上嘉其功，追授汝功为驸马（因此汝功为活郡马死驸马），并赐金匾金头厚葬（据称汝功战死后，头被金兵割走邀功）。由此，汝功后裔居地今檀溪镇下宅村被封为“驸马第”，其厅堂为“驸马厅”。民间亦有类似传说。传说公元 1126 年，宋徽宗赵佶带康王赵构来南方休闲，行宫就设在杭州。这天，赵构到民间私访，来到浦江一个叫杨树角的地方，遇到一位才华横溢的俊美少年。少年名叫陈汝功，是浦阳陈顼的孙子。陈顼当时在朝廷任宣议大夫之职，著作甚多，文名颇盛。康王当场出了两副上联，陈汝功对答如流。折服于陈汝功的才华，康王便将女儿许配给他。后来，汝功考中甲级第四名，钦宗皇帝御赐金匾“文魁”，并拜为郡马。赵构登上皇位后，拜封汝功为驸马，御赐金匾“帝胄联姻”。汝功公荣耀乡里，奉旨建筑驸马府邸，取名下宅村。汝功公生有两子，长子一遇居前宅，幼子杲居后宅。“石板明堂王字厅，卐字阴沟九龙井”，两宅各有一厅，相邻而建。后宅厅于 1943 年被日寇焚毁，前宅厅至今尚存。南宋嘉泰二年（1202年），下宅先祖在后宅厅前，上下首台门屋内凿井各一，名曰“龙眼井”。井深丈许，井水清澈，夏天饮之，清凉爽口；冬日饮之，甘甜可口。村后有檀峰山，又称阳龙山，山势蜿蜒曲折，形似“青龙”。从高处下望，双井犹如青龙双眼，炯炯有神。前宅前还有一长方形池塘，以形而名“方塘”。后宅前有一正方形池塘，名“门口塘”。皆为风水景观塘。塘中皆种有荷花，夏日荷花盛放，芳香诱人，是村民憩息休闲之所。塘内种藕养鱼，年终捕鱼挖藕，为村民除夕年夜饭锦上添花。

“江南第一家”浦江郑氏遵循正心、修身、齐家、治国、平天下的儒家伦理，以孝义立身、规范治家而名冠天下，同居、共财、聚食计十五世历时332年，是儒家文化的实践地，是原始共产主义的典范。宋、元、明三朝郑氏与当时皇家有着千丝万缕的联系，建文井就是其中一个明证，在郑氏“江南第一家”老佛社房柱上有一联“枯井含章龙潜迹，阖家赛社凤来仪”，说的就是此事。传说1399年，因“靖难之变”，建文帝朱允炆乔装成僧人，从皇宫地道逃出。当时跟随皇帝的共22个人，其中有一个翰林待诏叫郑洽，是浦江郑义门人。他们商量后觉得郑氏“江南第一家”讲义气，决定第一站到“江南第一家”。建文帝随郑洽等来到郑宅后，郑义门的家长就把建文帝藏在老佛社。郑义门内紧外松，很少有人知道这件事。1403年元宵节，郑义门按照旧俗要举行迎龙灯赛社活动，建文帝微服出来观灯，领头行香的郑氏族长一见建文帝，下意识地半跪作揖，迎龙灯的头首们，也擎起灯头，向建文帝点头三下，以示敬礼。随即有人告发到官府，官府马上前来追捕。郑义门族长急中生智，将建文帝藏于枯井之中，官兵见井栏上布满蛛丝，便料定井下无人，建文帝因此逃过一劫。建文帝遇险而脱身之枯井，俗称“建文井”，现位于郑宅镇中街路口白麟溪之两岸，实为地下暗道，两井相通，一口已废，溪西一井尚存，在一农家院中。“建文井”井口呈圆形，内径0.41米，外径0.6米，井圈高0.3米，井壁卵石垒砌，水质清洌。郑宅还有一口“正德井”，位于“江南第一家”郑氏宗祠南侧6米处，井壁圆形石砌，井圈石质环形，口径0.72米，唇厚0.1米，高0.45米，井深5米许，井圈原刻有“正德二年造”字样，现已斑驳脱落，无可辨

（图 2－27）。水质清澈，现仍可饮用。

图 2－27 “江南第一家”正德井

在前吴乡塘岭金村，村中每一口井都有取用范围，外家人不得随意取用。遇到旱情严重、用水困难时，村民常为争一口井水发生纠纷，一些无力开井的人家，特别是村中老人，一遇干旱就无水可用。1998 年，金氏三十二代义字辈子孙三人合力，义务将村中一处有泉水的池塘改建为水井，因名为“三义井”。井深 3 米左右，井底铺石子、青炭、棕丝等，水下为预制混凝土井圈，井口呈“品字形”，以仿古砖清砌井台（图 2－28）。水井建成后，三人便约定，该井井水可供全村人饮用，且约法三章：每日取水要先给家中老人使用；遇老人取水要礼让优先，遇提水困难的要帮忙；干旱之年取水要自觉适量。后来，村民为纪念三人义举，镌刻石碑一座立于井边，上书“资忠履信”，井边墙上书“饮水思源”。

岩头夏泉村，村因泉多水美而得名。据村里老人介绍，夏泉村最早一口井应属张姓“石明堂”北台门口的井。据志、谱记载，唐开元间（713—742 年），华盖殿学士于平始迁“浦阳双溪石明堂”。“石明堂”成为浦阳于氏的祖居地。南宋末（1279 年前）平安张氏元善十四世孙迁至石明堂。这口井或许是于氏始迁一千三百年的唯一古遗迹，也许是

图 2-28 塘岭金三眼井

张氏迁居后开凿的古井，历史久远，已没人能说清古井凿于何代。古井的井圈长年被井绳打磨得光滑发亮，苍老古朴。水质有别于他井，全村只有这口井的水能制作木莲豆腐。村里安装自来水后，基本无人取用。现用扁平的大石封住了井口。

郑宅虬门村北半山腰处，地名“井头顶”有口古井，井水清洌甘甜。1967 年大旱时，山脚小溪干涸，滴水不见，这口井水却能供村里 150 多号人饮用，当时人都叹其为“天水”。郑都村，村前官道边栗树下有个泉水井，在 20 世纪 50 年代，经勘测其地下蕴藏煤矿，泉水甘甜，冬暖夏凉，每至天热时，官道上行路的人都会在此歇脚，喝口清凉的泉水。泉水坐落于擂鼓尖下，因名“擂鼓泉”。据村里老人讲，天旱年份，连远在二十里外的黄宅市人都要来此取水。村里人也说，此井水虽好，却不适合做木莲豆腐，要做木莲豆腐，须在水里加点盐。岩头陈市基有两口井，一口井名“源来”，本是岩头陈一家店号，是岩头陈最富裕的人家，井因店名。用源来井水做出来的木莲豆腐远近闻名，来岩头市买卖的人，都喜欢来一碗物美价廉的消暑饮品。木莲豆腐还具有收敛的作用，大人小孩吃后也是养胃的，特别是小孩如果拉肚子，木莲豆腐的泡泡兜一碗吃吃，野藕粉拿去锅里炒一下，给孩子吃是能止泻的。

井水除了饮用、洗濯，还能酿美酒。在白马镇最北部，与诸暨市隔山而望的高山山坪上，有一小山村，名叫虬树坪。白马虬树坪村，因为村里的井水好，致酿出的酒好而名闻一方。村有130多户人家，主要以宣、傅两姓为主。宣姓在五百多年前从诸暨界牌宣迁徙而来，与本地傅姓人一起繁衍生息。那时这座山坪上满是枝干虬劲的参天大树，于是前人便以虬树坪为村名。西南靠山，东北临壑，东边的叫里杭岭，北边的叫九曲岭，山岭陡峭，从山脚到村的直线距离超过400米，可谓高山上的小江南。江南有酒，其香绵长。虬树坪酿酒历史虽无明确文字记载，但五百年祖祖辈辈做酒的说法一直口耳相传至今，被誉为“浦江茅台”。村里酿造的白酒为什么好？最大的秘密应该还在于水。这个秘密就在村子的中心台地处一口冒着“仙气”的水井，被誉为“酒井”（图2－29）。酒井井深不到2米，宽1.2米，长1.75米，终年流水不断，冬暖夏凉，富含矿物质，口感甘洌清醇。据当地村民讲，哪怕遇到再干旱年份，这井也不会干涸，以前村里人就靠这口水井度过一次次旱灾，是名副其实的“生命之泉”。酒井的水，再配上当地自产的高粱、自制的酒曲（白药）、祖传的工艺和独具的匠心，虬树坪的酒，醉倒了一批批闻香而至的四方游客。

图2－29　虬树坪“酒井”

浦江南山有好水，也有好酒，名叫“南山泼露清”。做酒的白药在初秋辣蓼草可采收季节就得准备。辣蓼草捣出水，连同桂皮、丁香、肉桂、大茴香、小茴香等原料，与蒸熟的米粉一起搅拌均匀，倒进木框，压实碾平，切成条条块块后揉成小团子，垫上早稻草，将一只只团状白药放在稻草上，然后放在通风阴凉处。这样，大约一周后，白药表层就会长出一层白白的毛茸茸的酵母菌，从前农村叫“白药出毛”。待白药干透后，用棉纱绳将白药一只只串起来，悬挂在弄堂或屋檐木梁上。南山脚地下有观音土，经此过滤后的井水清澈甘甜。除了井水，更神奇的是要用露水。前一日晚上，将洁净的白布铺在稻叶上，吸收露水，次日清晨，拧出露水。或者将白布两头拉直，清晨两人在稻叶上划过，让白布沾满露水。南山泼露清第一次酿制是将精选出的糯米浸泡 24 小时，再蒸熟，之后迅速冷却，冷却至 35℃后加入酒曲，均匀混合，再将其倒入缸里发酵。倒在缸里米饭不是平铺的，要在中间挖一个洞，让温度持续保持在 35℃左右 24 小时，再将其密封发酵，十天后，将稻叶露水加进酒酿里，再次密封。待发酵完全成为甜酒酿后，取出酒露待用。第二次酿制就是把第一次酿制的酒露倒进另一桶完全发酵的米饭中，再密封发酵一段时间，得到初始的酒。但这些酒还不是成品，他们还有较多浑浊，需要再放到储存罐里再沉淀。第三次酿制就是在前两次酿造的酒中加入高粱酒，继续密封一段时间，这样得出的才算是成熟的“泼露清”。

浦江豆腐皮色泽光洁、薄如蝉翼、香味醇厚、久煮不糊，最早文字记录在元末明初，其捞制技艺被列入第三批浙江省级非物质文化遗产代表作名录，全县有吴大路、金前、李源、沙仁头、钟村、魏村、马桥头等十多个豆腐皮加工基地。豆腐皮营养丰富，内含蛋白质 35%～40%、脂肪 5%～20%、碳水化合物 25%～30%，还有人体必需的微量元素、维生素、氨基酸，如铁、钙、钼、硫胺素、核黄素等，其优良品质，均与当地井水水质有极大关系。吴大路村是豆腐皮专业村，因为吴大路的井水内聚力强，制成的豆腐皮成形好，产量高。除了豆腐皮，浦江北山一带的盐卤豆腐，岩头陈、黄宅、白马等地的木莲豆腐、柴籽豆腐和观音豆腐都与当地古井好水有关。做豆腐最有名的是仙华七里村。七里村，顾名思义离城里只有七华里路，这一带山峦起伏，土色橘黄，富含铁离子，呈弱酸性，适宜根瘤菌繁殖，最宜种豆类。七里的水富含矿物质。因此，七里的井水配七里的豆，做起豆腐来，又白又细，又嫩又韧，一斤豆可做四斤豆腐，俗称四勾，而别的地方只能做三勾或者二勾半。七里人充分利用水土和交通便利优势，将“七里豆腐”做成一块金字招牌。

井水还具有药用价值。井水初出曰“新汲”，平旦首汲为“井华”，反酌而倾曰“倒流”，吊桶下滴曰“无根”。古人认为井水为阴水，味甘淡，为万化之源，故无不补。井水深而在下，自有养肾滋阴之义。其清气往往上浮，是能升清而降浊。本地的井水还能治“水土不服”。浦江老一辈人背井离乡，远离故土时，常常会带一捧家乡的土壤，灌一壶家乡的井水，一则为了缅怀故乡水土，再则还有预防水土不服的功效。到了异地他乡之后，把这一捧土和一壶水放入日常饮用的水源，然后静等2日，再喝这里的水可以避免水土不服。这里面的科学依据或许是，通过两日的细菌繁殖，这里的水源中也混有家乡习惯的微生物，肠胃也就不会猛然受到刺激，从而不会水土不服。在郑家坞吴店村，村里出嫁姑娘回娘家，返回时一定要取些村里的井水，说用它做饭熬粥会特别香。

井，除了通常的生产、生活功能之外，兼具文化功能，尤以浦江月泉最为奇异，月泉承载着浦江千年文脉。清时浦江知县薛鼎铭称：“自古称泉之美者，大率以澄澈而甘香也。澄澈甘香不离乎形气之间，土石之所钟美，可以思议究也。月泉不专以澄澈甘香，而以随月消长见奇。天下之水，鲜有似于此者。”

月泉位于浦江老城西北二里，背倚仙华山。其泉随月盈亏为之消长，自朔至望月盈则长，自望至晦月亏则消，因得名（图2-30）。元人谢翱曾长期观察，并以实验来验证。他在井里放置竹梯，将水位逐日进行标记。发现上半月水位上涨，下半月水位消退，消长的幅度每个月都一样。井壁附着的青苔青绿与枯黄转变现象，也是井水上涨与消退导致。“由朔至望，投梯其间，泉浸浸浮梯而上，动荡芹藻，若江湖之浮舟拥苔于岸，视旧痕不减毫发；由望至晦，置竹井旁，以常所落浅深为候，随月之大小画痕竹上，当其日之数，旦而测之，水之落痕与石约如竹之画。视甃间，滞萍藓枯青相半，殆类水退人家，日蒸气湿，墙壁故在，而浮槎游，栖泊树石，隐隐可记。”

图 2-30 月泉井与瑞雨亭

古人认为水脉与文脉相通，并将泉水自然属性视同人之品格属性。月泉泉水通塞映衬浦江文运否泰；泉水清洌甘美映衬浦江士人大节凛然品质；泉因月之盈亏而涨落，月因泉之守信而泽民，月清莹透彻，泉则忠诚守信。月泉随月亮盈亏而消长的神奇现象，也暗合了南宋理学“理气之相为贯通”的概念。《嘉靖浦江志略》卷一《疆域志》之“月泉”条有记：“月泉，学池也，池边皆学旷地也。泉之通塞，士之否泰，关焉。此邑人才位文昌、登台察者，大节凛然，炳炳史牒，色正芒寒，月泉钟美于是。王令尹浚而通之，泉涌如沸，宁非杓携魁枕之兆欤？”

月泉最早的记载是北宋政和三年（1113 年），知县孙潮“按图牒，搜遗迹，得月泉旧址于社壝之西”。在南宋嘉定十六年（1223 年）修月泉池，筑月泉亭。南宋末咸淳元年（1265 年）导月泉源，复浚月泉塘，筑月泉亭。宋淳祐元年（1241 年）置书籍，淳祐二年（1242 年）续置书籍，宝祐二年（1254 年）置四书。咸淳元年（1265 年），导月泉源复之，筑月泉塘，筑月泉亭。咸淳三年（1267 年），知县王霖龙扩建为月泉精舍，“疏月泉池，筑月泉亭，建月泉书堂，始以月泉书堂为名”。元初，月泉书堂升为月泉书院。

月泉在历史上最有名的当数创月泉吟社，开展全国征诗，刊印《月泉吟社诗》等，《月泉吟社诗》也是中国现存最早的一部诗社总集。

浦江历史上有两位名人号“月泉”。一为明永乐戊戌（1418 年）进士沈文，官至云南布政司，卒于湖北辰州（今怀化市沅陵县）。一为明嘉靖丁未（1547 年）进士张元谕，擢云南观察副使，以勤劳得疾，也卒于辰州。两人相差一百多年，不期而号同，且其仕地与卒地也相同，确也算是浦江月泉奇事。

水井，用甘甜的乳汁滋养了浦江人，人们赋予其多重功能与文化。如今，水井作为一种生活器物，已慢慢退出历史舞台。但它是我们民族深入骨髓的五千年记忆，是一种永远的乡愁，更是一份值得世代流传的宝贵文化遗产。

第五节　灌溉器具

浦江先民在长期农灌活动中，发明采用了很多独具特色的农业灌溉提水器具，如龙骨水车、拗井、戽斗、水接等，还有以水力、畜力代替人力的水转筒车、牛力水车、水碓等。

一、龙骨水车

龙骨水车其前身是翻车。据《后汉书·张让传》记载，东汉灵帝中平三年（186 年），使毕岚“作翻车”，即设机车以引水，“施于桥西，用洒南北郊路，以省百姓洒道之费”，距今已有 1800 多年。三国魏时马钧改良了翻车。据裴松之注《三国志·魏书》载：马钧“乃作翻车，令童儿转之，而罐水自覆，更入更出。其巧百倍于常。”当时人称马钧为“天下之名巧”。唐文宗大和二年（828 年）闰三月，宫廷绘出水车图样，令京兆府造水车，散给沿郑白渠百姓以灌溉高仰之田。明万历二十二年（1594 年），韩城县令马攀龙制木轮“百斗车”，提高了提水效率，群众感恩戴德，为其建祠塑像。据《太平广记》中引《启彦录》语：“唐邓玄挺入寺行香，与诸僧诣园观植蔬，见水车以木桶相连，汲于井中。”

龙骨水车是最主要的提水灌溉工具，分为脚踏龙骨水车和手摇龙骨水车两种。

脚踏龙骨水车包括车壳、车骨、榴头、车脚等部件组成（图 2-31）。

图 2-31 脚踏龙骨水车

车壳又称车筒，为矩形木制槽，车槽高约 20 厘米，宽约 10 厘米。槽身上每间隔 12 厘米则以 H 形木条扣架加固，扣架犹如现代建筑中的箍筋，扣架之间又以木条相连，保证车槽不易变形，如果车槽变形，势必增加车水阻力，费力且效率低。扣架间有隔板，隔板将车壳分隔成上下两室，上室为车板下去时的走道，下室为提水上来时的走道，俗称“去过桥上走，来往桥下游”。车身尾部浸入水中，有一小轮轴转向，称车帽叶，上装 6 只拨片，是车骨上下往返提水更替的支撑点和转折点。

车骨，以脊椎状木榫连接木制叶片（车板），形如龙骨，又叫车肚肠，因得名龙骨水车。一节车骨长约 26 厘米，3.3 厘米见方，中部安装一片约长约 6 厘米、宽约 8 厘米的车板。车骨一头做约 8.3 厘米长的雄榫，另一头做约 8.6 厘米深的雌榫，将一节的雄榫套入另一节的雌榫内，钻一洞孔，穿上车销连接。因雄榫上的销洞比雌榫上的销洞略大，而车销的身子是等粗的，这样，雌榫处的车销会紧固，而雄榫上的洞孔与车销有间隙，可活动。车骨节节首尾相连，成一木制链条。每节车骨的雌榫下方做一个凹槽，此凹槽称“肩”，柁片能套上“肩”，使车骨运转。

车骨上端绕大轮轴运转，大轮轴称叶轮或拨柁。叶轮、槅桁和槅子共同组成槅头。槅桁呈八角形，中段较粗，两头稍细，当中的叶轮，上有12片拨柁，柁片之间由一节节弓形角带圈成一个圆圈固定，拨柁两侧的槅桁上装有踏脚踩水的槅子，槅子为一段段的圆木踏脚柱，一人一位，一位四柱。按槅子数可分为二人车、三人车、五人车、七人车，最大的有九人车。地势高的农田，或者“踏大溪”“打长车”抗大旱时，常用多部水车组合接龙逐级提水。

槅头搁于左右两个木架上，两头有生铁铸成的碾筋。木架称之为车脚立柱，车脚立柱有横档，横档可以升降，可按需要调节槅头高低。车脚立柱上头绑一横杆，称为车杆，起连结固定作用，踏水者可扶可趴，借此省力。摆放水车有技巧，有经验的老农将车槽上口紧密夹在岸口上，不致漏水。车身下部伸进水里，车尾上有一只以两根木棍交叉、在交叉点用绳索绑缚而成的X形支架，将车身架在支架上托住。掰开或收缩支架，能长高降低，调节车身入水深浅。车身与叶轮务必对正，与槅头成T形垂直，否则转动时，车板会与车槽摩擦，产生阻力。车骨套在拨柁和车帽叶上时，松紧应适度，可以车脚上下前后来调节。车板离车槽口槽底应保持在1～2厘米，过低会出现刮底情形，致使运转不畅，徒耗气力；过高则水会出现倒流现象，影响工效。其高低可通过升降槅头来调节。

踏水时，车壳、车骨直接与水接触，槅头车脚承受水的重力，风吹雨淋，日头曝晒，因此，水车各个组件材质各异。车壳一般选用体轻质韧的杉木。车骨选用材质紧密的榔树，次之用树龄适当的草桑树。车板选用质轻不易开裂且吸水性弱的苦楝树，《光绪浦江志稿》有记“楝，其材中为桔槔”。车销则用极坚韧的檵木。槅桁用硬木槠树。叶轮用老杉木。叶轮上的角带和槅子用樟木。

水车以车身的长度来衡量，脚踏的有八尺、丈一、丈四、丈六、丈八、两丈、二丈四、全三丈等规格（均为鲁班尺，一尺为0.3016米）

等，手摇的通常为五尺。大尺寸的水车一般由几家集资或宗族里共同出资置办。水车是农人之宝，每逢秋收后，农人会用桐油将车身细细髹漆，既能保新，又能防止开裂，然后妥善搁置在堂楼、游廊通风之处。在岩头许村厅堂二楼，至今仍保留着多部古老的水车，多为清代道光、光绪年间置办，其中最老的一部车，车长 9 米，造于康熙十四年夏季（1675 年 6 月），至今已有 348 年。

车水看似容易却也难，其中深有窍门：车水时，身体重心须稍后靠，这样踩下去才有力。初学者不熟练，第一脚踩下去未到位，又急着去抢前面的樀子，而前面的樀子未到位，结果踏空，身体失去重心，只得紧抓车杆，出现凌空而挂的情形，被人戏称为“挂田鸡”。若未抓紧掉下来，非伤即痛。如果身子下沉太过，步子跟不上，翻过来的樀子已到脚前，抬腿时刚巧碰着小腿骨，小腿常常被撞乌青，痛不可言。

旧时干旱年份，沿浦阳江农民，会组织了数十部水车从浦阳江轮番传递车水，长达三四里路，当地人称“踏大溪”“打长车”。在浦阳江上游的花桥村，中游的浦阳、平安、黄宅钟村、东塘，以及下游的夏张、傅宅等地俱有记载。这种以点香为志，一炷香为一“替”，换人不换车，昼夜不停车水的情景，已成为很多老农的记忆，当地百姓说起当时盛况，至今仍津津乐道。

民国二十三年（1934 年）大旱时，花桥横山村有人提议“打长车”抗旱，通力合作，意将浦阳江江水提灌至高处的山垄田，水路长二里许，需水车二十四部。共设总管水员一名。第一埠车长二丈四，五柱樀，配强劳力十五人，三班制，车骨上插上柳条或篾条作一转标志，每百转为一班，轮班交接，停人不停车。又视坡地高低，配四柱樀、三柱樀、二柱樀不等，逐级提水，一直把水传到山垄最高的水稻田里。待灌足，复从上灌下，级级灌好，一级撤一级，直至全部山垄田灌饱水为止，所需费用，不计田亩远近平摊。

潘宅黄泥山头踏大溪，从湖山桥上游的溪滩潭里开始车水，十八副水车接力 3 里多路，将水车到田头。踏大溪时会经过邻村人的田地，损坏农作物，主人也不会有怨言。

黄宅梅石坞村因浦阳江断流，村民互帮互助，淘大溪深潭车水，组织 150 余人，水车 32 副，计 4 里，到皂结坑村口止，夺得粮食丰收。

岩头许村坐落于蜈蚣溪左岸，与对岸的天仙塘村主要以泉水灌溉为主大不同，许村灌溉水源为蜈蚣溪水。民国二十三年（1934 年）大旱，溪水断流，无水可灌。许村乡绅李开垚（1903—1962，字子皋）接连数天到处寻找水源，在村西高塝头处挖到一眼泉水，出水量不小。然兴奋之余，如何将泉水提至三丈多高的高塝，却是个实在难题。开垚想到车水的办法。他无偿拿出自家两满屋的木材，在高塝中间搭建平台，平台上放一个打稻谷用的“稻匣”，作为中转蓄水池，下部搭一张三丈三的水车，六人不停车水；上部搭一张二丈四的水车，四人不停车水，昼夜不停，歇人不停车。“搭台车水”一事轰动四邻八村，大家无不为开垚公的义举和智慧折服。经此，村里七成以上的田亩得以及时灌溉，大旱大灾之年，别村颗粒无收，许村却安然度过。

白马夏张村旱地多，水田少，以前十年九旱，常常闹饥荒，当地民间流传：“大村穷，夏张侬；小村穷，蒋才文”。但夏张人人穷志不穷，从浦阳江车大溪抗旱。每逢大旱年，几十台水车一同车大溪，一边车水，一边唱车大溪歌，远近闻名。夏张人又用门板搭天桥，塑料布铺成水道，将水车到高处，后来还发明了用石砌水塔翻沟供水方式，也是浦江一绝。

1966 年，夏旱连秋，白马镇利丰村在浦阳江球山潭处挖出泉水，组织 36 架水车，车水送至 2 公里外的杜溪坞农田，同时，仅用三天时间，开凿盘山水渠 2 里，夺得大旱之年大丰收。

手摇水车，又名牵车（图 2 - 32），结构更为简单，通常长五尺。其动力装置在车的槽头上，车轴两端有曲柄，手握曲柄摇动，往复牵引叶轮带动车骨、车板运行以汲水，一人即可操作，因手力有限，出水量小，仅用于提水较低的零星田块使用。在浦江南山脚东许村一带现仍有保留。

水车车身板壁往往题有置办年份、置办人等，另一侧常常题写联对，以祈丰求福为主题，俗称“水车对”。水车对歌咏水车设计之精巧和人类劳动之伟大，具有厚重的文学性和独特的审美价值。其多由精擅

图 2-32 手摇水车

书艺的乡间缙绅或才子文人撰就。这里摘录几条：

深山古木化为龙，一下池塘水便通。

深山古木化成龙，进入池塘水便通。

天道不全，人工作补；暂资尔力，助我后土。

用之则行，不敢请耳；舍之则藏，固所愿也。

功可赞天，自得逢源以取；蹈不择地，偏能激水而行。

人可代天，试看机枢善运；木能生水；居然沟浍皆盈。

源泉混混，沛然泽被乎田间；流水洋洋，勃然恩施于禾。

见龙在田，不必风云施雨露；及时而驾，居然草野裕经纶。

日出在东阳，龙游到浦江；秋至金华实，家家乐永康。

龙游去龙泉，分水到青田；淤潜上丽水，常熟浦江县。

水车车水，水随车，车停水止风扇扇风，风出扇，扇动风生。

东阳白曝地，旋由丽水以济青田之泽，咸歌长乐；

浦江流滔天，眼望龙泉而旋黄岩之恩，世咏永康。

用之则行，舍之则藏，凭木龙而通水泽，运人力以代天工。

以前，水车是农村里最常见常用的农具，也是夏夜乘凉时的谈资。在凉风习习的弄堂口、车门里，老人轻摇麦秆扇，一边为小孩驱赶蚊子，一边和小孩子玩猜谜语游戏，其中很多是关于水车的。在此摘录一些在浦江流传的水车谜语。

七七四十九，蜈蚣去买酒；去过桥上走，来往桥下游；买到家门口，罐罐都倒覆。

一脚赶一脚，脚脚都提高；从早走到夜，还是原来高。

远看像条龙，近看多脚虫，嘴里吐清水，一生都务农。

足心踏柱两相逐，右脚才过左脚续；一头上起一头伏，翻上水流如泻玉。

一样东西骨节多，天不降雨跑下河；人在上头用脚踩，它在下面把水喝。

弟兄前后站，排队去上班；刚从桥上过，又往水里钻。

长长一条街，沿路挂招牌；下雨没水吃，天干水浸街。

生在青山一大棵，死在人间骨节多，骨骨节节浸下水，汗珠滚滚唱山歌。

高高山头一棵树，背下山来脱层皮，做成片片连骨节，节节浸在清水里。

兄弟七十三，走路一串穿；又打桥上过，又打水里钻。

巷子里去，巷子里来，巷子里死，巷子里埋。

二、牛力水车

在以前浦江的溪边、塘岸固定车水点，建有固定的车埠，使用牛力车水灌溉。牛力水车与地面平行，建一大转盘连接龙骨车身，以牛力牵动转盘提水。牛车制作工艺复杂，成本高，对水源和场地要求更高，还要配一头牛，一般农户难以办到，故牛车在浦江很少见，现已基本绝迹，只在黄宅镇渠北村“敏德堂”厅堂楼上，发现保存着一木制转盘；文溪村尚有一“牛车头”地名遗存。

三、水碓

水碓又称水轮车，是我国古老的农业灌溉工具。水轮车放置在流水中，受水力冲击后水轮可转动。轮周系有木桶，桶在水中盛水后随轮子转到上方，水会自动流入水槽，流入农田。

四、戽斗

戽斗是古老而简易的提水工具。在水桶两端钉铁环，环系两根绳索，由两人同时挥动，将水从低处舀向高处。戽斗需由两人共同协调配合，偶尔在田间地头尚能看到（图 2－33）。

五、水接

在山区山涧或有泉水的地方，就近砍取毛竹，劈成两半，清去毛竹内节，架在三角木架上，利用地形高差，一节节将水由高处引向远处。这是最经济的引水灌溉方式，至今在山区仍常可遇见（图 2－34）。

图 2－33 戽斗

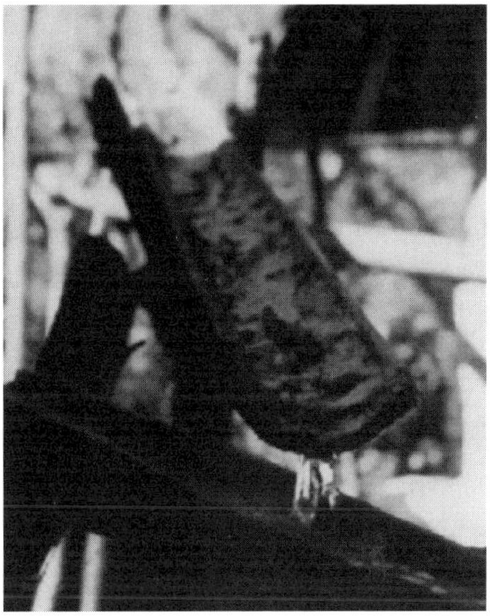

图 2－34 山区仍在使用的毛竹水接

六、毛竹唧筒

唧筒，古时用毛竹为筒体，有拉杆和活塞，使用时将其竹筒端放进水中，并将裹絮（即活塞）水杆（即拉杆）往上抽起，水就通过窍（阀）进入水筒中。“用长竹下开窍，以絮裹水杆，自窍唧水”。此物常用于农业灌溉，也用于灭火，可谓一物多用。现代将竹筒改进为铜管或马口铁制的。

第六节　堰、坝

经调查，浦江现仍存古堰共计 112 座，在全县各乡镇俱有发现，可灌溉面积约 8960 亩。明嘉靖四年（1525 年）冬十月，知县毛凤韶主持修浚仙华堰，晓谕县民多筑堰塘，他所编著的《嘉靖浦江志略》记载有十三座堰坝，为著名的嘉靖十三堰："县东五里，曰芦塘堰。东二十里，曰八石堰。东一十七里，曰吴家堰。东一十五里，曰葛家堰。东一十五里，曰智贺堰。西四十五里，曰石沈堰。西五里，曰石陵堰。西一十二里，曰前吴堰。北二十里，曰钱堰。北三十里，曰席场堰。北五十里，曰大湫堰。北五十二里，曰人畈堰。北六十里，曰广滩堰。"经历了风风雨雨，很多古堰湮灭在历史的长河里，难觅遗迹，但仍有一些古堰至今发挥作用。

如席场堰，最早记载建于南宋宝庆三年（1227 年），建于虞宅村西，经多次修缮，至今仍可溉田 437 亩。大湫堰，建于檀溪平湖村北，一直滋养了八宝畈千亩良田，并在新时代焕发青春，成为"浙江省第一批可游泳河段"，吸引外地游人驻足嬉戏。

结构上，浦江古堰通常分上下两部分。堰之下部老百姓称之为"备堰"，常以大块块石砌成，也有为反拱结构，两头高，中间低，抵触在两岸基石上，既坚固又美观（图 2－35）。堰之上部老百姓俗称"筑堰"或"作堰"，在浦江各地有不同的做法。在白马嵩溪、旌坞一带，出产石灰石，一般用河卵石，和以当地黏土和少量石灰，砌成宽约 80 厘米，高约 1 米的堰体。在前吴罗源、朱桥一带，砍取三根长木分上、中、下档，横贯在河上，又将山上的柴木编成木排，糊上河底烂泥，斜靠在横木上，作挡水用。在岩头陈礼一带，有另外的做法。陈礼村位于河道源头，河道本不宽，本地人在河道合适处，先修建两个坝座，坝座一般高 1.5 米左右，中间预留沟槽。当需要灌溉用水时，在沟槽里布上横木，以河床里的草包、烂泥堵上，即可蓄水。

浦江的古堰坝有诸多优点。一是取材本地。石灰、黏土、河卵石、草包等材料取之本地，唾手可得，既便利又低成本。二是设计科学。浦

图 2－35　嵩溪村古堰（清代）

江人创造性地将堰坝分成上下两部分，一动一静，一宽一窄，阴阳相济。下部的备堰以固基为主，下游滚水面坡度较缓。备堰抬高稳定上游河床，减缓坡降，减低流速，起到保护堤脚作用；上部的筑堰以蓄水为主，提高水位，保证灌溉用水。三是工艺精湛，备堰使用反拱结构，以大块石错缝迭砌，蛋壳形堰面牢牢抵住两侧堤岸，虽历经百年而不毁。筑堰以黄泥作黏结剂，利用黏土的不透水性；并加入适量石灰，加强黏结强度。洪水期间能被冲垮，降低了洪水期堰前水位，保证上游农田不被水淹。正如现代水利的固定堰和自溃堰（图 2－36）。

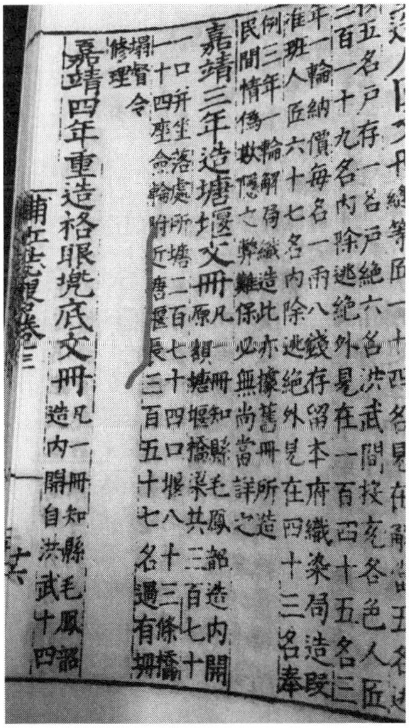

图 2－36　《嘉靖浦江志略》中关于塘堰的记载（1525 年）

在古堰引水口常水位处常横砌有一石条，高度与堰面平齐，既能防止在洪水期过多水量泄入渠道，也可挡住漂浮的树枝草木，起到拦污栅作用。有些堰坝引水口后挖有水塘，四周砌以条石，有台阶、埠头，可以充当沉砂池，同时也是村民洗农具场所。每丘田有独立灌排渠系，分水口处放置有石条，可将多余的水、洪水排入河道。每个堰坝下游都修建了“车水埠头”，在修建堤防时，预留一宽约40厘米石槽，用来架设脚踏水车或手摇水车，利用堰坝下游冲刷的深潭，车水灌田，车水埠头同时也是排涝口。

第七节　水事管理

“皇权不下县，县下惟宗族，宗族皆自治，自治靠伦理，伦理靠乡绅。”旧时浦江地处僻壤，是典型的小农经济，农民世代定居在相对固定的区域，乡村基本上建立在血缘和地缘基础之上，同族同宗相聚而居，水利设施由官府倡导建设的大型水利工程极少，多为私人或宗族自建自管的小型、微型水利工程。

依浦江地方习俗，村里屋边水塘，一般归堂前所有，作洗涤兼养鱼、防火用。塘边的水田遇旱可车水灌溉，但有限制，不能超过规定水位。饮水塘不得洗涤。大塘之面积较大，四周塘岸均筑有车水埠头，多则有十多座。满水时，有灌注权的用户，都可自由车水。干旱时大家需水，则要约齐一起车，同时只能车到分卜为止。卜中之水，各归车埠所有者汲取。菱藕塘抗旱时，汲水也有限制。如要在他人所有的塘、堰中车水，则应借水。借水要送礼物或礼金给所有权者，经允许后才可车水。浦阳江沿线村子，以前为引水灌溉，在浦阳江有引水口和引水渠，由于高程缘故，必须借道别的村子，同时，自己村子的地盘，也容许下游别的村子经过，形成惯例。

浦江溪井、塘井、拗井、水渠、堰等农田水利设施以及里头的“水”，约定俗成谁建谁所有。很多水利工程是由退隐、丁忧或致仕回家的官员牵头兴建。如钱侃、钱遹祖孙修建“通化三湖”、南桥及南桥堤防；郑崇岳带头治理白麟溪，筑河岸，建“十桥九闸”。有些水利设施由宗族共同建设，浦江县《陈氏宗谱》（陈蓬坑派）有记，其村之分头塘原名冯大塘，位于村水口处。道光年间天大旱，泉水枯涸，塘塍崩塌。陈氏族长召集同宗灶丁，“开掘沟泥，堆作塘塍，又因流水多聚，栽植树木”。塘中水源，其水注田户者可车可放，但塘中渔产属陈氏宗族所有，“养鱼积息永为修谱建造庙堂之资”。大部分水利设施由农户自建自用，如巧溪一带的拗井，均位于田间地头，农人利用自家田塍或田周小块荒地挖井取水，省钱又方便。

塘堰井等水利设施灌溉范围明确无误，田土流水文册（鱼鳞册）、宗谱等典籍记载以及村民口述，都证明这一点。浦江在大明洪武十四年造田土流水文册三百四十册，“图画田、地、山、塘段样”。嘉靖三年造塘堰文册，共一册，内开原额塘、堰、桥梁共三百七十一口，其中塘二百七十四口，堰八十三条，桥一十四座，并注明坐落处所；特别是明确“塘堰长”三百五十七名，“遇有坍塌，督令修理”，这也是古代浦江“塘长”“堰长”制记录第一次见诸史籍。

水权的变更与土地买卖相挂钩，契约须注明“水注何处”，且水利越便利的田块，其价值越高。独家所有的堰塘一般自给自足，自修自管。多家共建的堰、圳于每年清明开始修理维护，所需之费用和人力，按有关受益面积分摊，年终结算找补。如果堰上无水，可车堰下水潭之水。用水自上而下，由近及远，相互照应。从别人田里临时过水，须沿田边筑子塍。水量不足，大家商量分配时间，错开时段，意见不统一时往往采用“抓阄”办法，很少出现纠纷。若有水利纠纷，可向官府诉讼，但主要由德高望重的族人、乡绅等主持解决。如果纠纷发生在本族人之间，通常是由族人中辈分高、声望高的人主持调解。如果纠纷发生在不同宗族者之间，甚至发生在不同的村庄之间则通常由与双方熟悉的亲友或村庄头面人物或乡绅等调解，甚至以这些人为“保人”或“中人”，立约竖碑，长久定纷止争。有时官方诉讼并不能真正解决水事纠纷，还得依靠乡儒名望者调解。

在唐代，浦江置县令、县丞、县尉各一人。宋以京朝官知县事，置县丞、主簿、县尉各一员。知县作为一县之长，总治民政、劝课、农桑等。县丞掌修土水之政，兴山泽之利。在浦江历史上，出现了多位贤明廉洁、亲民能干的“父母官”。他们兴修水利，劝业农桑，循良著绩，浦江老百姓感恩戴德，入供名宦祠。

明嘉靖二年（1523 年）浦江知县毛凤韶，看到全县子民遭受旱灾，咽糠吃树皮，等不及上级批复同意即查找黄册，按极贫人口开仓赈济。他说粮食借给乡民秋后可以归还，但人饿死可不能复生，因此受坐累被查办，幸得上级查提议处，始得赦还官。《嘉靖浦江志略》卷三“官守志”中有记：“嘉靖二年大旱，知县毛凤韶奏灾，准勘蠲恤间续，奉勘合今天下府州县开仓赈济。知县毛凤韶因民告急，未及候上司批申，查照黄册，田粮少者，极贫丁口，大口月给六斗，小口月给四斗。着令秋成抵斗还官。后蒙司府查提，供称谷借在民可以还官，民饥而死不可复生等情，后以赦得释，次年还官。”他上任后，立即巡视全境，考察民情，认为若要抗旱保丰收，必须依靠水利。并第一次提出“水利执法”理念，在他的《筑塘解》中明确提出：有阻夺专利及立碓磨自便者，命改之，不从，告拟法。意即如果有人阻碍使用水利设施，以及私自占用水利设施的，责令其改正，如未及时整改，则交由官府处置。

清康熙四十一年（1702 年），直隶昌黎人迟日旭公（字山晓）莅任浦江，“甫下车，以兴利除害为务”。后来，浦江遭受灾荒，未等上报批复，他就下令拿出备荒赈恤的常平仓里的粮食救济灾民，致被弹劾。“后因岁歉，请出常平以贷民，不俟报可而散给之，遂被劾而归。”在浦阳珠山村，现仍立迟日旭公为本境香火，每逢四月十八日迟公生日之际，张氏合族子孙都要整衣冠，备牲礼，前往祭拜。据《珠山张氏族谱》记载：张氏的门日堰被外族人霸占，张氏先祖前往县衙鸣冤，幸蒙迟公亲诣现场勘验，秉公执法，物归原主。

清乾隆年间知县何子祥，在任期间，设簿劝捐，延请绅衿，修道路，筑堤防，拟制度，整治城区卫生，并在日常中，以身作则，亲自督促，务求整改到位。“每出察视，水干即惩之”。在何子祥主持下，他主动捐献自己的俸禄，设立董事会，延请本地乡绅主事，有钱出钱，有力出力，在汛期来临之前，即“及其未然而图之”，治理浦阳县城的东溪和西溪，清除了河道中影响行洪的树木，疏浚了堵塞的河道。在采取工程措施的同时，采取植物措施加固河堤。“斫枣树，疏壅塞，为堤十余丈，广一丈有奇，更多植杨树，以杀上流水势，导水向南。”

《大清律例》规定：“若查勘水利界址等事，现涉争讼清理稍迟必致有妨农务者，即令各州县亲赴该处审断速结……”在清宣统二年（1910年），浦江知县李芬曾为双溪源放排毁坏堰坝事，特下禁令，勒石为碑。此碑现立于礼张村蜈蚣溪边，碑高120厘米，宽55厘米，厚17厘米，为本地青石。碑文为楷书阴刻，字迹端秀凝重，功底见深，入石三分。题刻“禁堰”两字从右往左横列，其余为竖刻。“正堂李示：禁为双溪三源，全赖堰坝蓄水，以溉田稻。因为立禁：谷雨之后，立秋之前，不准顺放柴薪、竹木，以固堰坝而保田稻。毋违！特谕！宣统二年二月日双溪三源仝立。”此碑已历百十多年，是研究浦江水利、水行政和水文化不多的碑刻物证之一，有重要的水利科研价值。

在民国期间，以“救济农村，复兴农村”为目的，国民政府试图把中国农业和农村推向近代化。1928年起，大力推动并倡导农村合作社，并颁布了《农村合作社暂行规定》，浦江县沉湖乡成立了“沉湖水利委员会”，有水利会员80人。水利委员会属“利用合作型”，成员之间可使用共有的水利设施。1929年，颁布了《修正乡镇自治施行法》，浦江成立了民间自治机构“乡镇水利公会”，1946年12月成立了“浦江县水利协会”，实行民间协会式管理，由民间管理组织自主推举、自主管理防汛抢险、水利设施。

第三章 典型水仓

第一节　登高天井、天渠、天塘

浙江省浦江县仙华山相传为黄帝少女元修修身升天之处。在仙华山东侧海拔450米的高山坪地上，有一古村名登高村，为中国传统村落。据《光绪浦江县志稿》记载：县东二十里，有山特起众峰间，高百余丈。宋吕祖谦九日于此登高，人景仰之，故名。民间相传在800年前，吕祖谦（人称东莱先生，为婺学创始人）与友人相携登临仙华山，在山顶突然发现山腰中一村子炊烟袅袅，叹道“山下不曾见、登高才可见”，始得名“登高村”（图3-1）。登高村南为中埂溪源头，村东为蜈蚣溪支流源头。

登高村全村172户550人，居民以赵姓、任姓为主。赵姓为宋朝皇室后裔，自南宋定居此地以来，已逾800年。村中“树滋堂”粗大屋柱上，有楹联“大宋皇裔村落，宗臣嫡派门楣”，印证着村落历史，更有那马头墙、古戏台，雕刻精美的牛腿、雀替，足可见当初家族兴旺显赫。

古时的登高村交通极为不便，唯有一条从山脚登高口开始的羊肠小道。小道全长2.5公里，以石板铺就。石板路蜿蜒曲折，两边是层层叠叠的人造梯田，抬头仰望，直入云霄。这些梯田为全村人的口粮田。

图 3-1 登高村

800 年来，登高人能在如此高的地方安居乐业、繁衍生息，靠什么？唯有依靠“浦江水仓”——登高天井、天渠和天塘。

“浦江水仓”是广泛分布在浦江盆地不同海拔、不同地形，各类引用地下水资源的小型水利工程的统称，有溪井、拗井、塘井、天井、堰潭之分。

“登高天井”位于村后山腰海拔 482 米高的一泉眼处（图 3-2），泉水终年不断，据测算，出水流量为 0.8～1.2 升/秒，年出泉量在 3.15 万立方米左右。古代村民用山上的块石垒成一个高 1.8 米，宽 0.8 米，长 13 米，类似新疆“坎儿井”的出水涵洞，炎炎夏日，涵洞里仍是透骨清凉。村民又用宽 0.17 米，高 0.24 米，长 0.8 米左右青条石，中间凿挖开一条宽 10 厘米，深 5 厘米的 U 形水槽，首尾连接，引水到村，接缝处用糯米、蛋清和石灰浆拌和，黏结止水，形成一条全长 206 米，落差 32 米，平均坡降 15%的天渠（图 3-3）。

天渠连接着村口的三口池塘——天塘。天塘呈酒葫芦形，以老石条砌成（图 3-4）。上塘为规则的八边形，直径 3.15 米，深 1.3 米，能蓄水 4 立方米左右；中塘比上塘稍低，用石槽引水，长 2.5 米，宽 2.15 米，深 0.9 米，能蓄水 5 立方米左右；下塘最大，长 15.6 米，宽 10 米，深 1.5 米，能蓄水 240 立方米左右。人们恪守“上塘饮用，中塘洗

图 3-2 登高天井

图 3-3 登高天渠

菜，下塘洗衣”，古老相传，若有违反，必遭村民唾弃。从高处看，天渠天塘犹如长长藤蔓上结着的葫芦瓜，寓意着登高村人瓜瓞绵长，生生不息。

“天塘”里的水经房前屋后水沟，注入树滋堂前的墨池，再绕过小村，成为村东 200 亩、村南 170 亩梯田的灌溉水源。明代邑人戴杞(1383—1443 年，登高山脚戴宅人，世人称清肃处士)，有诗云：“轩名耕读北山阳，朝执犁锄暮典章。水足舜田春盎盎，炎余匡壁夜煌煌。”说明在明初时，登高村人已利用天渠、天塘来水，耕作收获。

登高村所代表的“浦江水仓”是浙中山区丘陵区域性、立体化传统复合灌溉典范，见证了千年以来中国东部人口南迁、经济重心南移的社会文化变迁史，与现代自然保护的国际最新理念完全契合，它体现了一种尊重自然、人水和谐的理念，以水定村、以水定地、以水定人、以水定产，通过就地取材、物尽其用，用最小的成本满足人们的生活、生

图 3－4　登高天塘

产、灌溉、消防、生态、文化多种需求。

无独有偶，在登高村周围，尤其在村南梯田里，散落着一块块刻有神秘符号的巨石，巨石高达数米，兀然挺立，上部刻画着一个个形态各异、相互对称的圈圈符号，像极四川三星堆铜人眼睛，圆睁的，微阖的，又似良渚玉琮的兽面纹……整块巨石犹如无字天书，散发着神秘的气息。其中一块楔子形巨石，村民称之为“金牛石”，面朝仙华山主峰。据传，登高村一带建有一个地下皇家宝窟，金牛石上刻画的是藏宝地图，谁破解了谁就可以找到宝藏。

天井、天渠、天塘、天眼、天书……这些都已成为仙华山黄帝文化圈共同组成部分，体现了居安思危的防火减灾文化意识，它等待世人揭开其神秘面纱。

第二节　水济嵩溪

浦江，因浦阳江得名，依水而生，因水而美。浦江县有“万年上山、千年郑义门、百年书画兴盛地”的美誉。2000 年，在浦江盆地浦阳江支流蜈蚣溪畔，出土了夹炭陶片稻壳遗迹，发现距今一万年的上山文化遗址，是长江中下游稻作农业的起源和中国古村落的发源地。浦江县属浙中丘陵山区，地势西北高，东南低，母亲河浦阳江自西向东穿过浦江盆地。

嵩溪村位于白马镇北侧，已有 800 年历史。2012 年嵩溪村被列为全国生态文化村，第一批中国传统古村落；2014 年被列为中国历史文化名村，中国景观村落，3A 级国家旅游景区；2017 年被列为“美丽宜居浙江样板”双百村、浙江省美丽乡村特色精品村，石灰窑与古建筑群被评为浙江省文物保护单位；2018 年获评浙江省第一批千年古村落地名文化遗产。

嵩溪村以溪而得名，村址位于嵩溪两岸低山丘陵，三面环山的狭长谷地之中，背靠阳龙山，东西以青龙山和白虎山作屏障。嵩溪村共有居民 980 余户，2900 余人。田地 1800 余亩，其中畈田 650 亩，主要种植水稻、小麦、荞麦、黑豆等作物。年降水量 1500 毫米左右。村周边山岩多为石灰石层结构，故村人自古以烧制石灰为副业。嵩溪发源于村北的鸡冠岩大源和东坞源两条水系，自北向南分前（明）后（暗）两溪穿村而过，在村南的桥亭汇成一流，注入浦阳江，全长 11.08 公里，流域面积 17.08 平方公里。因其山川灵异，林木蓊郁，烟居鳞集，姿色诱人，该村俗称“小杭州”。

嵩溪村历史可追溯至南宋。据《浦阳嵩溪徐氏宗谱》记载，徐氏四祖，讳金，字世贵（1137—1198 年），生于宋绍兴丁巳年，授诸暨州判佥事，赴任途经嵩溪，解职后，徐金举家迁来嵩溪定居。明朝“开国文臣之首”宋濂（1310—1381 年）于洪武年间为《浦阳嵩溪徐氏宗谱》作序，文字提到“其地与鸡冠岩相近名曰嵩溪……始迁嵩溪者世贵也……”元、明、清三代，邵氏、柳氏、王氏先后到嵩溪定居，在其各自宗谱中均有记载。清代康熙、乾隆、光绪县志均对嵩溪流域村落有记载。《光绪浦江县志》记载，嵩溪属二十二都一图，有嵩溪、大房、阁老府、井头、四房里、柳店、邵家、项家、新屋、上田、王村、瓦坞、张坞、王家、岭脚、塘坞、大有殿、严宅等 18 个自然村或居住点。

嵩溪盛产石灰石，是烧石灰的上好原料。清朝康熙乾隆时期确定的“嵩溪十景”中“东壁石斧”“嵩麓灶烟”两景就是对嵩溪石灰窑生产场景的直接描绘。清代诗人陈松龄（1734—1794 年）在《嵩溪源观打石歌》描述开采石灰石场景。

超越石磴日色低，盘折而下林嵩溪。
嵩溪打石最号奇，悬崖千尺无攀跻。
寸铁穴石系短梯，逼削岂足穷身栖。
仰压俯堕两莫支，相对方各笑且嬉。
又有沿壁走若飞，以锥为把索为维。
邪许一声力并齐，纷然杂下大小锤。
千锤百击石始披，声若拍格震天涯。
耳者胆战目者嬉，坐其下者若不知。
彼岂不顾肉为泥，得钱不得怜肤肌。
亲见昨岁粉身死，甘以此死亦太痴。
胡不舍业他务为，营生翻令血肉离。
闻者叹息前致词，藉用我业古如兹。
举此顽石化作灰，足使农者田尽肥。
不见高下交畛畦，饥得以食寒以衣。
且如匠氏较崇卑，功用不啻膏与脂。
世上豪华良不稀，安居岂识艰如斯。
我聆斯语转益嗟，嗟哉烦苦乐黔黎。
巢居已远鲜食非，取资物力无休时。
水穷海角陆尽陲，况乃无用徒劳疲。
我辈岂不念疮痍，坐享太平无所施。
观此不觉心内疵，所贵履险常如夷。

清乾隆浦江知县何子祥（1707—1770 年）在其文《嵩溪重修武曲桥记》中，也描绘了当时采石场、石灰窑的情景，“庄对山亦秀丽，而屋宇较少，田土窄隘。户以烧石灰为业，石凿于对山。蓬厂数十，石宕深浅大小不一，如老屋，如破缸，如锯齿，如悬剑列戟，盖不知凿自何年”。在文中也说了石灰的功能和对嵩溪村的贡献，“东南乡肥田者，悉取焉，并以粉壁”“故是乡稻粱虽少，而饥馑不至，秀士亦多”。

嵩溪有沿用至今的古老而完整的乡村水利体系。为了养活更多的人口，嵩溪先祖分畈田、垦梯田、建民居，解决生产生活用地紧张问题；筑田塍、挖田塘、修堰坝、通渠道，建立了一套沿用至今的畈田自流灌排体系；造水车、挖拗井、建水孔，保障极端洪水和大旱的畈田用水；修筑明溪、暗溪，保障村落生活用水和排水通畅；1949年后，又兴建了官龙桥水库、野猪塘水库、金竹湾水库、东坞水库。水济嵩溪，“涝能排、旱能灌、渴能饮”，嵩溪水体系可谓是江南小水利的典型代表。

一、顺天时，应农事，春耕夏种秋收忙

浦江为长江中下游稻作文明的起源地，早在一万年前，浦江先民已经在浦阳江流域种植驯化水稻。

稻谷是嵩溪人主要口粮，以前水稻只种植一熟，多系中稻，品种有“三百粒”“四百粒”“东阳青”等，少种早稻，不种晚稻。1956年推广良种良法，更新种植品种，改种二熟。双季稻连作早稻有早三倍、南特号、莲塘早等；晚稻有猪毛簇、黄光头、老来青等品种。60年代改高杆为矮秆品种。1979年试种籼型杂交水稻。1980年，大面积推广杂交水稻（晚稻），品种有南优、威优、汕优6号、协优46号、协优518等。

稻田用水与农作有密切关系。在1950年前后，嵩溪村农作分为冬作（麦和绿肥）——单季早中稻——秋杂粮。冬作以绿肥紫云英（又称花草）为主，大小麦次之；秋作以荞麦、粟谷、马料豆（撒豆）为主，或白菜、萝卜等秋菜。1956年后，逐步形成了绿肥——早稻——晚稻的三熟制。20世纪70年代后则形成绿肥——双季稻、油菜——双季稻的新三熟制。

旧时嵩溪村人十分注重环保、珍惜地力。水稻在收割之后，播撒花草籽，来年春耕时，翻入泥底，用作绿肥，稻田也进入休养生息，俗称“息田”或“歇田”。很少种大小麦，认为“种麦等于借生谷”，得不偿失。如要种麦，亦必于事先准备好所需的额外肥料，同时，还采用一年种麦，一年种花草的轮作制。

嵩溪人多地少，因此必须精耕细作。每年要对种植有一全年通盘考虑，尤其对品种的搭配和套种，如麦行中多套种白豆或棉花，白豆里又套种番薯，实现寸土必争，地无闲置。田块中耕尤勤，务使泥松土细，寸草不留；插秧要均匀，要像列队检阅一样，从每个角度看去，都是竖直不弯曲，不然会被人讥笑，称之为“黄胖”，“寡妇田”。

经过千百年农业传承，嵩溪水利已将农耕农事与环境气候完美结合。水稻的主要栽培技术有选种，育秧，插秧，肥水管理，耘田除草，收割等。选种，旧时在稻桶内提选，叫“龙头谷”，20 世纪 50 年代改为穗选，在良种田里选择穗大，谷粒饱满的稻穗作种，现都到种子公司购买。育秧，1952 年前，习惯清明撒谷子。撒种前先筛选、风干、晒种，再用冷水浸种，24 小时后撒播于已平整好的秧田，待秧苗发芽后排干水，然后勤灌浅灌防烂秧。1953 年改为“半旱秧田”，推广“五过关”（晒、筛选、盐水或泥水淀选、药剂消毒杀菌、浸种催芽）。

立夏前后是大江南北早稻插秧的季节。歇了一个冬天的花草田，在二次犁耕，耙耖平整后，丘丘田灌满水，平静如境，等待“开秧门”。50 年代前，立夏开秧门，用大苗栽种，株行距 1.2 尺[1]见方，一人插 5 丛，每丛 3～5 本。1956 年，推广小株密植 8×9 寸[2]，每丛 6 本。1958 年大跃进，盲目提倡越密越好，结果造成减产。1961 年，贯彻农业“八字宪法”（水、肥、土、种、密、保、管、工），实行科学种田，推广合理密植，株行距一般 5×6 寸，每丛 10 本，增产明显。待自家插好最后一丛秧苗时，谓之“关秧门”。

插完秧后是施肥耘田，先后三耙（习俗耘一次田为一耙）。每耘一次，都要合理灌水和施肥。第三次耘田，谓之“杀歇”。“杀歇”后，将下水田缺口封好，任何人不得挖动，谓之“封田”。“杀歇”后的稻田主要是管好田间水。“有收无收在于水”，“三分种，七分管”。在有堰、坝等可以自由灌溉的地方，灌水虽方便，但却告别要勤，否则一旦缺水，就首先受灾。“会管水的管三丘，不会管水的管一丘”，这是当地人的经验之谈。因光管自己田的水是不够的，如下丘无水，我不在田，难防人

---

❶ 1 尺≈33.33 厘米。

❷ 1 寸≈3.33 厘米。

来开我田之水，所以，只有上下三丘都浇灌满水，大家都有水，才管真管好水。古时种水稻满水满灌，但易生病害，结实率低。50年代，提倡浅水插秧，灌水护秧，浅灌勤灌，适时槁田。采用水稻分蘖发棵时浅水露田，苗足时就搁田，稻将成熟时灌以活水（称跑马水）等科学用水方法，既有效控制病害，又使谷粒生长饱满。

二、应地利，循水势，一堰一渠一畈田

嵩溪村地处嵩溪上游平坦的小谷地中，北高南低，嵩溪水从畈中蜿蜒而过。在无数代人不断辛勤努力下，河流两侧用石块砌成堤岸，漫溢激湍的河水从此被束缚。嵩溪村人依形度势，平整田畴，将畈区修建一片片梯级微型灌区，俗称"畈田"。畈田相对地势平坦，光照充足，且能引溪水灌溉，其余田地则称作"山湾田"，由于没有水源保证，又叫"靠天田""望天田"。每畈田沿田后坎建有灌溉渠道，在渠首都修建引水堰坝，可以实现自流灌溉。渠道内的水经过一个个分水口后，均匀流入每一丘田，多余的水、洪水可排入河道（表3-1）。

表3-1　　嵩溪村堰坝分布表

序号	堰　名	位置	灌溉面积	其　他
1	大丁步堰	东坞源		
2	小丁步堰	东坞源		
3	棺材潭	东坞源		
4	猪头凹脚	大源		
5	三斗潭	大源		
6	石八堰	大源		
7	破桥头	大源		
8	野猪岩口	大源		
9	铜钱尖脚	大源		
10	羊角桥	大源		
11	王村	大源		
12	岭脚堰	村中	7亩	现已无灌溉田亩
13	三石堰	村南	40余亩	
14	石孔堰	村南	15亩	落差最大

续表

序号	堰　名	位置	灌溉面积	其　他
15	蒋宅堰	村南	35 亩	堰身最高
16	九斗堰	村南	18 余亩	
17	猫石堰	村南	20 余亩	
18	茅草堰	村南	20 余亩	
19	横路堰	村南	15 亩	
20	庵口堰	村南	8 余亩	

嵩溪坡降大，流速大，很多堰坝易被洪水冲毁，在与自然奋斗中，聪明的嵩溪人逐渐懂得不能与自然硬杠，将堰分成上、下两部分，巧妙地解决防洪与灌溉兼顾问题。下部俗称“备堰”，呈反拱结构，两头高，中间低，以巨石牢固砌筑，石头与石头紧致排列。中间稍低，洪水时可增大泄洪断面，小水时，可束水束流。两头稍高，可以有效保护两侧堤防堤脚，同时上游堤脚以抛石或简单堆砌进行护脚，防止流水淘刷。备堰相当于现代水利的固定堰，最主要功能是抬高水位、固定河床。上部俗称“作堰”或“筑堰”，长方体，宽约 80 厘米，高以稍高于进水口为准，一般不超过 1 米。堰身以小块河卵石、石灰石、黄粘泥混杂少量本地石灰砌筑而成，具有一定的稳固性和防渗能力，可以有效降低堰坝上游水面，保证上游农田不被水淹。作堰相当于现代水利的自溃堰。

引水洞常水位处横砌一石条，高与堰面齐，既能防止在洪水期过多水量泄入渠道，也可以挡住漂浮的树枝草木，起到拦污栅作用。

有些堰坝引水洞后挖有小水塘，四周砌以条石，有台阶，有埠头，可以充当沉砂池，同时也是村民洗农具场所。

在流水长年不断冲击下，堰坝下都会形成一个积水潭。按惯例，积水潭里的水属堰坝用户所有，都砌有约 40 厘米宽的石槽“车水埠头”，有的一侧，有的两侧都有，以架设脚踏水车或手摇水车用。车水埠头同时也兼具排涝口功能。

三、筑塘井，挖溪井，巧调旱涝天顺人

嵩溪属于典型山溪性河流，洪水来得快，去得快，平时很难留住水。在官龙水库、石姆岭水库等有效蓄水工程未建时，除了筑堰引水

外，聪明智慧的嵩溪人还采取筑塘井，挖溪井等水利措施。

在农业灌溉上，嵩溪的旱主要是伏旱。每年6月上旬到7月中旬，梅雨的到来，正值水稻田间用水高峰期，充沛的梅雨为水稻生长提供足够的水源。出了梅，就进入另一个重要的气候事件——“入伏”。“入伏”就是进入三伏天。三伏天是一年之中最热的天气，一般都是在七月中旬到八月中旬，容易出现连续最高气温35℃及以上，甚至40℃的晴热高温干旱天气。此时正值水稻抽穗扬花灌浆成熟期，是水稻产量形成的关键时期。高温伴随严重干旱，会抑制水稻正常生长发育甚至导致植株干枯死亡。伏旱到来，不要说山湾里的“靠天田”，当“畈田”都无水可引，嵩溪先民首先想到的是提早挖水塘贮水。这些水塘一般位于在几丘田的田后磡处，几户人家共用，有泉水补充的更好，称为泉水塘。其中较为人熟知的是“两眼塘”，位于贾村桥北靠石板大路西的路边下。此塘有同样大小的两口圆形塘，中间以一米宽的石磡隔开，犹如鼻梁上的两只眼睛，得名“两眼塘”。塘面不大，5平方米左右，水深及胸，清澈见底，暑天尤其清凉。塘边一棵乌桕树，枝叶繁茂，正好遮阴。田间劳作，荷锄晚归，嵩溪人都喜欢来此下水泡凉，驱赶一天的劳累和暑气。一些泉水塘由于人口增多，村庄扩大，被包进村庄，从灌溉水源逐渐变成饮水、洗濯水源。如塘角里房屋之西的泉水塘，是周围居民挑水饮用的塘，塘沿上石砌有车水埠头，可以肯定最先是灌溉之用。

嵩溪的泉水塘除了农业灌溉，也是主要的生活用水来源。嵩溪村居住于前溪、后溪两岸，前溪（明溪）、后溪（暗溪）在村头桥亭处合为嵩溪。溪水干净清澈，但溪小流浅，容易触底，于是聪明的嵩溪人在溪边泉眼处，用青石板、石灰石修建成挑水井。挑水井有石阶，挑水人可以从河岸走到井边，方便省力。后溪（暗溪）上的挑水井还用当地的石灰石拱了盖子，防止落叶枯枝飘落，也可为取水人遮风避雨。在挑水井边上，又修了洗衣埠头、纳凉座凳，增加了诸多功能。这样的挑水井在700米的后溪（暗溪）上共有五处，分别处于大丁步、柳店角、小溪滩、邵永德堂桥下和农户家里；前溪（明溪）有三处，分别位于树桥头、塘角里、下坑头；在桥亭外还有一处。这些挑水塘，当地人称之为“水孔”。

溪井，嵩溪人称之“栈”“匣”。“栈”在浦江话有储存货物的容器之意，如“谷栈”是家中储藏粮食的大柜子，“稻栈”是用来脱粒的四方木制稻桶。因此，嵩溪人口中的“栈”，意即能贮水、蓄水的水工建筑。在干旱年份，嵩溪先人经常挖开河底沙子，寻找有泉水的地方，而嵩溪是石灰岩地质，在溪底很多地方确实能找到泉水。大水过后，这些出泉水的地方都被流沙、卵石重新覆盖，下次又得重新寻找开挖，有些泉水埋藏很深，挖开更不易。于是，嵩溪人用石块干砌成大小不一的贮水坑，用松木作柱作梁，再用松木穿成木板横置于梁上，压上石块，不至于让流水浮起冲走，下次洪水来时，就不虞再被流沙掩埋，下回要用时，只需刮去盖子上的一点沙子，打开松木盖，即可车水。溪井就这样一个个建成，成为地下水库。

嵩溪的“栈”有多久历史，由于缺少明确的记载，已经没人能讲清楚了。但有在元朝时，嵩溪先人不满鞑靼统治，暗集在“栈”中议事的说法，这样算来，也有700多年的历史。民国二十三年（1934年）全县大旱，村中的水井、挑水塘俱无水可取，村里人依靠“栈”里的一点点泉水，日夜守候，才得以续命。但随着村里几个水库、山塘修建完成，水利得以根本改善，“栈”失去其主要功能，很多已被废弃甚至破坏。

四、本地材，工匠心，古老设施今犹存

嵩溪村是与自然为友的典型，千百年来，嵩溪人生于斯，长于斯，所有生产、生活材料都是取之于本地。

嵩溪村的水利设施，都是用本地出产的石灰石砌筑而成。石灰石色黑而坚，是砌筑、烧石灰的上好原料。嵩溪村周围遍布石灰石，嵩溪人世代与石头打交道，深谙石灰石作用，并且都是打石头、砌石头的好手。

堤岸、梯田磡、备堰、桥梁等基础需要开挖至岩基，讲究用大块石头，大面朝下，放平放稳，前后放出一定宽度，称之为“大放脚”，以加大受压面积。磡身一般采用插花砌法，分面石和后山。面石一般选用大小适中、有面的石头，用尖凿凿面，本地人称为“糙面”，再

用小榔头打制成四方棱体。基础上的第一皮面石为三角形，放置平稳形成齿槽，之后的每一皮石头都卡在齿槽上，下面用小石子垫稳。后山一般选用较小的石子。面石与后山得相互咬紧，形成合力。砌磡时，一般一个石匠带两个小工，有经验的小工，可以大约估算每个齿槽的大小，寻找最合适的面石，得以事半功倍。也有用河卵石单皮砌的，一般用在取石方便，磡身不高的地方，有经验的工匠，也能砌得美观牢固，特别是爬满络石藤和青苔后，老磡历经岁月而不垮，有着自然与人工的美。

嵩溪的作堰、石子墙工艺，更是让外来人叹为观止。作堰以河卵石、片石为骨料，以黄黏泥及少量石灰为黏结料，就地取材，既能保证一定的牢固度和止水，又简易方便，随冲随筑。嵩溪村古建筑多为土木结构，土为墙，柱木承重。在别的地方，土墙一般为黄粘泥掺稻草、石灰和石子分层夯实，以土为主要建材。在嵩溪土少石多，村民就石块砌墙体，石块拳头大小，有生石灰石，也用灶塘石（碳酸钙含量不纯，石灰灶窑里烧不化的废料石，表面有融熔痕迹），一皮泥浆，再放一皮石块，如此反复，人称“版子墙”，现雅化为“百子墙”，有了更美好的寓意。砌筑版子墙，需要有更高技艺，外来泥水匠望而却步，成了嵩溪村的一大特色。灶塘石经炼制后，变得蓬松，像海绵一般，具有更大保温性，这样的房子冬暖夏凉，更加舒适。在村民的庭院里，村民用版子墙砌成蓄水池，抹上石灰浆防渗，蓄上水，成为消防应急水源。石灰具有消毒功能，因此水池里的水不会发黑发臭，边上种上兰花、菊花，既装点了庭院，又具备消防功能，也可谓是嵩溪一大特色。

嵩溪村的桥梁构建手法多样（表 3－2）。暗溪就是连续的拱券结构，筒形的桥涵石头与石头互相挤压，越压越紧，历久弥坚。溪上建房，桥上建屋，建成长 660 余米桥涵，其中南侧一段民国前修建的石构桥涵，总长度为 433 米。河底也用石头垫底铺设，俗称“弹底”，一方面可以防御洪水淘刷基础，另一方面保证了河底平坦，利于夏天进去纳凉避暑。最大的石拱桥是“利济桥”，位于村口前溪（明溪）和后溪（暗溪）汇合处，原名“武曲”，为木桥，经常为大水所毁，数年即须重新修建。清乾隆二十五年（1760 年），在嵩溪教书的浦江举人张淡斋精通堪舆，他全面察看了嵩溪村山川地利后，认为若要嵩溪振文风，兴科举，出人才，须藏风聚气，守住水口，建设镇钥建筑。于是向族人徐思鉴倡议建造桥梁，“瓮以石，上覆以屋，雅整与书斋等”，并更名为“利济桥”。利济桥在清道光八年（1828年）、光绪乙巳年（1905年）有过重修。利济桥跨度6米，桥宽10米，桥亭三开间，朝北敞开，东西南三面有墙。南墙的东边为方形门，上书“临水轩”；南墙西边为石制拱门，上书“栖云处”，圆门比方门要宽大高敞，村中传统出门走方门，回来走圆门。寓意“出门走四方，为人要方正”，回来走圆门，寓意着回家团圆。圆门比方门宽大高敞，寄寓外出打拼的人能骑高头大马衣锦还乡。圆也代表着圆融，寓意家人村民之间圆融相处和谐相安。所以嵩溪村历来和谐包容，从古至今至少有25个姓氏的人在嵩溪定居，从无“外姓”之说。南墙的中间为六角形窗，在桥亭里向南望，为观赏嵩溪八景“阳畈禾浪”最佳地，有框景的妙用；内有四石柱，有联二“爱山景此去不远，观水趣少住为妙”和“双水长流通浦汭，两山横抱锁鸡岩”，石柱为清村人徐思鉴（1730—1795年）捐助，上悬一匾“宛在中央”。桥亭设有石凳，以前是来嵩溪挑石灰的脚夫歇脚之地，现在是村民和外来游客乘风凉，拉家常之所，“负贩石灰与居人之往来者，常络绎焉”。

据《浦江县志》记载，嵩溪村烧石灰的历史可上溯至宋代，已有上千年历史，鼎盛期为清末到20世纪80年代。第七批“省级文物保护单位”嵩溪石灰窑群遗址包括5座建于民国的柴窑和修建于20世纪60年代之前煤窑。炉灶的构建也是匠心独具。柴灶均修建于民国，由外部墙体和内部灶膛组成，外观墙体是用大石头垒砌，内部灶膛以石块拱券构成一个半圆锥形，形似酒坛。灶高约5米，灶膛的最大凸肚处直径约2米，灶膛底地下挖一个约1米深的坑用于积储柴灰。嵩溪的石灰灶系大灶，灶膛大，石灰石进灶，只需自上倒下，不必叠砌，燃烧以后，不需翻动就能熟透。当地流传着一个传说：当年罗隐秀才来到这里，肚饥向嵩溪人讨麦饼吃，嵩溪人大气，随手递给他一个大麦饼。罗隐秀才是“讨饭骨头圣旨口”，说一不二，喝道：“嵩溪的石灰不要翻动就能烧熟！”嵩溪石灰于是声名远播，为铁灰、绿灰、白灰三等，尤以铁灰为最优。

嵩溪村内村外铺设的石板路，处处蕴含着先人的智慧。村内南起桥亭，北至柳店、板桥头，沿前溪（明溪）和后溪（暗溪）全部铺上石板路，形成路路相连、全村贯通的格局。石板宽30～40厘米，厚10厘米，长短随地形而改，两侧铺设小块河卵石。石板背部稍高，卵石间有缝隙，方便排水，雨天行走不湿鞋，也不会因积水长青苔致使路滑难行。石板路下暗藏排水沟，屋檐水、路面水汇聚石板下，全部排入两条溪里，因此，建村至今，嵩溪村未曾有过洪涝之虞。

嵩溪的堤、堰、桥、涵、窑、路等，以及房屋建筑技艺，展现了嵩溪先民取法自然、匠心独运的科技水平，也体现了嵩溪先民很早就有废物利用的环保意识。嵩溪石灰窑与古建筑群为第七批省级文物保护单位。

表3-2　　嵩溪村桥梁分布表

序号	桥名	所处位置	结构	基本情况
1	暗溪	后溪	石拱筒形涵洞	长660米
2	利济桥	嵩溪	石拱桥	长三丈[1]四尺，广二丈。乾隆二十五年（1760年）建，道光八年（1828年）里人重建。《光绪浦江县志》有记载
3	太平桥	村南	石拱桥	长三丈，广一丈，乾隆三十八年（1773年）徐宗信（1707—1782年）造，道光甲辰年（1844年）里人重建，桥上有亭，曰：望川。四面有墙，南北有窗，东西为门，上书“来者续”“往者过”。《光绪浦江县志》有记载
4	石六桥	严宅口	石拱桥	现已淹没于石姆岭水库下
5	贾村桥	村南	石拱桥	现已坍塌
6	双股桥		石梁桥	跨度3米
7	石金桥	村口	石拱桥	长二丈四尺，广一丈，乾隆二十八年（1763年）徐德化造。《光绪浦江县志》有记载
8	破桥	村北200米	单孔石拱桥	长一丈六尺，广八尺，又名万安桥，乾隆三十八年（1773年）邵士玉造，现为清道光十二年（1832年）造。《光绪浦江县志》有记载

[1] 1丈≈333.33厘米。

续表

序号	桥名	所处位置	结构	基本情况
9	羊角桥	村北 800 米	单孔石拱桥	桥长 4.4 米，宽 2.2 米，矢高 3.1 米，道光癸卯年（1843 年）造
10	樟树桥	村北 900 米	单孔石拱桥	现已坍塌
11	官龙桥	村北 1000 米	石拱桥	现已淹没于官龙水库下
12	无名桥	村西北 100 米	双孔石梁桥	长约 5 米，由尺余石梁 5 根拼成，光绪年间（1900 年）造

五、诚信仰，遵习俗，晨饮暮浴代代传

嵩溪村最主要的生活用水取自后溪（暗溪）挑水井，千百年来，虽然没有明文规定，但老百姓口耳相传，形成了独特的用水习俗。“清晨取饮用水，中午可洗衣洗菜，晚上洗浴。粪桶等秽物必须在村外清洗。”每个嵩溪人都知道这些规定，若有小孩不懂事，往后溪（暗溪）里乱扔东西，大人都会制止、教育，代代相传。

关于饮水，《光绪浦江县志》中记载了这样一个事：嵩溪村人徐廷芝，早年丧母，同父鳏居，家境十分贫困，全靠他一人卖力气打零工过日子，其父性格乖张，常年懒卧不起，但徐廷芝却仍事父极孝。有一天半夜，其父突然要喝“出水湾”处的泉水，叫廷芝马上去取。廷芝唯唯而应，立即前往。出水湾在鸡冠岩下，离家有 15 里之遥。山深夜寂，路上鸟兽怪叫不已，廷芝心里害怕，不敢往前，就在出水湾下面取了水即返回。其父喝了一口，挥手倒掉，怒道：“你小子竟敢哄我！这远近的水味我已尝了个遍，我能分得清清楚楚是哪的。这是西坞坑的水！根本不是出水湾的。”怒起而杖之。廷芝跪地求饶，复起身重新去取水，天蒙蒙亮才回。

灌溉用水也有不成文的管理制度。如每个堰坝都有人主持管理，堰口丘的田主担任“堰长”，负责每畈田派水用水。每座堰坝灌溉范围是沿袭不变的，同一畈田的上丘田须筑“子塍”，便于下丘田放水。下畈田禁止用上畈田的水，所谓“肥水不流外人田”。每一丘田有进水“田缺”与出水“田缺”。由堰长负责田缺高低，控制进出水量，保证 2 寸

左右的水位，有利水稻生长。

每到清明季节，由堰长组织祭拜“田公田婆”，祈祷风调雨顺，并要修葺筑堰，清理淤积，举办宴席，共商农事，解决用水争端。

嵩溪先人与浦江别的地方一样，信奉地必有司，物必有神，天地万物，均有神掌。在家里，有门神土地、镬灶菩萨、猪栏土地、东司娘娘、床公床婆；在郊野，有田公田婆、山神土地；甚至连疫病也有瘟神、痘神、麻神，着火有火斗星君等。

嵩溪的土地庙，又称本境庙，建于村头水口处，桥亭西侧，朝北一间。据说供奉的土地爷爷姓叶，名鹏飞。传说从前某年夏天，天旱无雨，人们向土地爷爷诚心祷告。雨果至，可奇怪的是，雨线以东山为界，一会全下在山这边的嵩溪，一会全下在山那边的旌坞，犹如空中拉锯，拉来拉去。有好事者“批乩”，才得知是本地土地爷爷在使法力，与山那边争抢下的雨。

嵩溪村背靠鸡冠岩，以鸡冠岩为祖山。鸡冠岩顶建有“鸡冠大王”庙，为四邻八乡求雨、求晴、祈求风调雨顺灵验之所。在村头徐氏宗祠与土地庙之间，也有一间“大王庙”。鸡冠大王姓杨名扶，官至交州（今越南境内）刺史。其曾祖杨茂从汉光武帝为威寇将军，封乌伤新阳乡侯（浦江建县前称新阳乡），为浦江第一任父母官。《乾隆浦江县志》记载：“鸡冠山，在县东三十五里，于诸山为最高。天晴明时，可俯瞰二百里外。苍茫中见一线微白者，盖钱塘江也。相连有三十六冈。相传宋淳祐中，有神降于山，自称汉刺史，盖杨扶也，至今庙祀之。”宋濂在《杨刺史庙迎享送神歌辞》中写道：“浦阳鸡冠山上有古神祠，相传祠汉交州刺史杨侯。侯，县人也，名扶，字圣仪，累官皆有惠政。侯殁已千载，民以雨旸祷辄应。是侯之神在天，犹不弃于吾民也。吾民其可忘于侯乎？濂虽不敏，为撰迎享送神之辞，俾邦人岁时歌以祀侯。”村里的鸡冠大王是用木雕像，穿黄色衣服，坐于行轿之中，关节能够活动，能够站立起来。

嵩溪关帝庙里的关老爷塑像是浦江东乡最有名的，左右关平捧印，周仓扶刀，神像威严，英雄之气逼人。传说当初塑像师塑了又改，改了再塑，还要跑到对面岭上去远观揣摩，月余方成。关帝庙前的广场是村里迎龙灯祈福开始扎灯之地，也是对关帝老爷的敬重。

嵩溪以前也有胡公大帝庙、晏公殿、陈老相公、钱老相公殿、乌龙公子殿等，现多荒废。

六、耕读传，诗画盛，上善若水济嵩溪

浦江为书画之乡，嵩溪的灵山秀水更是孕育了嵩溪村丰厚的人文底蕴，名儒硕士代代都有。嵩溪人擅长吟诗填词，早在明初，邵志远（1378—1454 年）与同道歌赋唱和，传为文坛佳话；清康熙年间，徐敬臣（1646—1710 年）倡创“嵩溪诗社”，传承数代，绵延 200 多年不衰；清乾隆年间，修了利济桥，建了桥亭，美了环境，兴了文风，私塾先生带着学生刻苦读书、赏景吟诗，“于课诵暇辄携童冠游咏其上”，读书人科举连连取胜，“桥成而徐氏之列胶庠者踵起”。清末至民国，村人继前贤遗风，弘扬“吟社”，使嵩溪芳华犹在。1986 年，村里恢复嵩溪学社，分诗文、书法、绘画、科技等组，文艺爱好者常切磋诗书画，举办习作展，别开生面。后来，嵩溪学社派代表出席浙江省诗词学会成立盛典，成为该学会唯一的农村团体会员。诗画相通，清代徐子静，善人物、花鸟，均生动有致，传世者颇多。其《钱江观潮图》，展现了翻滚的江潮与长街上前呼后拥的人流，气势非凡，而楼阁之上的达官贵人则悠闲自得。近现代徐品元、徐菊傲、徐心泉、徐心灯、徐心泉、徐天许等文人画家，皆为名家大家。如今的嵩溪学社有会员 70 多人，他们或是农妇，或是打工者，或是种地的，但他们遵从自己内心的声音，在繁忙的劳作之余，吟诗唱和，写生绘画。

嵩溪村也是浦江剪纸发源地之一，历史悠久，风格独特，地方色彩鲜明，且能人辈出，作品遗存颇丰。

嵩溪昆曲由来已久，距今已有二三百年的历史，清朝时期盛极一时，留传下来的曲目有《劝农》《八仙》等，与浦江别的什锦班不同，每个曲目的音调、曲谱都是单独的，每个角色都是不可替代和更换，难度更大。但嵩溪昆曲抒情，动作细腻，唱戏与舞蹈的身段巧妙而和谐，享誉浦江。

嵩溪村的建筑多为清代和民国遗存，有 1500 多间，5.46 万平方

米，其规模之庞大，浙江省内罕见。其中，徐氏宗祠、邵氏宗祠、王姓门里、孝友堂、小厅门里等40多幢建筑堪称精妙。整个嵩溪村落依高低错落地势和河道走向而建，古屋分布密集，错落有致，老街纵横交错，百转千回，房屋朝向与外观随着地势变换，形成一道独特的风景。各类建筑结构精巧，装饰别具一格。山墙、门楼、窗棋、尾脊、房梁、天井、堆塑，无不展现出设计的匠心独运和工艺的完美。嵩溪村的古建筑十分重视装饰，在主要建筑的梁、栋和檐口精工细雕各种吉祥喜庆的图案，工艺精湛，造型优美。建筑上的砖雕、石雕和墙画十分精美，充分展示出嵩溪村民的书画功底。

徐氏宗祠位于村头，桥亭之西，坐南朝北，所谓“丙山壬向兼巳亥三分，丁巳丁亥分金”。始建于清康熙丁丑年（1697年），后多有修缮扩建。咸丰辛丑年（1861年）遭“长毛”火烧。同治丁卯年（1867年）重建，费时三十五年方重建告竣。祠堂分为门厅、正厅和寝室三进，正厅与寝室有中厅连接。门厅五开间，门廊大门边一对直径90厘米左右的抱鼓石（俗称户对）连同石雕底座，两扇大门各绘彩色门神像，上书“徐氏宗祠”。正厅前的天井中建有宇台（俗称戏台）一座，浓墨重彩，翘角飞檐，牛腿雀替皆精雕细刻，乃民国丙寅年（1926年）名匠徐景方为徐氏演圆谱戏而精心施工之。

邵氏宗祠位于嵩溪村中部，清代建筑，坐东北朝西南，共三进。门厅三开间，明间五架抬梁带前双步，三柱落地，明、次间各设大门，明间大门前有门挡一对，大门上方置匾额一块，上书“邵氏宗祠”。正厅永思堂三开间，明间五架抬梁带前后双步，四柱落地，次间山墙承重，山墙内侧墨绘梁架，刘秀传故事等壁画，七花风火山墙。门厅与正厅西北侧设耳房三间，东南侧已改建成现代建筑。正厅与拜厅间穿厅连接，拜厅三开间，六柱落地。邵氏宗祠始建于清乾隆年间，后被匪寇烧毁，于光绪年间重建。宗祠现为村老年活动中心之一，是村民重要的活动场所，对于研究地方民风民情，宗祠文化具有一定的文物价值。

嵩溪有沿用至今的古老而完整的乡村水利体系。为了养活更多的人口，嵩溪先祖分畈田、垦梯田、建民居，解决生产生活用地紧张问题；筑田塍、挖田塘、修堰坝、通渠道，建立了一套沿用至今的畈田自流灌排体系；造水车、挖拗井、建水孔，保障极端洪水和大旱的畈田用水；修筑明溪、暗溪，保障村落生活用水和排水通畅；1949年后，又兴建了官龙桥水库、野猪塘水库、金竹湾水库、东坞水库。水济嵩溪，“涝能排、旱能灌、渴能饮”，嵩溪水体系可谓是江南小水利的典型代表。

《管子》曰：“水者，何也？万物之本原也，诸生之宗室也。”水是人类的生命之源，万物之宗，自古至今深刻影响着嵩溪人生存、生活、生产、生态。嵩溪人与水抗争，更是与水共存，开发水资源，利用水资源，不断寻找人与自然和谐共处之道，寻找生生不息、瓜瓞绵长之道。

第三节　通化三湖

据浦江县志记载，北宋天圣年间（1023—1032年），钱侃在通化乡修建东湖塘。其曾孙钱遹修筑东湖，并筑西湖。东湖在县西南三十五里，西湖在县西南四十里。政和元年（1111年），钱遹又筑椒湖，在县南三十五里，溉田十余里。时称合称“通化三湖”。通化乡原属浦江县六都至十二都，1960年时划归兰溪管辖。

钱遹，字德循，通化乡人（今兰溪市梅江镇）。世载：“世隐于农，自少强敏记，闻过人。”为官兴利除害，秉公执法，他在任越州通判时，当地的衙吏挟持太守，作奸犯科，陈年官司往往有数百起。钱遹暂摄太守位时，才二天，所有积案清空。后任太过，从那以后，那些贪官污吏望风而去。后官至工部尚书兼侍读，大观二年（1108年）致仕。宣和二年（1120年），“方腊陷婺，遂死于兰溪”。在钱遹致仕家居12年，“天下以为心，而不为己私者也”，亲力亲为，主持修建东湖塘、椒湖塘和西湖塘（图3-5～图3-8），造福一方百姓。

东湖，现位于兰溪市梅江镇东塘村，村因塘名。村口有三口相连的池塘，据明倪尚忠记载“东湖宽，其下、上而中二阜束之特隘，若葫芦然！”当地人分别叫里塘、外塘和小塘的。小塘1.5亩，外塘10亩许，里塘20多亩，总蓄水量约12万立方米，可灌溉面积250亩。

图 3-5　东湖塘

图 3-6　椒湖塘

椒湖，现位于兰溪市梅江镇观岩陈村后转轮岩山上，转轮岩又名观岩、灵岩海拔 620 米。观岩陈世居陈姓，始祖讳霖，字通泽，其父宦于京，与钱遹成莫逆之交，遹公诺缔其女孙赘焉。轮轮岩古称椒山，山顶有泉，"有泓沛然"，涓涓不息，因名"椒泉"（椒意为山顶）。椒泉经过陆续扩建，今为转轮岩山塘，总容积 7.2 万立方米，灌溉面积 400 亩。有"椒湖明镜"和胡公庙等胜景。有钱遹作《椒湖塘记》。

图 3－7　西湖塘

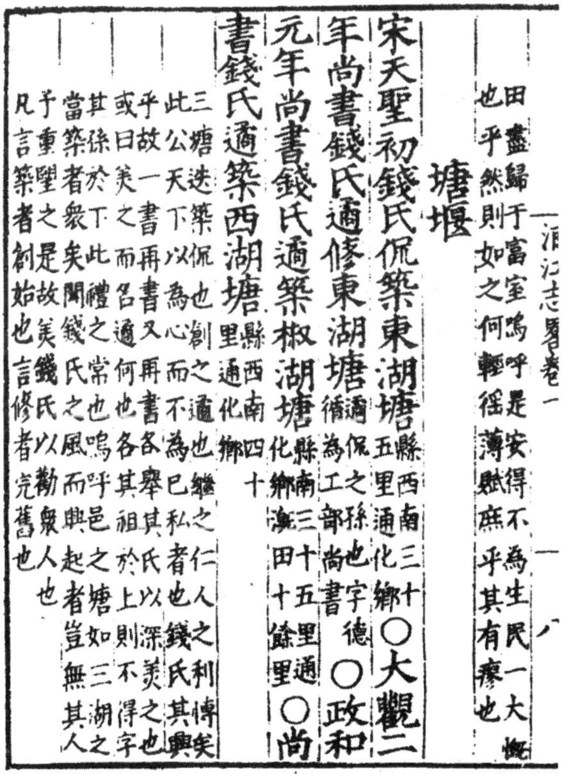

田盡歸于富室嗚呼是安得不為生民一大慨也乎然則如之何輕徭薄賦庶乎其有瘳也

浦江志略卷一　八

塘堰

宋天聖初錢氏侃築東湖塘縣西南三十五里通化鄉○大觀二年尚書錢氏遹修東湖塘遹侃之孫也字德循為工部尚書○政和元年尚書錢氏遹築椒湖塘縣南三十五里通化鄉溉田十餘里○尚書錢氏遹築西湖塘縣西南四十里通化鄉

三塘迭築侃也創之遹也繼之仁人之利愽矣此公天下以為心而不為已私者也錢氏其興乎故一書再書又再書各舉其氏以深美之也或曰美之而名遹何也各其祖於上則不得字其孫於下此禮之常也嗚呼邑之塘如三湖之當築者衆矣聞錢氏之風而興起者豈無其人乎重墾之是故美錢氏以勸衆人也凡言築者創始也言修者完舊也

图 3－8　《嘉靖浦江志略》中通化三塘记载

西湖，现位于兰溪市梅江镇西湖塘村西，村因塘名。西湖是三湖中最大者。西湖建之初即有40多亩，经过改造，现有水面82亩，总库容20.23万立方米，是一座小（2）型水库。当初的堤坝就是位于现堤坝下的机耕路。有明代浦江万历进士倪尚忠作《西湖塘记》。

“江南第一家”孝感泉

盈盈白麟溪，水味清甘洌。相传昔孝子，有母饮成癖。
岁旱水脉枯，疏凿绝涓滴。岂无他水甘，母口苦不适。
孝子起彷徨，呼天为号泣。一号土膏动，再号土脉裂。
三号水洊至，沧波偏洋溢。旱魃为之藏，天吴为之决。
鉴此孝子心，供彼慈母食。一从泉涌后，终古永不绝。
至孝通神明，天人理非隔。嗟哉行路人，临渊宜自惕。

这是浦江清代进士戴望峄感叹白麟溪孝感泉诗作。在郑宅镇区白麟溪堤岸，有一座方亭，其下可见一口方井，这就是闻名遐迩的“孝感泉”。传说，这泓泉水始于郑义门同居始祖郑绮公。郑绮公事母至孝，且“每出耕挂书牛角，稍息即取书诵读；夜间静坐读书，有时至通宵。家传学《春秋》，撰《谷梁合经论》数万字，多阐发精义”。郑绮公在临终前召子孙于先祠，刺指血滴酒中，次第饮之，誓曰：“吾子孙有不孝悌，不同釜炊者，天实临殛之。”言讫而逝（图3-9）。

相传有一年夏天，天气久旱无雨，郑绮公收工回家，看到母亲在床上呻吟，渴得难受。可是池塘溪井早已见底。郑绮公立即背起锄头，四处寻找水源，却连一滴水也找不到。他来到早已干涸的白麟溪里，掘遍白麟溪，仍是一无所得，忍不住双膝跪地，仰天痛哭。一连三天三夜，郑绮公一边挖掘一边哭求，终于精诚所至金石为开，一个响雷在白麟溪南岸訇然响起，炸开了溪岸上的沙石，一股清泉汩汩涌出。清冽如甘泉，还有荷花香气。百姓奔走相告，他们认为这一定是郑绮公的孝心感动了上苍，是老天爷赐的，取名“孝感泉”。后人在泉上立碑建亭，以资纪念。亭子后壁立有一块石碑，高1.8米，宽0.5米，刻着“孝感泉”三大字，那是明朝永乐年间，朱元璋的第11个儿子蜀王亲笔题写的（图3-10）。

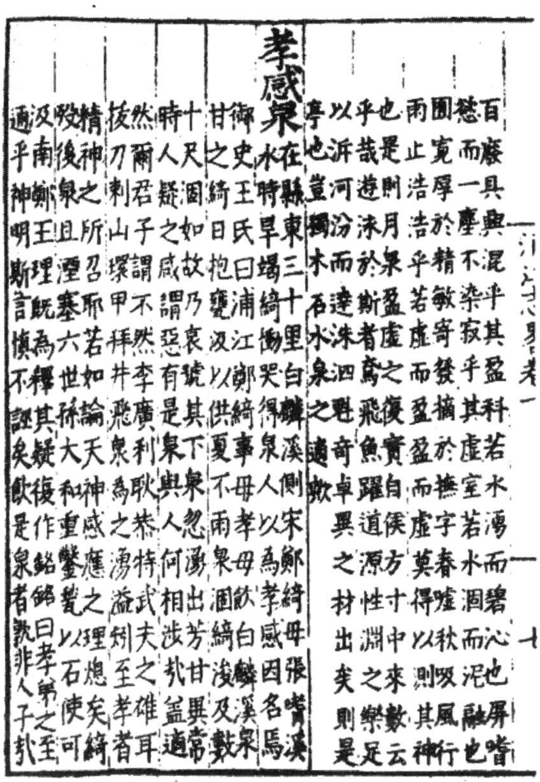
百廢具輿混乎其盈科若水湧而碧沁也屏嗜
慈而一塵不染寂乎其虛室若水潤而泥融也
圓寬厚於精敏寄發摘於撫字春噓秋吸風行
雨止浩浩乎若虛而盈盈而虛莫得以則其神
也是則月泉盈虛之復實自侯方寸中來數云
乎哉遊泳於斯者鳶飛魚躍道源性淵之樂足
以沂河汾而達洙泗之奇卓異之材出矣則是
亭也豈獨木石水泉之遺歟
孝感泉在縣東三十里白鱗溪側宋鄭綺母張嗜溪
水特旱竭綺傷哭得泉人以為孝感因名焉
御史王氏曰浦江鄭綺事母孝母飲白鱗溪泉
甘之綺日抱甕汲江以供夏不雨泉涸綺浚及數
十尺涸如故乃哀號其下泉忽湧出芳甘異常
時人疑之咸謂惡有是泉與人何相涉哉蓋適
然爾君子謂不然李廣利耿恭特武夫之雄耳
拔刀刺山環甲拜井飛泉為之湧溢矧至孝者
精神之所召耶若如論天神感應之理熄矣綺
歿後泉且湮塞六世孫大和重鑿甃之以石使可
汲南鄭王理既為釋其疑復作銘銘曰孝弟之至
通乎神明斯言慎不誣泉歟是泉者孰非人子哉
浦江志略卷一　七

图 3－9 《嘉靖浦江志略》中孝感泉记载

图 3－10 “江南第一家”孝感泉

无独有偶，在郑宅镇外南侧一口清清的小水塘边，建着一座六角亭，上有匾额“甘泉亭”，亭子前面立有一块石头，上刻“思源”两个红漆大字。那是2007年镇里居民为了纪念结束千年手提肩挑喝井水，喝上了县里的自来水而自发修建的。

郑宅镇是浦江工业强镇，以锁具闻名。2005年镇政府所在的上郑村是浦江县最大的“挂锁专业村”，村民960人，外来务工者达5000多人。由于人多水少、水质变差，缺水成为村民生活、企业发展最突出问题。农民希望能像城市居民一样，打开水龙头就有白花花的自来水流出来！“能喝上水”成为2005年浦江“两会”的人大1号提案和政协1号议案。通过管网延伸，2005年，郑宅镇上郑、冷水等8个村7014户籍人口当年就喝上了城里来的自来水，喝水问题得到彻底解决，成为浦江县最早一批解决农村饮用水的村子。

“甘泉工程”给郑宅人“送甘泉、送平安、送健康”，更是“送发展”。“甘泉工程”的实施，彻底解决了“水”问题。“一年四季有澡洗”成了当时当地最诱人的招工广告语。因此郑宅镇人有钱出钱，有力出力，出现“万人捐款、百厂筹资”的盛况，甘泉工程被当地百姓称之为当之无愧的民心工程。老百姓由衷赞道：“泉自政府来，甘在百姓心；鱼水情谊深，共建小康村。”这也是浦江“甘泉工程”名称来历。

这一古一今两个亭子，见证了时代的变迁，喝水的历史。2019年，郑宅镇又对十多年前的甘泉工程再次进行提质改造，不但“喝上水”，更能做到“喝好水”，孝感泉的故事就让它成为过去的历史吧！

第四节　梅花泉

七百年前，梅花泉、东明精舍、郑义门、青萝山房、宋濂……串起一段荡气回肠的历史。

据《嘉靖浦江志略》记载，在郑宅东明山精舍中，有水一泓曰灵渊。渊之东百步许，有泉泠然，老梅如龙横蹲其上，曰梅花泉。元代浦江月泉书院山长，宋濂弟子郑渊有诗云：

梦醒罗浮月满家，泠然一勺浸寒葩。
空明照胆无纤翳，贞白同心绝点瑕。
茗碗香清癯鹤骨，冰壶泉绕护犀牙。
春阳暖到虬枝上，池畔芳氤长绿霞。

浦江郑义门，宋元符二年（1099 年）自睦州迁居浦江，自南宋建炎年间（1127—1130 年）始，历宋、元、明三朝，十五世同居 332 余年，鼎盛时期有“食指三千”，同宗同吃一锅饭，其孝义家风多次受到朝廷的旌表，被誉为“江南第一家”。郑德璋是义门同居的五始祖，他为了子孙后代能专心于学，在东明山上首创东明精舍，规定年满十六岁的郑氏家族的子弟均可入学就读。元代中叶，郑德璋的儿子郑大和（文融）扩建东明书院，将其建成具有一定规模的学校。

东明精舍规模不算大，但景色幽致。一汪清泉，点点老梅，“春阳暖到虬枝上，池畔芳氤长绿霞”。几楹学舍，朗朗书声，承载了义门郑氏道德修养、经艺训练和儒学传承。书院也是藏书楼，“藏书八万卷”。成立过诗社，宋濂和他的学生在梅花泉畔，赏梅烹茶，探讨诗艺，切磋学问。东明精舍为郑氏培养出了一批杰出人才。郑氏家族 172 人入朝为官，无一贪腐，是古代社会的典范。

1335 年，宋濂赴“东明精舍”从学于吴莱，次年，吴莱中风，宋濂担任主讲二十余年，“朝夕所考究，无非道德性命之宗，关闽濂洛之旨”。到了至正六年（1346 年）正月，宋濂母亲去世，宋濂于是在距东明精舍不远，在郑义门与孝门桥之间的青萝山下，选了一块地基，围上土墙，造了三门房屋。至正七年（1347 年），宋濂全家迁居浦江，直到 1354 年前后，宋濂的孙儿宋慎出生，这样原先的房屋显得太过拥挤，于是扩建了三门前轩，并命名为“青萝山房”，还作了一首《萝山迁居志》昭告亲友：“唯古人最重迁，以坟墓在斯，亲戚在斯，不敢轻于弃去。或去之，必出于势之不得已”“以其家九叶同居，乃愿卜邻焉”“特欲熏渐孝义之风，以勖我后人尔”。

义门郑氏改变了宋濂的人生。年轻的宋濂只想走科举之路，在执教义门后，看到义门九世不异爨、经济富足、家庭和睦有礼的良好氛围，而元末政治腐败、社会动荡不安，促使他思考国家治乱、民生幸福之道。东明精舍里又有大量的藏书供其阅读，义门郑氏的名声又给他搭建了一个与天下名士交游的平台。宋濂亦参与制定郑氏 168 条行为规范，义门郑氏成了宋濂儒学实践的最好场所。因为义门郑氏，宋濂从一介书生成长为一个怀抱天下的政治家。义门郑氏也深深记住了为义门郑氏发展而作出巨大贡献的宋濂。是义门郑氏成就了宋濂的伟大，是宋濂造就了义门郑氏的辉煌，郑义门的风范，宋濂的学识，两者可谓相得益彰，取长补短，相互融合，合二为一。

附：《东明山精舍壁记》

记云：青田县尉郑君德璋，尝厌家居之丛纷，子若孙勿克专心志于学，乃于是地创精舍一区，俾年十六者往读书其中。君之子大和，复斥而广之，前为荣而后为寝。寝之东西，分为四斋。斋之名，其西曰“成性”，曰“四勿”；其东曰“继善”，曰“九思”。东与西，户皆相向。其问难之所曰“敬轩”，其鼓琴之处曰“琴轩”，其退休之室曰“游泳轩”。游泳轩直九思之北，敬轩则又直继善之北，而西与琴轩对。琴轩之外少南，有水一泓，不亏不赢，作栏楯护之，曰“灵渊”。渊之东北一百步，有泉泠然，而老梅如龙横蹲其上，曰“梅花泉”。泉之北又五十步，列石为坐，而苍松翠竹葱蒨掩映，曰“吟坛”。凡为屋二十楹间，而圊楼、湢房与庖库之属不与焉。予金华之鄙人也，于道无所闻。大和不以为无似，尝聘致之，俾与二三子周旋其间。大和之诸孙涛，请予记之，予将何辞？

第五节 “江南第一家”白麟溪、“十桥九闸”

白麟溪原名香岩溪，主源为浦江盆地北山六转村金芙蓉山，另一源发于玄鹿山，于芦溪村北汇入浦阳江，主流长 10.25 公里，流域面积 15.63 平方公里。北宋元符二年，郑氏家族的始迁祖郑淮为纪念上祖郑白麟，把香岩溪更名为“白麟溪”。白麟溪细细长长，由西向东横贯郑宅古镇，两岸小桥流水，青砖黛瓦，充满古韵。据《嘉靖浦江志略》记载：（县）二十五里曰白麟溪，郑义门所居也。白麟溪畔原有元相脱脱手书“白麟溪”碑石一块，现竖立在郑氏宗祠内。

白麟溪上游建有小（1）、小（2）型水库各一座，其中金山水库位于玄鹿山脚，库容121万立方米，现更名“鹿鸣湖”。白麟溪曾于1974年至1978年，按10年一遇洪水标准，以干砌块石护砌加固堤防1794米，新建堰坝13座，便桥5座。2007年对郑宅镇区范围河堤进行加固，修建防洪护堤8024米。

白麟溪可称之“文化之河”，那蜿蜒流淌的河水，述说着瓜瓞绵长的“江南第一家”的“孝义”文化传承。“平生无别念，念念在麟溪。生则长相思，死当复来归。”明朝开国文臣之首宋濂如是说。居住于此的郑氏家族，自南宋建炎年间开始，历经宋、元、明三朝十五世同居共食达361年，鼎盛时三千多人同吃一“锅”饭。郑氏一门数百年间有家族人员173人为官，却无一贪渎，以其清廉家风扬名于世，其孝义家风多次受到朝廷旌表，洪武十八年（1385年），明太祖朱元璋亲赐“江南第一家”。

相传郑氏族人居住地为“金盘地”，由于郑氏人丁逐渐兴旺，宜居之地越来越少，族人无奈只得将九曲溪拉直，向河而居。后来，有个很有名的风水先生名叫赖布衣，他来一看，连声道“坏了，金盘凿破，金水外泄”。郑家长者闻知，连忙请教有何补救办法。蓝布衣告知，只能想办法在溪上建桥建闸，把凿破的金盘补起来，使其滴水不漏，这就是现今的“十桥九闸”。

传说很有趣味，但从现代人眼光来看，“十桥九闸”是古人以兴修水利来适应自然、改造自然的结果。天然河道九曲十八弯，现代的河道治理工程也经常通过裁弯取直来缩短河道长度，加快洪水下泄，达到防洪目的，并能增加土地面积。但是河道裁弯取直也会带来很多弊端，最主要的是加大了河道坡降，加快了水流流速，加速了两岸堤防的冲刷，所以，我们常常通过建造梯级堰坝来降低局部河段的坡降。

“十桥九闸”其实是郑氏同居第十五世祖郑崇岳所建。郑崇岳（1501—1569年），曾任云南按察使，致仕归家，主持白麟溪流域综合治理，实行“水系连通”，将深溪之水引至麟溪，通过“水陆并行，河街相邻”，建成沿河店面，形成郑宅镇滨河带状街道格局。“十桥九闸”

沟通河道两岸交通，方便族人出行。水闸乃以松木条插入两侧河堤石槽而成，可以自由调节水位，作为消防用水储备，兼具灌溉、防洪、抗旱、洗濯、取水等综合功能。在明正统十四年（1449 年）和天顺三年（1459 年），郑宅曾发生两次火灾，致使庐室尽坏，家产毁损，族人流散。二次大火，也直接导致“郑氏渐衰矣”，“是时族众散处”，结束十五世同居历史。因此，明天顺五年（1461 年）郑宅诞生了水龙会，郑宅镇古代消防演练“试水龙”活动也由此开始，渐成风俗，2010 年，郑宅镇“试水龙”被评为金华市非物质文化遗产（图 3-11）。

“十桥”自上到下分别为：存义桥、集义桥、旌孝桥、旌义桥、和义桥、承义桥、崇义桥、眉寿桥、通舆桥、义门桥。崇义桥是白麟溪“十桥”中建筑级别最高的一座桥梁，是郑氏家族以儒治家、奉行孝义重要实物例证。崇义桥位于郑氏宗祠西侧，南北走向，始建于乾隆庚申（1740 年），壬午（1762 年）年间加建石栏板及石栏杆，道光辛卯（1831 年）年重修。因该桥状若驼峰，故俗称“驼背桥”。桥为单孔条石并列砌造石拱桥，桥两端呈外八字形。桥长 8.5 米，桥面宽 2.65 米，由七块厚 22 厘米的长条形石板构成。桥面两侧置五块石板作护栏，石

图 3-11（一）“江南第一家”十桥九闸

图 3-11（二） “江南第一家”十桥九闸

板高 0.5 米，宽 0.3 米，石质望柱高 0.78 米，每侧置四根，望柱顶端雕刻有花纹，栏板两侧各有字，南侧阴刻“乾隆念七年，郑思馀建造栏石”字样，北侧阴刻“道光辛卯，郑思馀孙若雷重修石栏”字样。目前桥体保存较好。桥面青石板略有破损。桥面及栏板处字迹风化。

“九闸”自上游至下游分别位于集义桥下、板桥下、旌义桥下、和义桥下、承义桥下、天神阁前、群义桥上、义门桥下和郑公桥下，十桥与九闸并非一一对应，而是互有错落。其中前七座水闸在主镇区范围，以满足生活和消防需要为主，义门桥下和郑公桥下的两座闸以农田灌溉功能为主。

在旌义桥至和义桥之间河底，建有河底水仓。水仓是浦江古代特有的水利工程。水仓，有些地方又称为“水孔”“水窖”，一般布设在河床内有岩隙渗水之处，四壁以块石和松木叠砌，上小下大，长宽深浅随地形而不同，最深的有4米多，有截水和蓄水功能。水仓上盖覆有松木，防止河沙淤积。只有遇在极端干旱年份，河里没有明水时，才会打开，以水车接力进行提水灌溉。

第六节　古老嵩溪独有之“明暗溪”“阴阳坝”

嵩溪村为“中国历史文化名村”，古色古香，外地游客慕名纷至沓来。那1560间明清石头房子，700米长暗溪拱涵，20座石灰窑以及咿咿呀呀的浦江乱弹，共同组成了古老而鲜活的嵩溪。

嵩溪村因溪得名，位于浦江盆地北麓山区的一块狭长坪地上，三面环山，村后为鸡冠岩、阳龙山，村东为青龙山，村右为白虎山。自北向南两条小溪穿村而过，在村南的桥亭汇成一河，流至石姆岭水库段称为嵩溪。嵩溪出了石姆岭水库，则称为芦溪，全长11.08公里，流域面积17平方公里（图3－12）。

图3－12　嵩溪村全貌

一、嵩溪“明暗溪”“阴阳溪”

穿村而过的溪流一明一暗，一阴一阳。西边的明溪叫前溪，而东边后溪人称“暗溪”（图 3－13、图 3－14）。

图 3－13　嵩溪明溪

图 3－14　嵩溪暗溪

原浙江省水利厅厅长陈川在考察嵩溪暗溪时，被嵩溪先人的智慧和勤劳所震撼，他称之为“浙江省最独一无二的河流”。暗溪两侧以石灰石整齐砌岸，顶部和河底采用拱券技艺。据考证，暗溪石涵道全长 700

米，最早修建于南宋，距今已有800多年历史。这些拱圈并不统一规整，跨度最宽处超过4米，最窄处2.3米，桥洞最高处为4米，最低处1.6米，有的拱顶弧度非常小，几乎呈水平状。在暗溪的底部，用大块青石铺底，形成“人工河床”，防止水流冲刷掏空河床。整条暗溪犹如一个两头无盖的套筒，顶、壁、底连成由天然石材建成的防洪排涝体系。

石涵道根据村民需要每隔百余米共设置了8处开口，以便取水、盥洗、洗浴、防火和纳凉。开口处拦有小堰坝，形成了高低落差，将河水自然分成浅水区、深水区及取水区等功能部分。浅水区在10～30厘米深，主要为洗衣、洗菜等用。深水区在50～100厘米深，主要为洗浴或洗涤大件物品。取水区村里人俗称“水孔”，为村民千百年来的饮用水源，以长条石砌成取水埠头，上有石拱遮顶，既能防止污物入井，还能为取水洗涤的村民遮风挡雨。暗溪里水质清澈，鱼虾成群。村民千年约定俗成，早上取饮用水，中午洗衣洗菜，晚上洗浴，而粪桶等秽物必须去村外清洗，否则会让村民唾骂。

嵩溪建村千年，从未发生过内涝，它以暗溪为全村总防洪渠，构建遍布全村的雨污分流排水系统。暗溪内沿线设置宽大的排水口，将全村的雨水通过明沟、暗沟收集，统一排入河道。嵩溪的排水系统，足可媲美一百年前德国人在青岛修建的地下排水系统。

二、嵩溪“筑堰、备堰”“阴阳坝”

嵩溪村域面积2平方公里，共有居民980余户，2900人；田地1800余亩，其中耕田650亩，历史种植水稻、小麦、荞麦、黑豆等作物。嵩溪人在嵩溪畔一代一代繁衍生息，以区区650亩耕田养活了三千人口大村子，离不开江南古典农耕文明和古老的水利灌溉系统。

水利和农业息息相关。一万年前，我们的祖先就从洞穴里走到了浦阳江边，开始了人类稻作文明的起源，“浦江上山文化”开辟了中国乃至世界农耕文明新的篇章。因为浦江“邑负大山，山险地狭，土壤硗瘠，民业不振，天时一不至，即告旱暵，水利尤所当讲也”，而“救荒无他奇策，不如讲求水利”。明嘉靖浦江县令毛凤韶在《筑塘解》中劝谕："域中无大水可凿引，灌溉则莫如修陂塘而已。"

一方水土养一方人。嵩溪是典型山溪性河流，坡降大，流速大，对河岸冲刷力强。因此嵩溪先民在明暗溪 2 公里范围内，修建了 30 座大大小小的堰坝，灌溉着大大小小的畈田。嵩溪堰坝分上下两部分。堰之下部老百姓称之为"备堰"，呈反拱结构，两头高，中间低。堰之上部老百姓俗称"筑堰""作堰"呈长方体，宽约 80 厘米。

嵩溪上的堰坝有三大"奇"：一是取材本地。嵩溪以出产优质石灰闻名乡里，嵩溪人就用本地石灰石、黏性土、河卵石等建筑材料修筑，既便利又低成本。二是设计科学。嵩溪人创造性地将堰坝分成上下两部分，一动一静，一宽一窄，阴阳相济。下部的备堰以固基为主，下游滚水面坡度较缓，一般为 1∶3.5～1∶8。备堰抬高稳定上游河床，减缓坡降，减低流速，起到保护堤脚作用；上部的筑堰以蓄水为主，提高水位，保证灌溉用水。三是工艺精湛。备堰以反拱拱券结构，以大块石错缝叠砌，蛋壳形堰面牢牢抵住两侧堤岸，虽历经百年而不毁。筑堰以黄泥作黏结剂，利用黏土的不透水性；并加入适量石灰，加强黏结强度。洪水期间能被冲垮，降低了洪水期堰前水位，保证上游农田不被水淹。正如现代水利的固定堰和自溃堰。

嵩溪防洪灌溉工程是浦江先人道法自然，与自然为友的完美体现，村落供水、排洪排涝、农田灌水、水土保持多维统一，实现了"旱能灌、涝能排"水利奇迹。水利促进了村庄农业发展水平，促进了嵩溪村的经济、文化繁荣，增加了粮食产量，为人口繁衍、经济文化发展提供了支撑。

第七节　巧溪村

巧溪村坊与大部分耕地，俱位于浦阳江、巧溪和小溪三条河流之间。而古时的浦阳江与巧溪，经常给巧溪村带来巨大洪涝灾害，村民稍有松懈，便有良田淹没、村庄冲毁之危。

浦阳江源远流长，水势湍急，一场大雨便成洪灾。汹涌的洪水冲北击南，一边冲垮大批良田，另一边则变成大片沙滩。据地形分析：浦阳江两岸，南边后泉塥下，连高塥下；北边大许汽车路塥下，都曾为浦阳江冲成溪流，历来以流水为界，经常与大许村发生纠纷，两岸人民，均将沙滩挑聚成南北方向之沙塍。头上建造上一个坝头，用毛竹劈成三公分阔的二层长篾条打成1～2丈，直径一市尺圆形长蛇蒲，底放坝头底，口朝坝顶用石块灌进长蛇蒲，一个连一个，半圆形地包围坝头，并以小杉木横穿直桩连成一体，防止洪水冲击。巧溪村自小溪口西上至下方田边，共有五条沙塍（每条间隔100米左右），其中一条也曾使用石灰，沙石拌成灰浆筑坝（故称石灰坝头）终因洪水过猛，年年筑，年年冲，冲毁程度不同而已。

民国初年，以下于为主联络下园、下方村，成立三十六股新成会。由下方安卿为会长，元隆管账务，下分四个班。分别由能兴、能水、盛政、方樟材任头手（即班长），新成会主要任务，执行按股摊派人工、经济。藉以经常性、持久性地进行抗灾。巧溪口东边高塥下垄来，一垄、二垄、三垄等大片农田，历代由巧溪人负责，成立了大兴会36股。民国初年由孙江茂为会长，孙志权为副会长。下于村在这一带有土地人也参加入股。祖祖辈辈一年到头，农忙搞农业，农闲筑沙塍，与洪水作斗争。他们埋头苦干，一年到头没空闲过，从下方清坟头到沙丘同黄泥山头为界，浦阳江边大片农田都是巧溪先辈们一担担、一锄锄开垦出来。

民国二十四年（1935年）6月间，全县暴雨，历史以来，是浦阳江最大一次洪灾，巧溪村能果、岳塘、维永、能思、能吉、能满、方樟材等七人，一清早携带长蛇蒲去守坝头。去时水势不大，后来水势愈来愈大，水位越涨越高，竟越过沙塍一米多高。顷刻间，浦阳江畔，所有沙塍包括小溪，统统在洪水吞没之下，成为一片汪洋大海。去防守坝头的七人，无法逃回，被迫逃到下方沙塍唯一的最高点大墩头上，维永水性不好，被洪水冲走，幸亏有能果及时举起从上游冲下来的长杉木一根，伸向维永身边，才获得救。站在村西高地上的村民及家属们，担心大墩头被冲，防洪的七人将随洪水卷走，着急得流泪。这次洪水，损失巨大，五条沙塍坝头全被冲毁，全会会股人员，全力以赴，积极行动，进行抢救。元隆聪明能钻，创造一种水底龙，护住坝头，减低水势冲击，发挥了巨大的作用。到中华人民共和国成立以后，小溪口西上至下方田边的五条沙塍仍然保护着原有良田。1955 年为了防洪，于守铃也差点被大水冲走。

巧溪原名槁溪，除涨大水之外，上面枯槁无溪水，故名槁溪。古人云："天晴三日要抗旱，一场大雨成水灾。"巧溪真是一条白蛇精。一场大雨，山洪犹如脱缰的野马从白石源山谷中横冲直撞直泻下来，冲东击西，其势凶猛，人力无法防守。因而在上溪滩一带（包括巧溪村和平二桑苗地）荡成一个大葫芦，中间长起大片的枸树和杂草古称"枸树滩"。民国初年下于村于能贵羊群长期在此放牧。夜里野狼成群，经常侵袭村里的农舍家畜。

民国二十四年（1935 年）六月下旬，连日大雨，二十五日子夜白石源山洪暴发，巧溪水势凶猛，洪水冲破高桥头石�，荡破枸树滩晒场把它冲成了深潭（今下于石灰明堂处）。洪水冲进村里，祖堂楼水盈数尺。下于村家家进水，全村被淹。兴隆桥下殿后三斗，由于对岸被洪水冲倒一株大麻栗树，横拦溪中，致使水位上涨，洪水破堤而入，冲毁殿后畈十多亩田地。到了黎明，浦阳江、巧溪、小溪已成一片汪洋，后泉塴下、新丘畈尽变泽国，下畈垄来一直到湖山桥成为一片大海。这次洪水对下于村民敲起警钟。元隆发起从兴隆桥到中埠头，砌起高塴，沿高塴脚用大石块砌好一丈多阔的斜坡层（土名鳖裙）。并从中埠头起到高桥头（今槁溪桥）筑起沙堤建立石头坝头（曾采用铁丝蛇蒲装石块），防止溪水再次冲进村内。在抢救殿后畈时，元隆发起在新开塘之上之下，建立小中大三个石头坝头，用较大的石块从脚至上紧砌，成鸭脚状形，防洪比较科学。从兴隆桥下沿溪两岸筑起高大的沙塍，植以合抱大树，使溪水从兴隆桥上下收拢而下，平稳流入浦阳江，从而保护了沿溪两岸的大批良田。从而保证下于殿后畈不再受到洪水的冲击（图 3－15）。

巧溪滩面上的溪水，仅在下游兴隆桥一带可以从横堰自流灌溉殿后畈的土地。但连晴十多天，溪水便无法进堰。巧溪沙质层厚，水自然要

图 3－15 巧溪村水口

往沙下钻，在这特定的地理位置和特殊的自然环境下，迫使村民挖井取水保苗，井越挖越多，田间地角到处是井。在井边竖起拗柱，安装上拗杆，拗竹，装上拗桶，绑上拗水索，两三人一提一拉，即可提水。这种采用杠杆原理取水法叫“拗水”，是巧溪祖辈发明的一种抗旱取水工具，也是先辈智慧的结晶，远近闻名。全县来说仅有巧溪村这一带才有，故外地行人过往看到，甚感稀奇，非要举足停留看个够不可。由于土质带沙，水干得快，一亩田一天要拗五六百桶水养稻，到了三伏天，在烈日照射下水分蒸发特别快，一亩田一天要拗八九百桶水才能养稻。故当时有句顺口溜：“日拗千千桶，夜里归原洞。”上畈田水位特高，70％以上土地，无法挖井取水灌溉，只能种旱地作物得靠天年。上畈靠巧溪滩边有些田地水源好能挖井，可以种水稻。下畈高勘顶一片土地，大部分田边有井，部分田边有圹，可以用水车踏水保苗。

民国二十三年（1934 年）大旱，史载闻名、下于村民，全力投入抗旱，井塘齐用，拗水，踏水并举。天越晴，井水越深，大部分井一次只几十桶、百来桶，无法解决井边那块田。唯有大井边那口井（古时称阴背田井），水源好，拗不干。因此全村可以受益的田户进行抓阄排号轮流拗水，起到抗旱保苗的巨大作用。全村村民，不分昼夜，起早摸黑，进行抗旱，在抗旱中于盛政女儿芸兰，由于过度劳累，半夜起床抗旱，途经兴隆石桥，迷糊失足，跌入桥下，砸掉一口门牙。新屋下孙赞继，抗旱拗水拉索断，冲撞井口，丧命身亡。

高勘下有个“长车塘”，因水源佳，在大旱之年可供打长车而得名。民国二十三年（1934 年）对高勘顶一畈田的保苗起了很大的作用。1967 年大旱，通济桥无水可放，巧溪村曾以 13 部水车从浦阳江经由高勘顶、棺材塘、上八斗、车头井，经大园到前店门口，将水传到上畈四石进行抗旱保苗（杭州糯）。这是有史以来规模最大的一次抗旱行动。

1970 年曾以抽水机在巧溪口抽水，用塑料薄膜摊在沙塍大路上，两边用泥土拦住，作为临时水道，通往殿后，敬义塘大路顶，灌往巧溪坟头口一畈稻田，规模可观。巧溪的祖祖辈辈筑沙堤、造坝头，开垦良田。战天斗地，同洪水和旱灾进行了不屈不挠的斗争，为子孙后代世世代代在巧溪这片土地上繁衍生息。他们不知付出了多少心血和艰辛，甚至是生命。他们这种无私无畏的顽强精神我们要永远传承。我们要随着时代前进的步伐，与时俱进，把巧溪建设得更加和谐美好，繁荣昌盛。

第八节　上市村

上市村位于距离“万年上山”遗址 2 公里处，全村 600 余户，1600 余人大都姓黄，为浦阳黄氏黄苾后裔，在元代至正年间（1341—1368 年）从黄宅分居对门八甲，至今繁衍生息 600 多年。上市村地居浦江盆地腹地，前临浦阳江，右傍蜈蚣溪，为两江相汇之地，古又称“合溪”，村如其名，以往村里有街路，有店面，为四里八乡赶集之地，村里有好多供饮用、灌溉的水仓。

上市村中里散落着九口古井。在黄氏宗祠祠堂后并排有八甲、八角二井，井壁无衬而立，以土为壁却千年不塌，井底不淤，井水甘甜，冬暖夏凉，因此四乡皆来此排队取水。村里人介绍说，用八甲井水做出来的“木莲豆腐”才最正宗。“木莲豆腐”为浦江传统民间冷饮。木莲学名薜荔，当地人用干净纱布装上木莲籽，在清凉的井水中不断揉搓挤压，直至挤出胶状液体，再和“浦野藕粉汁”相互混合而成。舀的时候，必须顺桶边舀，再在上面浇上红糖薄荷汁，甘甜爽口，凉喉冰心，因此深受浦江人喜爱。八甲井和八角井好似龙的一双眼睛，龙尾则为三角塘畔的盐店井。盐店井因边上一排盐店而名，在其西侧现有浦江唯一保留完好的盐埠头。上市盐埠头是古代浦阳江通航的遗存。浦阳江上游水量不大，不能行船，只能撑簰，上市人将浦阳江水引至三角塘，靠竹簰将食盐、杂货运上岸，慢慢兴起了盐铺、杂货店、肉铺、染坊等商店和街道，“上市”因而得名。

上市村还分布着 10 口水塘，其中最有名的当属“和尚塘”，长 150 多米，宽 70 多米。塘西侧有一泉水小潭，潭壁用千年水底松架立，潭底用四方枕木框住泉眼，现改为有井圈的水井，名叫和尚井。和尚塘、和尚井相连，井水自溢，源源不断流入塘中，久旱不枯。它既是饮用水井，又是洗濯、灌溉水塘。传说和尚塘原来是黄宅古城寺的庙产。古城寺于宋真宗大中祥符元年（1008 年）改名净治寺，宋高宗绍兴间慧辨讲师果纯重建。有一年，天大旱，为争水源，寺庙和上市村的居民发生矛盾。双方打赌，说和尚如果能用竹篮挑水，把塘水挑干，塘就归古城寺。和尚们就用竹篮挑水，真的把塘水挑干了。村民以为和尚有法术，所以把这个塘命名为和尚塘，其实和尚是用油纸布将竹篮底衬着。后来，古城寺方丈指点村民在塘西挖井，有泉水喷涌而出，是为和尚井（图 3－16）。

古时候，浦江旱涝灾害频发。大旱之年，单靠池塘里的水，只能坚持十来天，为抗灾灌溉，上市村人在浦阳江边建有许多大大小小的水仓，用水车接力的办法，将浦阳江的水车到高处，称为“踏大溪”“打长车”。踏大溪时，第一架水车最长，有三丈左右，五六个檑头，五六个人一齐上阵，人手扒杆，齐心合力用脚踩踏，才能勉强把水提拉上来。同时，停人不停车，昼夜挂灯笼轮班运作，为统一节奏，也为鼓劲防困，大家边踏擂头边喊号子，“正月梅花啰一转车，梅花开过两樱桃，樱桃过啰桃花开，桃花过啰四枇杷，枇杷过啰五榴花，榴花过啰荷花

图 3－16　上市村和尚井

开，荷花开过七秋凉，秋凉过啰桂花香，桂花香过九重阳，重阳过啰一十转车”。上市村也深受浦阳江洪涝灾害之苦，所以每当遇洪水灾害来临，全村鸣锣，成年人全员出动，戴斗笠穿蓑衣抗洪直至洪水退去平稳才回家。2017 年，浦阳江全线建成 20 年一遇防洪圈，建了机埠，修了农渠，沿线村民、沿岸葡萄园从此旱涝无虞。

上市村是红色村（图 3－17），在红色革命中创立“市个第一”：成立了浦江县第一个中共县级领导机构——中共浦江县特别支部；是中共浦江特支第一批地下党入党宣誓地；成立了第一个党的农村基层组织——中共浦江上市支部；成立了第一个中共妇女支部——浦江上市妇女支部；第一

图 3－17　上市村黄长波故居

个抗日救亡时期中华民族先锋队浦江县大队部；成立了第一个县民先队抗战剧团；成立了第一个民众文武学校。也曾创下“五个最多”：抗战时期参加民先队的有 50 人，占全县总数的十分之一多；解放前中共地下党员人数 29 人；动员参加金萧支队第八大队的有 16 人；报名参加干训队的达 15 人；英雄牺牲烈士有 7 人。

第九节　大许村

浦江县大许村，原名大水畈，《光绪浦江县志稿》作大水吴，以处浦阳江畔，汛期常被大水冲淹，故名（图 3－18）。后村民立大诺治理河道根除水患，雅化为“大许”。有大许和前店两自然村，村民大都吴姓。全村 736 户，2163 人。明清时属德政乡（尊仁里）一都一图。民国时属仙华乡。1950 年属大许乡。合作化时建为大许高级社。1958 年属大许管理区大许生产队。1961 年为大许公社大许生产队，1983 年改为大许村民委员会，属大许乡。1992 年属浦阳镇。2002 年属仙华街道。

图 3－18　大许村古村与古井

大许村位于浦江盆地腹心之浦阳江北岸一级阶地，海拔 30～50 米，属河谷平畈，村子北高南低，主要分布红色黏土（黄浆泥），沿江农田为浦阳江冲积滩地改造而成，辟为水稻田，如今为连片的浦江巨峰葡萄棚。村南浦阳江蜿蜒流淌，村西中埂溪，村北通济桥中渠贯村而过，村东 1300 米有低山名“湖山”，在大许村吴氏宗祠（现已毁）的中庭外首柱子上，有联云“祠以堂连称名高浦汭，芦与塘相伴秀挹湖山”，道出大许村历史与地理位置。据《浦阳芦塘吴氏宗谱》记载，吴氏为浦阳著姓，在宋元明季迭出英贤，屡登峻秩。南宋景炎间，吴濡（字震夫）曾仕宋婺州税务提领，因兄吴潜（字毅夫）以直谏忤奸，从临安避隐浦阳湖山之芦塘，其子曰椿曰桂者，俱有文学，其孙国锡者，仕元为浦阳之县尹，传至五世孙，讳文宝，字彦珍者，明洪武时以才能擢任中奉大夫、四川布政使司左布政使，村中堂楼悬挂“大方伯”匾，正是纪念这位先贤（图 3-19）。

图 3-19　大许村厅堂“大方伯”匾额

大许村临浦阳江傍水而居。浦阳江源短流急，河床内长满枫杨、芦苇等，河道淤积，河床逐年抬高，河水左冲右突，河堤七零八落。湖山和茂山横亘浦阳江中游，为浦阳江第一水口，受湖山与茂山峡口约束，浦阳江在此突然收窄，一场大雨后山洪直泄而下，受阻后江水暴涨，洪水壅高，淘刷江堤，冲毁堤坝，淹没良田村庄。大许村除有洪涝之虞，还饱尝干旱之苦。浦江历史上有“十年九旱”之称。天晴浦阳江水会很快流失，只留下白花花的河卵石，干旱年份，喝水是个难事。为求风调雨顺，五谷丰登，不知从何时起，大许村建起晏公庙，塑着黑面长须晏公像，祈求水神保佑（晏公名戌子，传说朱元璋与张士诚在长江上大战时，晏公救过朱元璋，朱元璋称帝后，封晏公为平浪侯。后来又册封为神宵玉府晏公都督大元帅，负责平定风浪、保障江河湖海里过往船只的安全，并命天下建庙祀之）。

为求安居乐业，大许人历来重视水利生产，大许先人有古诗云：“春雨纷纷水溢畴，村翁终日荷蓑櫌。自古勤苦恒无惮，黍稷多收愿有秋”。吴文宝公致仕后，领导乡民“造舆梁以济涉，兴水利以灌溉”“兴修水利以益细民”。曾经的村子周围水塘星罗棋布，谱以塘名，芦塘、郑塘、官塘、堰塘……水塘塘面皆颇广，六世孙吴世厚有《郑塘涵月》诗：“秋月林塘净一泓，云开风静月初生。珪痕倒浸寒波底，疑若兹泉有璲璜。”为村民灌溉、饮用、消防、洗濯用水。

中华人民共和国成立以前，大许村人即便时常祈求神灵佑护，仍是大雨大灾，小雨小灾，无雨旱灾，先洪后旱，旱了又洪，江堤残缺，“十塘九淤”和“十年九旱”，农田抗旱能力只 10 天左右，水利状况十分恶劣。

中华人民共和国成立时期，大许村在共产党的正确领导下，和全县乃至全国的村民一样，战天战地，全民共建，掀起冬修水利，春修水利高潮。

1952 年 12 月，配合浙江省农林厅钱塘江水利工程局测量队完成浦阳江流域大面积测量任务。

从 1953 年开始，开展了以农田灌溉为主要内容的小型水利建设，浦阳江平原区，除了兴建山塘、平塘、拦河蓄水、引水灌溉外，还兴建了一大批小型水库。浦阳江中游两岸，修筑沙塍、塥堤、竹笼卵石坝头、块石丁坝等，挑水离岸，保护防洪土堤，逐步实行“旱、洪、涝兼治，蓄、引、提结合”的治理措施，从单一治理发展到综合开发利用，以小型为主，大、中、小结合，建设了多种多样的农田水利设施。

1954年4月、5月，省钱塘江水利工程局同意在大许村段试建塥堤（塥堤是指防洪堤外第二道防洪堤）。大许村民肩挑手推，全民上阵，劳动报酬按日记工分加补贴。

1955年11月，金狮岭水库动工建设，由大许乡金狮岭水库建设指挥部统一组织施工，发动受益的大许等7个村1299户5242人，1767个劳动力。用肩挑运土石料，用石夯、木夯、人拉混凝土滚筒分层整平压实建成。县人民政府也发动全县义务工支援水库建设，加快了水库建设进度。

1956年5月，土法上马，以锄头柄当标杆，脸盆、皮管做水平仪，边测量边挖土，开通金狮岭引水渠和灌溉水渠，灌溉面积达3700亩，灌溉保证率大幅提高。

1958年4月至6月底，历时132天，浦江县完成了第一次全县水利普查和规划任务，出台了第一本《浦江县流域规划》（草案），明确了“以蓄水为主，以小型为主，依靠群众自办为主”和“全面规划、综合治理、全面开发、综合利用”的方针，用三个月时间，基本摸清了流域面貌，因地制宜提出了农、林、水三位一体综合性措施，从而克服了以往治水工作中“头痛医头，脚痛医脚”的现象，提早建成“粮食堆满仓，牛羊满山冈，近山低山花果山，远山高山森林山，无山不绿，有水皆清”的美满幸福的社会主义新农村。

1958年12月5日，通济桥水库动工兴建，大许村民踊跃支援，自带干粮被铺，没日没夜奋战在工地。1960年9月20日水库主体工程基本完成，正常蓄水量4200万立方米。1964年通济桥水库中渠利用金狮岭水库灌溉水渠扩建，大许村绝大部分良田都能自流灌溉。

1967年5月、6月，浦江县发生洪灾，7月14日至11月1日，连晴111天，夏旱连秋旱，是中华人民共和国成立以来旱情最严重的一年，为近代罕见。受灾面积10.54万亩，其中基本无收4.62万亩，粮食生产比上年减产26%。大许村由于水利条件转好，产量基本没有影响。

1966年1月3日，浦阳江流域综合治理委员会成立，浦阳江浦江段第一次大规模治理。利用冬春农闲时候，大许人肩挑手提，将沙滩挑聚成南北方向的沙塍，在沙塍顶端以竹笼灌装卵石砌筑坝头，土名“蛇蒲坝头”。蛇蒲以老毛竹编织而成，毛竹劈成三厘米宽的长篾条，大花编成长 5～6 米长、直径 35 厘米左右的圆柱形竹笼，呈长蛇状，因名“蛇蒲”。蛇蒲底置放于坝头基础，口朝坝顶，用卵石灌进蛇蒲，一个紧挨一个，呈半圆形将坝头包围，同时，用小杉木削尖直穿过蛇蒲打桩，再用杉木横连木桩，将所有蛇蒲串联成一个整体，极大提高整体护坡能力，挑水离岸，保护浦阳江畔良田。大许先辈们经年累月，将一个个沙滩挑聚成一条条沙塍，开垦出一片片良田。在大许村与胡门村之间，还存留着一条古沙塍，现已是浦阳江罕见的水利遗迹，有待保护。

1972 年 1 月，通济桥水库在溢洪道建浆砌块石侧流堰，提高蓄水位 3.4 米，正常库容达 5880 万立方米，总库容达 8076 万立方米。大许村顾全大局，接纳通济桥移民 11 户，共 60 人。

1974 年 10 月，浦江县第二次对浦阳江进行治理，对土堤沙塍进行块石护砌。动用拖拉机拉动来压土，大大提高工效与质量。劳动报酬改“点日制”为按担记分，调动民工积极性。

2005 年，浦江城区自来水管网延伸，大许人告别挑水喝历史，与城里人一样喝上方便洁净的自来水。

2008 年，浦阳江平七桥至大许桥综合整治，扩大河流断面，加高加固两岸堤防，马道以上种植柳树等，提升河道景观。

2013 年，浦江县率先打响浙江省“五水共治”的第一枪，省委书记夏宝龙亲自督导浦阳江水环境综合整治，治理后的浦阳江，全线建成了 20 年一遇防洪闭合圈。在治理过程中，有意保留河岸原有植被，保护原生态，只在背水坡侧进行加固加高，而在迎水面堤脚处只用叠袋混凝土护脚，以达到防冲刷的目的。修建了大许堰等生态堰坝，形成自然水面，在枯水期也能存留些许水量，让水生动植物有生存之所。同时在堤顶修建一条双向畅通的休闲骑行绿道，完善配套设施，老百姓畅游其中时，潺潺的水声一路伴随葱绿的风景。省水利厅原厅长陈川来视察时，赞扬说：“治理了，看上去与没治理一样，这就是河流治理的最高境界。”如今的浦阳江，水清岸绿，白鹭信步，鱼翔浅底，具有防洪、排涝、供水、生态、休闲等多种功能，河岸上葡萄棚连片，沿江百姓畅享着环境和生态的双重红利时，又发展了特色产业，“绿水青山就是金山银山”。

水利！将水旱频发的“大水村”蜕变为旱涝无虞、安居乐业的大许村。大许村犹如太阳下的一滴小水滴，透过这滴小水滴，窥见了水利给大许，及至浦江人民带来巨变和益处。

第十节 前于村

前于村人多为于姓，北宋末年从左溪石明堂（今岩头夏泉村）迁居至此，至今 900 余年，祖上人才辈出。庆历五年（1045 年），宋仁宗御赐浦江“于氏七星”手札，其核心人物于房为宋景祐四年（1037 年）进士，官至尚书省工部屯田员外郎，曾主管河道水利，宋治平中（1064—1067）任吏部尚书。民国国际法专家、外交家于能模，身处高位，却一生俭朴，特别关心家乡，1934 年浦江大旱，他以平日积蓄购米 200 余担及部分衣服运回家乡救济乡亲。

前于村位于浦阳江盆地南缘，南高北低，海拔 80 米左右。发源于平岗山的无名溪，在出山口被横山水库横腰拦截，蓄起一汪清水，守住村子水口。村子背倚周公山，面朝仙华山，前照后靠，九龟山、毛阳岗左拱右卫，村前有浦阳江和 210 省道穿过，玉带缠腰。从空中鸟瞰，前于村犹如坐落在巨掌的掌心，藏风聚气，阡陌纵横，通济桥灌区南干渠 72 线和 80 线犹如掌纹，贯村而过。

历史上，前于村“十年九旱”。据记载：民国三年（1914 年），农历五至九月无雨，田土龟裂，溪水断流，民大饥。民国十三年（1924 年），自农历五月初晴至七月底无雨，粮食绝收。民大饥逃荒。民国二十三年（1934 年），先大雨后大旱，自 6 月 9 日至 9 月 1 日无雨。旧时代村民过着“萝卜当白米，胡萝卜垫锅底”苦日子。解放后，前于村人“下定决心，排除万难”，从治水抓起，通过修水库、改河道、平土地，人口从 1949 年的 286 户 1254 人增长到 1999 年的 783 户 2658 人。粮食总产量从 1949 年的 397.5 吨，人均 317 公斤，亩产 206 公斤，增长至

1999年1850吨，人均696公斤，亩均790公斤。

由于地处丘陵地带，水塘是前于村曾经的最主要灌溉水源，村间地头，或一户一个，或多户共用。据统计，10亩以上塘面的水塘，全村共有61处，总面积138亩，蓄水量14.6万立方米，灌溉面积434.7亩，占全村2150亩耕地面积的20%。唯有一处利用古老的“白牛泉”泉水塘的（据《嘉靖浦江志略》记载：去县南五里，邑人于康凿泉，可溉田），泉水充盈，长年不断，能自流灌溉300亩。其余的俱为“靠天田”。十天半月不雨，就得以水担、戽斗、脚踏水车和手拉牵车为器具提水灌溉，1953年合作化时，村里尚有人力水车450余部。

“水利是农业的命脉”，吃过无水苦头的前于人深深懂得这个道理。1953年，通过农业互助，先后修筑一批塘堰，到1957年，灌溉面积达到耕地面积的35%左右。1957年10月，与当时大溪乡人民一起，共同修筑里坞水库，1959年10月里坞水库大坝主体工程基本完工，蓄水125万立方米。1958年，扩建了和尚塘、荷花塘等，灌溉面积达到耕地面积的45%左右。1960年起，前于村勒紧裤腰带，独力兴建横山水库，1973年建成，共计投工100多万工，土石方20余万立方米，蓄水量16万立方米。1962年，全村出动200个劳动力，用锄头柄当标杆目测定线，靠锄头、钩担、扎箕土法奋战两个多月，成功挖通浦阳江石陵至前于村的水渠，自此开始能自流浦阳江水灌溉，1964年，此水渠扩建成浦江最大灌区——通济桥水库灌区72线干渠，全长1.538公里，流量2.17立方米/秒，能自流灌溉面积1005亩（图3-20）。以通济桥水库72线和80线（吴淞高程）干渠为水源，1964年修建高塘泵站，通过二级提水，可灌溉300亩。1966年马行街电灌站、1973年湾龙来电灌站等相继建成并投入使用。至1973年，前于村可灌溉面积已达耕地面积的90%。1974年，“农业学大寨”，发动千余男女老少，改地造田和园田化一步到位，将南山脚一片大小不等、高低不平的山下地，硬是改造成大小相同、整齐成排的层层梯田，贫瘠的山地成为肥沃的水田。1980年，开始配套提升田间水系。1983年，利用横山水库清洁水源，铺设塑料管，家家户户装上自来水。1999年开始进行农业园区建设，达到“田成方、路相连、渠互通、林成行”，全部实现自流灌溉和农业机械化。

图 3-20 通济桥水库渠道前于段

水利兴则五谷丰。前于村从靠天吃饭到旱涝保丰收，其根本在于兴修水利。保障国家粮食安全，解决 13 亿人的吃饭问题，决不能单靠风调雨顺，根本出路也在于大兴水利强基础，提高抵御自然风险、旱涝保收的能力。

第十一节 薛家村

在浦江薛家村的农耕文化馆里，展览着两架 168 岁的龙骨水车，水车是中国最古老的水利灌溉器具，村里老人至今还记得，为了抗旱，通宵达旦“打长车”、接龙车水的场景。“用之则行，舍之则臧，凭木龙而通水泽，运人力以代天工”。时代发展了，古老的水车成为用水记忆，但是，勤劳智慧的薛家村人对水的永续利用没变，水，美了乡村，水，助力了乡村振兴，水，推进了共同富裕。

薛家村坐落于浦江西部山间平畈，由下薛宅与薛下庄两村组成，两村相距一公里，省级“美丽河湖”壶源江穿村而过，山环水绕，傍水而居，隐秘而幽静（图 3-21）。据家谱记载，薛姓人从唐末迁入下薛宅，元朝初年又移居薛下庄，至今1100余年，村头水口“左狮右象”傲然守护，共328户，人口914，耕地287亩，人均0.6亩。

图3-21　薛家村村貌

薛家村建有4个禹王庙（图3-22）。一在下薛宅村尾公路旁，三开间朝西，重建于清代道光七年（1827年），内有碑刻，记述重建历史，庙内镌有两副楹联：“九川涤源袛台德，万世永赖时乃功”“当日已忧天下溺，于今水在地中行”。二为水口殿，面朝壶源江神仙堰，殿分三间，三张石桌刻着咸丰五年十月×××捐赠字样。三为桥头殿，民国十三年与望仙桥同期建造，位于旧金坑岭古道入口处。四是大王庙，因处大王潭边而得名。大王潭水色澄蓝如碧，深不见底，大王庙朝西，2003年12月因省道拓宽被拆除。一个小山村，2平方公里之内，为什么会建有那么多的大禹庙呢？这与薛家村水利条件、农耕习俗及大禹民间信仰有密切关系。

壶源江上游河道比降达10.79‰，源短流急，为典型山溪性河流，全年平均降雨量1700毫米，超过浦江全域平均降雨量，且主要集中在梅汛期，占全年的43.9%，可谓丰枯分明。壶源江从天灵岩发源而下，挟东岭源、大楼源，奔腾四十里，在杭坪畈沿山脚绕一大弧形，地势稍平衍，水势稍缓。一到薛家村水口狮山、象山处，山势陡然逼仄，河道急剧缩窄，水流变得湍急汹涌。

图 3-22　薛家村禹王庙

在过去，薛家村人世代以农为本，最重要的口粮田皆在壶源江滩地。壶源江九曲十八弯，每个弯道，都会形成一片片小小的畈田，旱季易缺水，一遇强降水，洪水又肆虐泛滥。据统计，在清朝初期（1646年）至中华人民共和国成立 300 年间，浦江全县共发生有记载的重大水灾 31 次，重大旱灾 33 次，其他小灾无数，可谓大雨大灾，小雨小灾，无雨旱灾。古代生产力水平不高，灌溉以小微型水利、人力水车为主，无多大的蓄水调控能力，且为农户、宗族自发而为，缺少统筹运帷，也无综合治理一说，人们靠天吃饭，遭遇灾难，唯有求助神灵。大禹为中国人文始祖、治水英雄，浦江历来有祭大禹、立平水庙、塑大禹像习俗。薛家村的四座禹王庙，都在水口、桥头处，是祈求禹王永镇水患，永保太平，渴望风调雨顺，五谷丰登，积极与大自然抗争的象征。

中华人民共和国成立之后，薛家村人发扬“大禹治水”精神，艰苦奋斗，自力更生，大兴水利。1960 年 9 月 12 日，特大洪水冲毁了溪塍，上百亩良田被沙石淤埋，村民马上开展灾后修复，砌挡墙，建堰坝，清渠道，运淤泥。2005 年，合资建成笑流源与陈里坞山塘，铺设 4 公里主管网与 20 公里村内管网，建成双水源互补的甘泉工程，因此，薛家村人与城里人一样，拧开龙头就有水，永远告别打井水、挑涧水和抢水喝历史，2007年4月26日，时任副省长茅临生、金华市长葛慧君等省、市领导亲临薛家村农家，进村入户了解村民饮水安全。2019年，薛家村并入茶壶里水厂水网。2020年，外胡水厂主管从村边穿过，喝上规范化水厂的水指日可待。从“没水喝”到“有水喝”，再到“喝好水”，村民从心底感谢党和政府，在村后崖壁上，自发刻了“泉自政府来，甘在百姓心。鱼水情谊深，共建小康村”20个大字。

2013年浦江打响全省“五水共治”第一枪，薛家村人撸起袖子加油干，建立村级河长、塘长、沟渠长制，根治水环境，恢复水生态，挖掘水文化，开发水旅游，以一江清水，两岸青山，做大做强乡村振兴文章。

2014年起，全村动员，户户参与，人人动手，彻底清除村里的垃圾、堆积物，利用老旧酒坛、猪槽，种上花花草草，成为美丽庭院一道风景。开展池塘清淤美化，疏通沟渠，引水入村，活水让整个村子充满生机。又统一修复老民居，增建六码头，营造江南传统村落，村容村貌有了质的改变。自筹资金，建起了壶源江第一条近千米村级木栈道。木栈道因地就势，依山傍水，沿山、沿江铺设，穿过古树群、密竹林，一路郁郁葱葱，连接水口殿与望仙桥，农民也能像城里人一样，茶余饭后，可以在林荫下、凉亭里散步休憩。薛家村还建立起生态洗衣坊、生活污水处理终端和“一村一湿地”，生活污水通过处理设施净化后，先排入人工湿地，达到排放标准后，才排入壶源江中（图3-23）。

水质清了，水环境好了，蛙叫鸟鸣，河里重现成群石斑鱼畅游的美景。2018年，薛家村抓住时机，发展乡村旅游，集资成立薛家旅游开发公司，利用江岸沙滩闲置土地，开辟“趣野吧”游乐公园和小学生研学基地，每年吸引外来游客超25万，每逢周末、节假日，游客爆棚，村集体收入增加150万元以上，村民多收入1万元以上。发展民宿和餐饮4家，新增就业岗位32个，老百姓的农副产品成为城里人的抢手货，村民不用出远门，在家门口就能赚钱。口袋鼓了，民风家风正了，打牌赌博的人没有了，健身锻炼的人多了，2020年，壶源江被评为省级“美丽河湖”，薛家村先后被评为“全国文明村”、浦江首个“全国无蚊村”、“美丽乡村十佳村”。

图 3-23　壶源江薛家村段

第十二节　西水东调工程

据《浦江县水利志》记载，以金坑岭、仙华山所在的北山为界，浦江分浦阳江和壶源江两大流域，两流域水资源量时空分布及人均水资源占有量尤其不均。全县多年平均水资源总量 6.75 亿立方米，全县人均 1739 立方米，其中壶源江流域面积 397 平方公里，水资源量 3.17 亿立方米，面积占县域的 43%，水资源占总量的 47%，人均水资源量 4776 立方米；浦阳江流域面积 518 平方公里，水资源量 3.58 亿立方米，面积占县域的 57%，水资源量占总量的 53%，人均占有水资源量为 1113 立方米，只有壶源江流域的五分之一，浦阳江流域是浦江政治、经济、文化中心，是人口与产业主要集聚区，水资源成为束缚浦江发展主要因素。

“作水过金坑”，在北山脚和壶源江杭坪、虞宅一带，流传着一个上千年的美好传说，要把壶源江甘甜滋润的江水，引到山的那边，但在过去，终究是个美好的梦。

相传，楼相公殿村（现为金坑岭水库坝址）有一个楼相公，他有两个非常要好的朋友，陈相公和钱相公。北山脚一带干旱缺水，三人看在眼里，急在心里，决心要把壶源江的水引过来。商议后，三人作了分工。钱相公负责在壶源江上筑坝拦水，楼相公负责挖开金坑岭，打通金坑源，陈相公负责另挖一口大塘，以备不时之需。三人的善心与诚意感动了天庭，玉帝派了大力神和金牛来相助。于是三人分别对他们的母亲说："今天晚上，我睡着以后，不管发生什么情况，都千万不要叫醒我。"

当晚，楼相公在壶源江上赶着金牛，架起天犁，向金坑岭犁去。钱相公则抄起金耖，到壶源江下游耖来土石拦河作坝。陈相公带上锄头、扎箕，到斗鸡山北麓的平坦处挖塘。三人在神人和金牛的帮助下，挥汗如雨埋头干了起来。

他们三人的母亲总觉得有事瞒着自己，辗转反侧，怎么也睡不着。当他们三人在梦中辛苦劳作，浑身是汗，发出低沉的吼声，三人的母亲不约而同把儿子叫醒。楼相公被叫醒时，刚好犁到下薛宅村斜对面的地方，现在人们称之"犁壁山"。陈相公被叫醒时，气得把一双用来装土的扎箕扔了出去，如今在薛下庄村樟畈有两座圆圆小山，一俯一仰，形似扎箕，人称"扑跟扎箕""向天扎箕"。而在斗鸡山北麓留下了一丘五亩左右终年泉水不涸的大水田，称作"上锅塘"。钱相公被叫醒时，正在耖土作拦河作坝。三人醒来，知道法力已破，三人的心愿是再也无法完成，心中懊恼不已，只能留待后人完成。

只有在共产党的领导下，才能集中力量办大事，才能办成前人无法办成的事。

1974 年 10 月 12 日，当时的浦江县革委会第一次提出兴建金坑岭水库的想法。1975 年 6 月 12 日，浙江省水利厅派人来浦江调研金坑岭水库工程规划，调研组肯定了在金坑岭处兴建一座中型水库是准确的，并提出从壶源江引水。1976 年 5 月 18 日，浦江县在金坑岭水库施工同时，计划兴建外胡水库，取名"浦江县西水东调工程"，浦江版南水北调从此进入实施。10 月 22 日，浦江县西水东调建设指挥部在金坑岭水库大坝坝址举行开工典礼，2000 余人参加，金坑岭水库正式动工。施工实行军事化管理，以公社为单位，建立民工营，下设连、排、班，营连两级各配置会计、施工员、卫生员和记工员。1979 年，西水东调重点建设项目——1041 米长的杭坪引水隧洞全线开通，引水流量 22 立方米/秒。1986 年 6 月 15 日，金坑岭水库第二期大坝堵口任务完成，大坝主体工程完成。12 月 5 日，北山脚灌溉东干渠动工兴建。1987 年 7 月 30 日，东干渠通水，老百姓奔走相告，说“神仙水来了!”1991 年 11 月西水东调工程竣工。2001 年 11 月 16 日，浦江县组建仙华水库建设指挥部，在全省率先采用 BOT 方式，于 2003 年 12 月 25 日开工，第二条引水隧洞长 1776 米，引水流量 20 立方米/秒（图 3 - 24）。

图 3 - 24　壶源江引水闸

“洞引西岭千秋水，泽被东乡十万民”，一张蓝图绘到底，一代接着一代干，浦江县西水东调工程以水库为枢纽，引壶济浦，长藤结瓜，一水多用，累计跨流域调配水资源 25 亿立方米。从 1976 年开始，陆续兴建外胡、派顶、红岩、仙华、金坑岭、梅坞、笠帽塘、曲折源、朝阳、金山、蒲池塘等 11 座中小型水库，总蓄水量 4216 万立方米（图 3 - 25）；建成外胡、派顶、石宅、杭坪、壶源江、仙华、金坑岭一级、二级 8 座梯级电站，总装机容量 6660 千瓦，年均发电量 1028 万千瓦时；建成干渠 17 公里、支渠 45 公里、斗农渠 500 余公里；建成日供水 12 万方的金坑水厂（甘泉水厂）；每年向下游生态补水 1000 余万立方米；利用东溪、西溪等北山脚南北向自然河道与金坑岭水库东西向人工干渠，将浦阳江盆地北部地区纵横成网，成功打造浦江版“南水北调工程”。如今，站在仙华山巅，极目远眺，灌溉干渠宛如玉练横贯浦江大地，大小水库，星罗棋布，织就一张“浦江水网”。

图 3 - 25 金坑岭水库

1982 年 4 月，浦江乡贤、原文化部副部长石西民回到久别的家乡，参观了 1980 年建成的壶源江水电站、石宅水电站，登上当时仍然在建的金坑岭水库大坝。石西民少年有志，关心水利，关心民间疾苦。1934 年，浦江大旱，灾情奇重，他曾奋笔疾书《亢旱后的浦江农民生活》。当他得知西部壶源江之水，通过跨流域引水，彻底解决了长期困扰浦江人民的浦阳江流域水资源匮乏难题，欣然写下《乡怀》：“白首回家处处情，儿时踪影渺难征。田园景色迷人眼，耋稚欢颜醉客心。云拥峰峦愁不见，车驰杜宇笑相迎。壶源水过金坑岭，喜极当年愿竟成。”连声赞叹道：“真是想不到啊！”

西水东调工程，正如中国版“南水北调”，在党的领导和广大建设者不懈努力下，通过水资源合理调配，全面保障了浦阳江流域 40 万人口防洪、排涝、饮水安全和 15 万亩农田旱涝保收，“汭水卧虹岗楼紫陌起鸿图，仙山飞影叠罅清波舒画卷”，西水东调工程已成为一道惠民济民风景线，为浦江的社会稳定、经济发展、生态平衡提供了根本性的基础保障。

第十三节　浦江水口

水口，在古代风水学上是指一个地方水流入口与出口。县治有县治水口，村落有村落水口，上游的下水口可能就是下游的上水口，众多小水口又构成大水口。上下水口间的平畈良田，具有良好居住和生产条件，视为风水宝地。浦江自古即为风水宝地，从空中鸟瞰，浦江盆地酷似一把倒水沏茶的茶壶。壶把为西北处的通济桥水库，壶口在东南处的安华水库，茶壶东西长 18 公里，南北长 10 公里，总面积近 200 平方公里，孕育了“万年上山文化”、世界水稻起源地和“中华远古第一村”，浦江为千年古县，浦江人世代在此繁衍生息。

在浦江，最有名的水口当属浦阳江湖山与茂山间，第二处有名水口在浦江与诸暨交界球山处。据《光绪浦江志略》记载：“湖山县东十里，与茂山对立。江水中流，又名湖山峡。说者谓县治水口，此其第一关。”曾建有湖山桥、龙王庙、湖山书院等建筑，现仅存湖山大桥。“球山，县东四十里。一名球山峡。隔江为杨家坞，为县治水口之第二关”。现为安华水库库尾。

《入地眼图说》曰：“入山寻水口……凡水来处谓之天门（乾位），若来不见源流谓之天门开；水去处谓之地户（巽位），不见水去谓之地户闭。夫水奉主财，门开则财来，户闭财用之不竭。”球山居巽位，为浦江的下水口，通济桥则为浦江的上水口，居乾位。据《浦江县前吴乡志》记载：浦阳江上游为群山所束，回环奔腾于崇峰复岭之间，水势湍急。而一过马桥头村，山势渐宽，流速趋缓，经明德寺前，沿后山一带蜿蜒东下，绕村前而过，呈一大弧形，构成一个山间冲积平畈，土壤肥美，地势平衍，为本县西乡重要之农业区。然一过下宅，山势又逼，至下葛村附近已成隘口，通济桥飞跨其间，自此而下始进入浦江盆地区。1958 年，在通济桥水口处建成坝高 35 米，坝长 288 米，能蓄水 8600 万立方米的中型通济桥水库大坝。

水口营造讲究人水和谐，天人合一，以山、水、树、建筑等各种要素整体有机构成，遵循前有朝阳山，后有来龙山，溪水似玉带的理想环境。

水口的山，重形定势，旨在“龙脉”，且多以狮象龟蛇命名。古有“山肥人肥，山厚人厚，山瘦人饥，山清人秀，山浊人迷，山顺人孝，山逆人亏”之说。水口山环绕在城镇、村落四周，是防卫的最佳屏障。环山之内谷地平畈肥沃又有生活生产用水，可满足农耕生存条件。浦江很多村口山也以狮象龟蛇命名，如嵩溪村左为青龙山，右为白虎山，塘波村、朱宅村皆有山名狮山、象山。

水口的水除了生态功能、生存功能，还具有审美艺术功能，是村落命运与灵气所在，潺潺流水，成为整个水口布局的灵魂。水为财气运道所在，聚水即为聚财，其重迂回曲折，“藏风得水，藏风次之，得水为上”。因此，浦江很多古村在水口处常以堰陂、塘坝蓄水，因水成景，得水成园，使整个村落因水而活。

水口林是村落水口的重要组成部分，其重翠养气，讲究草木郁茂，吉气相随。清《宅谱宗言·向阳宅·树木》中阐述：乡居宅基以树木为毛衣，盖广陌局散，非林障不足以护生机，溪谷风重，非林障不足以御寒气。故乡野居址树木兴旺，宅必旺，树木败，宅必消乏。水口林植于村落上下水口，以增屏障拦截村中旺气不外泄，亦可抵御寒流侵袭。如浦江的礼张村村口风水林，在村规民约中明令善加保护，不得随意砍伐。

浦江村落水口林的树种以香樟、枫香、女贞、柳树、冬青、榉树为主，而以樟树为最。以樟树为风水树，寓意吉祥如意；枫香谐音“封”，有封官、关封之意；麻栎多籽，民间视为多子多福；黄连木又称楷树，寓意中正仁义；榆树生籽如钱，视作摇钱树；水口栽杨树，则冀望出门客，事业有成，扬祖德；柳树多丝，以寄托亲人之思念；榉树寓意中举；冬青常绿，与女贞同作烈女节妇之象征；楮则谐喻朱子、诸侯等。

浦江水口附近一般都建有桥、庙、塔、亭、台、楼、阁、广场等建筑，目的是增崇、关锁、镇钥。桥还有方便交通，连接水景等作用。

亭子能提供驻足、休息、娱乐的功能，还丰富了水口景观层次，起到画龙点睛的作用。牌坊也称牌楼，是一种宣明教化、表彰功德的纪念性建筑。牌坊、门楼标志着由此进入或走出某个特定的空间领域，分隔了村内与村外两个空间层次。此外，牌坊、门楼还有框景的效果，将水口的亭、桥、树木、建筑及远山通通定格在一个画框里，使整个村落景观更具吸引力。这些建筑与大自然的山川河流相交融，使自然景观与人文景观相和谐，构成浦江古村落最理想的聚居地。水口广场常常以水口建筑、水口树或公共设施为中心，自然形成人员集聚场所，如井畔、塘边、埠头，自然成为人们取水、洗衣、拉家常、休憩之所。祠堂前的空旷之地，是宗族祭祀、红白喜事或聚族会议场所，也是正月迎灯起灯场所。水口树在人们心目中不再是树而是好运的象征，树龄越长灵气愈大，好运愈多，也说明村落历史越悠久。高大的树冠也是村民乘凉避雨的场所和公共活动的中心，像浦江杨田周1300年古樟树王，树高23.5米，胸径3.2米，冠幅面积达1520平方米，其树下自然成为村民摆龙门阵去处，每天都有村民在树下纳凉休息。杭坪周坞口村的水口集聚了桥、庙、殿、树等诸多要素，环境幽雅，功能诸多（图3-26）。黄宅甄村的定光殿，东濒汭水（浦阳江），西展平畴，前有古樟三株，冠盖数亩，原为义门郑氏水口殿。巧溪村头兴隆桥处，为巧溪村水口，建镇龙桥以镇水患。郑都禹王庙为都庙，为蒙山、郑都、泥都等村的水口殿。

嵩溪村水口可谓是浦江最具典型村落水口，它集合水口山、桥亭、关公庙、杨将军庙、本境庙、徐氏宗祠、书院、广场、河流、堤坝、水井等各式建筑，整合了安全、防卫、生产、交通、集聚、交流等诸多功能，包含着古人“创文风，树人文，发科甲”的美好愿望。

千百年来，浦江的水口在城镇、村落安全防卫、人文景观承担着诸多功能，寄托着外出游子浓浓思乡之情，随着社会前进步伐，很多传统的村口已日渐衰败，这也常常让人扼腕长叹！

图 3-26　周坞口村水口

第十四节　浦江上水口——通济桥

1960 年 9 月 20 日，在浦江县原前吴村通济桥原址处，一座高 35 米，长 287.5 米，宽 6 米的巍峨土石坝，横空出现在浦阳江出山之处。从此滔滔江水被拦腰斩断，肆虐浦江大地的洪魔被捆住了手脚，旱魃变成了听从指挥的乖乖儿。高峡出平湖，水库大坝拦截形成一个总蓄水量 8076 万立方米、水面面积 5.75 平方公里的中型水库，60 年以来，这汪清水滋润着丰安大地，在防洪、灌溉、供水、生态、旅游、发电诸多方面，默默发挥着种种效益。

岁月更迭，现在的人只知道通济桥是水库的名字，已鲜有人去追问它的名字由来，追根溯源，那儿确实曾有座很有名的桥叫通济桥。

以“通济”命名的桥，在全国各地有很多，取“往来通达、通畅济世”之意。浦江通济桥原名吴公桥，县志中都有记载，曾屡建屡毁、屡毁屡建。《浦江县前吴乡志》也记载：（前吴）村之东，过吴大荣的进士牌坊，傍溪沿溪行，峰回路转，景色幽绝，至下葛（古名乐庄）村前，有石桥飞越江上。此桥初为村人吴渭所建，人称“吴公桥”，后圮。清光绪二十一年（1895 年）重建为石拱桥，名“通济”。

浦阳江上游为群山所束，回环奔腾于崇山峻岭间，水势湍急。在修建水库前，江水一过马桥头村，山势渐宽，流速趋缓，经明德寺前，沿山脚一带蜿蜒东下，绕原前吴村前而过，呈一大弧形，构成一个山间冲程平畈，土壤肥美，地势平衍，原前吴村山环水抱，成为浦江最有名的四大风水地。浦阳江一过下宅，山势又逼，至下葛村附近已成隘口，通济桥飞跨其间，自此而下始进入浦江盆地区。通济桥处即为古代风水学上的所谓的“水口”。水口处往往以桥梁贯通南北，以庙宇、楼阁、树木营造生气，是古人天人合一，“创文风、树人文、发科甲”思想的体现。《浦江县前吴乡志》记载：（通济）桥北有平水殿，塑有夏禹王、吴渭公、财神、土地等神像。庙东侧建有楼房三间，为乐庄小学。桥南有亭，名“翼然”，亭内塑有一尊南海观音神像，桥为红石砌成，与碧水青山交相辉映，是村东之景点（图 3－27）。

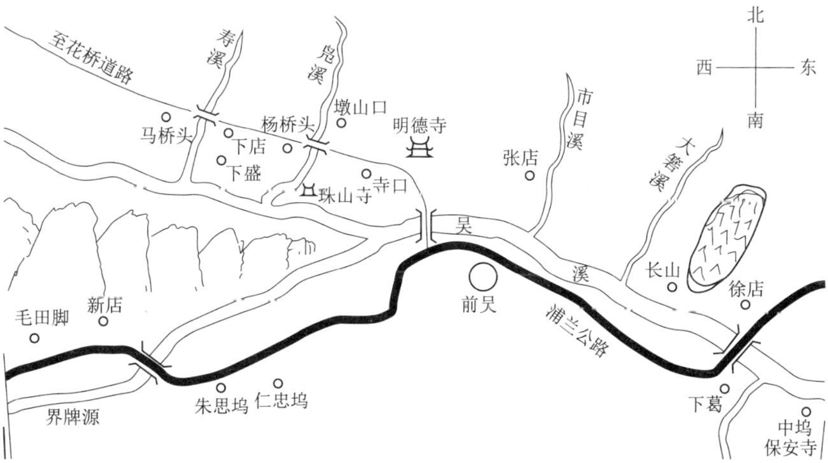

图 3－27　通济桥水库建造前的前吴村

首建通济桥的吴渭公，是浦江历史上赫赫有名的人物，号清翁，曾当过南宋义乌县令，南宋被元所灭后，吴渭公隐居老家吴溪（浦阳江在前吴段名吴溪），创月泉吟社。元世祖至元二十三年（1286 年）以《春日田园杂兴》出题征诗，征得诗作二千七百二十五卷，评选得二百八十人，并将前六十名之诗结集，以《月泉吟社诗》为名刊行，成为中国最早的全国征诗活动，此后，浦江文风鼎盛、诗兴渐浓，吴莱、宋濂等代代大儒，造就浦江元明时期文化高地。吴渭公学识渊博，忧国忧民，以扶危济困当作自己分内事，他一生热心公益，不计名利，修桥铺路做好事无数却从不宣扬。据元邱悌《吴公桥记》记载，吴渭公看到村民临河而居，每逢发大水时，就过不了河，他说“济人非吾事乎？”决意不惜一切代价，要为百姓建一座桥。至元二十三年（1286 年），吴渭公自费先修了半里长河堤，第二年，趁水位低时，在河中建了 5 个桥墩，第三年冬，桥最终建成。桥高三十尺，长二百余尺，上有桥亭，可供过客休憩，大家感怀吴渭公的功德，因名之“吴公桥”。

700 年后，前吴乡人与他们先辈一样，顾全大局，一心为公，为水库建设作出巨大牺牲与贡献。据统计，在修建通济桥水库时，共淹没前吴（下宅）、下葛、徐店、中坞等 17 个自然村土地 8900 余亩，共有 16 个自然村 4711 间房屋被拆迁，1332 户 5758 人离开故土迁移他乡，历史应永远铭记库区移民的博大胸怀。

通济桥水库建成后，形成山峡平湖，风光旖旎，景色秀美，1994 年 10 月经浦江县人民政府公布，成为县级风景名胜区，湖中有大小岛屿数十个，人称百岛湖。在湖之北，有吴直方、吴莆之之墓。湖之南，有四全山，以金木火土四星毕具得名。湖之东，有保安岩和保安庙，可俯瞰水库和县城全景。2017 年，通济桥以及它的下游浦阳江成为国家水利风景区，国内外游客纷至沓来，原浙江省委书记夏宝龙曾畅游通济湖，联合国原副秘书长、环境署执行主任埃里克·索尔海姆在通济桥水库灌区考察时，曾盛赞浦江环境比他家乡瑞士还要好。

“恨不及与公携手亭上，酌酒赋诗，以供暮年之乐。噫，公神游亦未必惓惓于斯桥也！”要是吴渭公能再与友人携手漫步通济桥水库大坝，赏水库美景，看浦江百姓再不用受旱潦之苦，会不会拂髯畅怀而笑啊！

第十五节　嵩溪水口

嵩溪水口坐落于村头，它集合了水口山、桥亭、关公庙、杨将军庙、本境庙、徐氏宗祠、书院、广场、河流、堤坝、水井等各式建筑，是世代嵩溪村人不断传承、巧妙营造的结果。

嵩溪水口山，重形定势，旨在“龙脉”。古有“山肥人肥，山厚人厚，山瘦人饥，山清人秀，山浊人迷，山顺人孝，山逆人亏”之说。嵩溪村以鸡冠岩为祖山，以仰龙山为来龙山，村左为青龙山，村右为白虎山，再往前，左狮山右象山把门，这些山脉环绕在嵩溪村四周，成为防卫的最佳屏障，环山之内谷地平畈肥沃又有生活生产用水，可满足农耕生存条件，造就了嵩溪十景——“阳畈禾浪”。

古人认为，水为财气运道所在，聚水即为聚财，其重迂回曲折。因此，嵩溪村在村口处用本地的石材，建了多级堰坝，既为灌溉、洗涤水源，又因水成景，使整个村落因水而活，潺潺流水，成为整个水口布局的灵魂，

嵩溪水口上有桥，名曰利济桥，始建于清乾隆年间。据清代邑侯何子祥《蓉林笔抄》记载，“张君淡斋为诸生时，尝教授于此（嵩溪村）……淡斋览山川之胜，谋于其居停徐宗义辈，瓮以石，上覆以屋，雅整与书斋等，因更名为利济桥”。嵩溪村自修建了村口桥、书斋后，不但方便两岸交通，村内习文风气也得以改变，村民更加重视孩子教育，后世出了很多学子文人，“桥成而徐氏之列胶庠者踵起，人服淡斋精堪舆家言”。

利济桥上建有桥亭，亭子为村民和石灰挑夫提供一个驻足、休息、交流场所，“淡斋于课诵暇，辄携童冠游咏其上。俯清泉，眺远峰，觉爽气袭襟。而负贩石灰与居人之往来者，常络绎焉”。光绪乙巳年（1905 年）村民又筹资重修，成为一个三开间，中间为厅，东西两间为通道的桥亭。桥亭东门呈方形，名“临水轩”，西门呈圆拱门，名“栖云处”，寓意做人做事要讲规矩，成方圆。

桥亭东边原为义祭祠，现已毁弃，西边为徐氏宗祠，现保存完好。

这些建筑连成一排，将村口东西两侧山脚相连，共同筑成一道村落屏障，使气不外泄，也分隔了村内与村外两个空间层次，标志着由此进入或走出村庄。桥亭还有框景的效果，在桥亭中间开有一个六角形窗，从窗户向南看，将远山、稻田、河流通通定格在一个画框里，成为一幅生动的水墨山水画。

桥亭往东，建有关帝庙，供奉关公像。关公在民间传说有增祟、关锁、镇钥、保安的法力，以前嵩溪村民迎灯，都要在关公庙前起灯。桥亭西侧，为本境殿，供奉着本地土地。据老人传说，从前有一年天大旱，人们祈雨，雨却以东山为界，一会下在山这边，一会下到山那边，犹如拉锯，有好事者“批乩”，说将雨拉到嵩溪这边是本地土地神，名叫叶鹏飞叶相公，故而村民塑像供奉。本境殿旁边是“鸡冠大王”殿，为鸡冠岩顶杨将军的轿神（行神）。杨将军名杨扶，据《光绪浦江县志稿》记载：宋淳祐中，有神降于山，自称汉刺史，至今庙祀之。每当九月九重阳日，嵩溪村人会将殿中神像抬出绕村一周祈福。

世世代代，嵩溪水口在村子的安全、防卫、生产、交通、集聚、交流等发挥着诸多功能，包含着古人“创文风，树人文，发科甲”的美好愿望，寄托浓浓思乡之情，那些外出求学、经商的游子，远远看到桥亭，他们知道，故乡就在眼前。

第十六节　潘周家村

一、踏碓·水碓·牛磨·石磨（摘自《盘洲古风》　潘朝阳著）

旧时，盘洲的男人们主外，耕种烧炭，干的是重力气活；妇女们主内，在家中洗衣，烧饭，捣米，干得最多的是没日没夜地舂舂磨磨。

民国初年，周家大厅北边白果树下有 5 张踏碓。过去，潘、周两家经常有各种各样的竞争。潘家人在村东南方向的铁瓶山山腰上修建了一个供奉陈老相公的小庙。周家懂风水的人一看，就知道潘家人想破他们的风水，就在面对那个小庙制造了 5 张踏碓，称之为“五虎擒羊”，应对潘家人。四周砌起了 1 米多高的半墙，里面摆放着 5 张踏碓。每张踏碓上面有一根长长的横木，一头供人用脚踩踏，既可以一个人踏，也可以两三个人一起踏，那就更省力了；另一头嵌有一块锤子大小的石杵，用来舂石臼中的稻谷。上面有两根横杆供人扶持保持平衡。双脚轮流踏下横木的一头，另一头上扬，一抬脚下落，一般石杵舂打几十下，黄澄澄的稻谷就会破了谷壳，露出洁白的米粒来。由于踏碓省力，许多人家农忙季节就叫小孩或妇女去舂米，并且一直沿用到 1965 年左右。后来，因为有了碾米厂，踏碓才退出了舞台，让位给碾米机。

踏碓舂米，十分耗时耗力，一般都是家庭主妇一人承当这种高负荷的重活。民国中晚期，潘鸿祺等人深知农妇之苦，于是与人商议后合办水碓，用溪水的冲击力代替人的脚力。水碓，就办在村南的壶源江边，今周家大礼堂后面。从上游碇步处通过一条水沟引入溪水，由水力推动水碓的轮子。轮子上有一根长长的轮轴，轮轴上伸出几只坚硬的木齿轮。随着轮轴的转动，每转一次，齿轮就压一次舂米的臼杆的尾巴。这臼杆很长，头上装着一个粗大的石杵，尾巴被齿轮一压，头上的石杵就高高地抬起，然后重重地杵进石臼，击打石臼里的稻谷。这样，连续不断地舂米，最后，稻谷变成了米糠和大米，再经过筛选，糠、米分离，洁白的大米就可以食用了。完成舂米任务。水磨是由水轮轴上的木齿轮带动石磨下的木齿轮，上面的磨片就没日没夜地转动。如果关下水闸门，大水轮就停止转动。

水碓、牛磨、石磨都由潘鸿祺之妻陈大珠负责管理和操作，适当收取一点劳务费，大约是以一担谷收取两三斤米作为报酬，村民都很乐意支付。因为操作半机械的水碓有相当大的危险性，需要用手不断地去石臼内搅拌谷米，容易被不断杵下的石杵撞伤。

村中还有几处原始工场。潘鸿祺和潘明亮等人在潘家屋角厅门口盖起平房合办牛拉石碾，俗称“牛磨”，专门碾米。一个小孩赶着一头老黄牛围着磨盘拉动石碾子，石碾子就会一边滚动，一边碾压放在石盘上的稻谷。在屋角厅大门西侧的空屋里办起了石磨，也是牛拉的，专门给人磨米粉。

屋角厅的厅角里还有石磨，磨米粉或玉米粉、小麦粉，由妇女或小孩推着磨盘上的磨柄，绕着石磨转。石头磨盘很大，十分沉重，干活就相当辛苦；由于效率很低，有时要起早摸黑，一推磨就是半天整日的，推得腰痛背酸。特别是春荒时，家中等着把刚收来的麦子磨粉切面，下锅充饥。

二、车水救粮

盘洲畈多山湾田。农民们看天吃饭，天晴数日，便水源枯竭，只好车水救粮，引溪水入稻田灌溉禾苗。

1952年初秋，大旱，溪水断流，池塘干涸，稻田皲裂，昔日的水田变成了白田。眼看着水稻即将枯死，颗粒无收，农民们焦急地大喊："到嘴巴边上的稻子，救救啊！救救啊！"那时候，一熟水稻是农民的命根子。当时，潘周家两个村合编为一个低级合作社，正社长为潘家村的潘大标，副社长为周家村的周可荣。两位社长为抗旱救粮昼夜工作，竭尽全力，功不可没。

那年八月，周可荣集中周家村中的所有水车，亲手把车板一块块接起来，把车骨一个个检查过去。维修完毕，马上部署十四五部水车给旱情最严重的山湾田车水。

先在大元溪汇入壶源江的入口——坑引口（地名）挖出深坑，水从干涸的河床下面渗出来，两侧和底部用厚厚的黄浆泥筑好一个水坑，避免发生漏水现象，足见当时水贵如油。再架好手车，把水车到靠大溪边的水稻田里。然后用一柱、两柱、三柱、四柱的大水车车水。每个车水的地方都用黄浆泥筑好一个水坑，再往高处的稻田车水，高高低低的水车首尾相连，接出了一条百米长龙。

先灌溉紧邻壶源江的下末畈（地名）的四五十亩水稻，而附近的田户急得火烧眉毛，反反复复地跟周可荣商量："一定要给我们车水！一定要给我们车水！"旱情就是命令。长长的水车架上高高的田坎，再把刚刚灌入低处水田里的溪水向高处车。大约用了十四五部脚车（水车的一种，人站在水车上，2～4人不等，用双脚踏下大轮轴带动小轮轴来车水），才把溪水车到离大溪1里外的大小坞（地名），灌溉山坳里的三四亩水稻。这些长短不一的水车架设在高高的田坎上，犹如数十条蛟龙从天而降，给干渴的稻田送去久旱之后的甘霖。

因为受旱面积很大，周可荣组织田户成立了车水互助组。每一部大水车都安排有好几个接班人，轮流爬上水车车水。他们燃香计时，以香为号，一炷长香烧尽，旁边的人接替上去，以车轮战的方式轮番上阵，而水车一刻不休息。连续苦战四五个昼夜后，才救活那些险些枯死的水稻。

大元村前的稻田传来旱情，周可荣马不停蹄，又兵分两路，把水车一部一部地架到大元村前的农田。周可荣视车水为救命。家中早已断粮的田户们眼看着水稻丰收在望，指望着田中的稻谷能救自家的饥荒。经验丰富的周可荣知道水车的车板和车梭很容易断裂，因此他的手里时刻拿着车板、车骨、车梢和铁丝来回巡查，哪里有问题，就赶到哪里，立即动手修理。晚上，请来木工师傅修理大水车。每天凌晨车水之前，反复检查水车有无问题。他深知水车一旦开始车水后没有闲工夫。一停下来，田户就跟在他的屁股后面央求他说："动作要快，车水就是救命，我们一家人等着割稻吃饭呢!"

旱区何止两三个呢！潘周家西南后山坞（地名）的五六十亩山湾田里的水稻也亟待灌溉。这里的田户老早紧跟在周可荣身后，催他快点抢救他们的水稻。救活下末畈、大小坞和大元村前畈 3 个地方的水稻后，来不及喘一口气，周可荣又开始调兵遣将，将这十四五部水车调到后山坞。兵分两路，一路在周家宅（地名）的大溪边，另一路在黄石潭坎（地名），用的是老办法，先在溪中挖好水坑，接着放好两部手车，然后在高低不一的各级田坎上摆放好大水车，前后水车像接力一样把水送上山湾田里去。

在周家人热火朝天忙车水抗旱时，潘家人也是夜以继日地忙车水。潘大标社长组织村民们"打长车"。先在村西大溪的长潭水段挖出水坑，再集中大小水车 30 余部，把水车到离壶源江 1 里远的村南馒头山西侧的旱田里。接着，又组织村民把水经湖泉塘车到离壶源江 3 里远的大墓（地名）的稻田，因为村东小溪水早已被村民车干。村民们齐心协力，日夜奋战，当年粮食喜获丰收。

乡长应锦大亲眼目睹了潘周家人的车水抗旱事迹后，深受感动，整理好事迹后向县政府作了汇报。县政府得知情况后，决定召开抗旱救粮表彰大会，应乡长找到周可荣，周可荣却淡然地说："应乡长，你让正社长潘大标去县里开会，我不识字，喜欢劳动，不喜欢开会。"于是，应乡长推荐潘大标参加了表彰大会，周可荣成了无名英雄。那年冬天，潘大标被评为"浙江省劳动模范"，受到省长谭震林等领导的接见和嘉奖，潘周家这个浙中山村随之声名鹊起。

三、壶江筏运

旧时，每年天寒地冻时，下游的杭城急需木炭取暖用炊，撑排（筏）师傅们又开始忙碌了起来。撑排师傅俗称"排（筏）师"，亦叫"撑排佬"。

潘周家西的大溪边有个埠头。放排非常艰险，因为江面狭窄，且多暗礁石块，湍急的水势容易将竹排掀翻，排师便会翻身落水。一般他们的水性很好，视落水为家常便饭，爬上竹排后继续往下游撑排前进，这样坚持数日便到达目的地。每当溪水上涨，就有从下游来的一群排师在岸边停放好竹排，将一篓篓木炭横装在竹排上，捆扎妥当。次日清晨，依次沿江放排。

紧挨村庄的壶源江为钱塘江的支流，水道蜿蜒，江窄流急，两岸森林资源丰富。村民们忙完耕种，就上山砍树或毛竹、烧炭，再由排师沿江运到壶源江与富春江的交汇处——富阳的场口镇出售，以此维持生计。中华人民共和国成立，壶源江上经常可以看见排师的身影，长长的竹排是运货的主要运输工具。那时候的老板叫"客人"。"客人"在潘周家四周的山上雇人烧炭。木炭出窑之后，又雇人挑炭，将木炭挑到周氏宗祠西侧的炭场上。木炭堆满之后，就雇排师运木炭。

一帖竹筏通常有两个排师：前面一个胆量大、识水性、眼法好、技术好，手持长约四五米的橹，负责寻找水道、掌握方向。这橹就是将自己上山砍的杉木一头削尖制成的。若是水流一侧急流，一侧缓流，橹要划向水流湍急那侧，竹排就快速下行；若是划向静水处，竹排就要搁住；在平静的深水滩上航行时，只要轻轻划动橹就可以了。若是进入险滩，比如湍急的水流、拐弯处、漩涡处，则需要丰富的经验，判断好水向和水道，否则容易翻船，撞到岩石，出事故。后面的排师技术要求较低，主要负责在水道的拐弯处、堰坝或者丁步桥的排洪缺口前，手持“撑篙”——一根削得光滑、入水那头套着1个铁箍、长约3米的石竹（竹名），协助伙伴，点篙推排。一般都带两根“撑篙”，万一一根插进石缝，拔不出来，就连忙使用第二根了，不然就会翻排。他看前者的手势在后面撑排：若是前者的手势右挥，他便在左侧一撑；若是前者左挥一下，他便在右边一撑。这样一来，竹排就能顺流而下，绝不会打横不前。否则，后面的排就会碰撞上来，造成事故，因为放竹排都是前后好几帖竹排前后相连笔直地往下游走。另外，在漩涡处尤需注意，以免被漩涡卷进去。

当年，北方的煤运到杭州价钱昂贵，而出自周边山区的木炭价钱低廉，成为杭城百姓冬季烤火取暖、生炉火的首选。因此，“客人”忙着将木炭售往富阳场口，冬季自然成为排师最忙碌的时节。周谦华老人介绍说：“有一年，我一个下半年就放了6趟，放一次至少要5天时间。中间要住2天，非常辛苦。”寒风刺骨时，是杭州木炭和木材需求量最大的时候，排师自然最忙碌。条件好的，脚上穿上用妇女头发织的袜子，这种袜子非常保暖，不渗水，上岸后一抖就抖干溪水；条件差的，穿上用稻草做的草靴，再在外面裹上棕丝，一直到膝盖处。做好保暖工作就上排出发。

溪水不大不小时，能从村西的簧渡坞口轻轻松松地放竹排下到场口。如果发洪水，溪水浑黄，就不敢放排下水。就等洪水退去，溪水又变成清清的，还有簧渡坞口的溪中那块“骑马石”露出好大一部分，排师一看，凭经验知道水路又安全了，开始准备放排。若是运载木炭的竹排，要用双层的毛竹。每根砍掉梢头，长约6米，粗若大碗，削掉篾青，用火熏炙，将毛竹的根部弄成上翘。这样能既减轻竹排的重量，又防腐增加竹排的寿命，还增加迎水面。最后，取出最粗的7根毛竹，前后用两根硬木横串起来，就做成了一帖排。接着，再取5根竹排串好，放在下面那帖竹排上。上下两张竹排固定之后，排师站在第2层竹排上，远离水面，保证干燥。

运载毛竹的竹排，是单层的。摆渡行人的竹排是单层的，用10根毛竹，左5根为一帖，右5根为一帖，两帖合在一起。两个排师一个在前一个在后，行人站在竹排中间。

运载矿木或者枕木，不用竹排，先在各根木材前头打上钉钮。钉钮，向铁匠定制，由铁环和铁钉两部分构成。再将一根绳索串过各钉钮将十几根松木拴在一起。所以排师一般放一次排要准备四五十个钉钮。

装货，重在“牢固”二字。通常是“十根树横两根”。若是木头，排师就抓住绳索拖上排。因为先前砍木人将木头锯好，在一端钉上钉钮，拴上长长的绳索，再将绳子揽在肩膀上，像牛耕田一样把木头从山上拖到山脚，再推进河里，让木头顺水漂下。左 5 根右 5 根，共 10 根，各自在前后两侧钉上几个钉钮，再绑上绳索，横向绕着木头来回数次，拉紧捆结实，再在相邻处钉上钉钮用绳索捆紧左右两部分。然后在前后两处，横向钉上一根硬木加固。通常会装两层，前面留出站人的地方，在第 1 层的上面还会再堆上第 2 层。若是毛竹，装货方式相似，只是用绳索捆绑时，不用钉钮，在竹排尾部敲碎毛竹的梢头，绞转几下后，再插入硬木再绞转几下，直到绞不动为止。这样，竹排尾部就成为一个紧密的整体。如果是运木炭，将木炭挑上竹排，两篓两篓整整齐齐地摆放好第一层，用绳索从左右两侧到中间来回盘绕，捆绑结实后再往上堆放第 2 层。

装好了货物，顺便带上一个铜罐与几斤大米和梅干菜，途中可以上岸烧铜罐饭吃。或是带上一点干粮。通常是饱一餐，饿一餐。路途顺利时，忙于放排，哪有时间停下来吃饭。天色渐暗后，就找旅馆住下，没有旅馆的，只得到村庄中借宿。

放排最难的要数运载矿木和枕木，因为这两种木材结实笨重。当然，放排要看运气。如果中途发洪水，只得将竹排拴在岸边，到岸边的村庄借宿，等洪水退后再走。不过这不算麻烦。如果竹排上的木头散了，掉进深水潭中，那就吃苦头了。本来已是劳累不堪，还得游泳过去，在木头上钉上钉钮，一根一根地拖到竹排上。

不过，还有比这更糟糕的事情。据老排师周谦华回忆：有一回，一个排师放排到了富阳小庄村旁，竹排从堰坝的泄洪口下去后，却搁在了水边，无法调转方向。突然竹排横着下冲，那人落水了，眨眼间被沉重的竹排压在水底！大伙儿都觉得他必死无疑——要知道一帖排上的毛竹相当重。同行的六七帖排都下到笔直的滩头。不久，只见他抓住竹排的最后一根毛竹钻出了水面。真是一次生命的奇迹啊！他从阎王爷那里捡回了性命。

排师常会自嘲："三十六行，放排是末行。末行是危险的行当，是没有生路才干的活。"溺亡的事时有发生，有的不会游泳，有的技术不行，又不熟悉水路。说到水路，排师在空闲时，沿着溪流走，捡走河中间的石块，这样才能确保竹排畅通无阻。

从潘周家到达富阳场口的水路长达七八十里。水上漂泊四五天后，终于到达场口的木行，将竹排停泊在岸边，到商行结算工资。排师们通常能拿到四五元一天的工钱。比起种田地的村民来说，算是一笔高工资。这时候，他们会相约到小酒店里喝几碗老酒，吃几块肉，算是庆贺了。酒足饭饱之后，逆水而行，撑着空排回家，或是步行返乡。而体质差的排师走完一趟排后，就得在家中休息好一段时间。因为他早已经筋疲力尽了。

除了运送山货到富阳场口，撑排起码还有两用：一是隔水相望的大梓和大杨两村旧时没有石桥，遇到大水时，按照惯例两村合力雇排师撑排载人过往；二是有撑排技术的渔民撑排捕鱼。

四、跳板会

几十年前，潘周家村两边的大小两溪里都竖立着一排条石，俗称"丁步"。每块条石相隔约 40 厘米。大溪水域开阔，丁步很长，而且中间还留着一个大大的排洪缺口，上面架着一块又长又宽的跳板，专门供来往的村民行走。这块跳板可以拿开，供竹排通行，因为通往富阳场口的筏运是当时山区最重要的运输方式。这个"跳板会"由七八户人家组成，专门负责大溪丁步中间的跳板，设立了会产——19 秤田，用稻谷放借生息，积累经费，用来维修跳板和丁步。每当天将要下大雨时，有一名会员就会立刻跑到大溪的丁步中间，抽走跳板，扛到祠堂保管，以免被洪水冲走。天晴后再放回去。

五、荡江义渡船会

壶源江水绕过荡江岭北后，流至瓦窑潭，水面开阔，有个荡江渡口。未造公路前，过往行人都要走长长的丁步。每当洪水淹没丁步，行人就无法过河。

民国五年（1916年），由潘家村潘绍成、大梓村周石新与桐庐县四管乡（今新合乡）引坑村钟风金等12个绅士、保长组成“荡江义渡船会”，俗称“十二个头”，发起募捐，共捐银901元。船会雇船工2名，购会田6亩，20秤分给船工耕种，其余稻田的稻谷用来放债生息，作为船会基金。于丁步南岸建船屋3间，造木船1艘，用箬叶和竹篾编制船篷。每年腊月廿六七，在大梓村聚会一次，总结一年的工作，商议来年的维修预算，结账后会餐一次。

民国十四年（1925年），在壶源江北岸的山脚下建造义渡亭1个，供待渡者歇息，因建于“盘溪八景”之一——“独石渔矶”的西北侧，故名“独石亭”。两个高大的门楣上嵌有亭名碑，刻有“独石亭”3个大字，右上方刻有“民国乙丑年”5个楷书小字。早年立有一块石碑，记载前人建亭的缘由。凡是本地村民，不取分文。只要隔岸远远地朝他们大喊一声：“坐船喽!”船工就划船过来。若是外地来客，工钱付不付随客人，可以不给，也可以付给四五分钱。

1952年，由钟柏良为首主持维修渡船。1958年，周志明、周木舟等人发起建造第2只渡船，于翌年5月建成。1960年的一天，山洪暴发，两名船工在摆渡时被洪水冲走不幸遇难。后因无人接班，只好停止船渡。

1974年，荡江渡口铺上了水泥路面，供车辆行人通行，无需渡船，曾经繁忙的船渡成为渐行渐远的历史。

六、桥会

潘周家西侧的壶源江上曾架着一座木桥，沟通两岸交通。可是，一有大水，木桥就被冲毁，村民们只得蹚水或者摆渡；如果洪水泛滥，没过溪中的“骑马石”，村民们只好望水兴叹，无法到达大溪的对岸去劳作。

这座桥时有时无，因为架桥经费的问题。

民国初年，担任国民党区党部书记的周家村周馥堂看到村民们常被大溪阻挡两岸交通而揪心，就下决心建造木桥造福百姓。他慷慨陈词："建造木桥，能方便村民到大溪对岸劳动，能充分利用当地资源，簧渡坞的资源得天独厚，毛竹、棕箬多的是，可以建立一个笠帽基地。我还准备到黄宅打笠帽的村庄讨个媳妇。"

潘家的潘芳林得知后当即表态："馥堂造桥，我簧渡坞山上的树木，你造桥用得上，随你砍。"潘芳林，人称"后北乡第一绅士"。乡亲们听说他如此慷慨，就纷纷支持周馥堂造木桥。很快，周馥堂和同村的其他7人组成一桌"桥会"，筹齐建桥资金后，马上动工。年老的周新尧是村中的能人，他不顾年迈乏力，负责拉线，指挥打桩，立好桥脚。铺桥板那天，他又拉线指挥青壮年负责将宽约80厘米的桥板笔直地架设在桥架上。不几天，建起了一座壶源江上最长的木桥，夙愿得偿！周家"桥会"在周家祠堂前做圆桥戏，在祠堂中摆出圆桥酒水，庆祝木桥的圆满建成。此后，木桥连接壶源江两岸，方便村民，架出了一道独特的山村风景（图3-28）。

图3-28　盘溪木桥

每当夕阳西下，村民们披着彩霞荷锄归来，炊烟悠然升起，看渡头落日、墟里孤烟，何等的闲适，仿佛步入唐代王维"渡头余落日，墟里上孤烟"的诗境中了。俯瞰溪水，"一道残阳铺水中，半江瑟瑟半江红"，唐代白居易在《暮江吟》中绘就的那幅《暮色江景图》仿佛铺在脚下。而远望木桥，则如一把长锁将两岸山水连缀成为一个整体，好一幅清幽淡远的山水佳作！

“桥会”负责人周馥堂之孙周根甫说起这座木桥，曾如此介绍：“小时候，我爷爷曾经跟我说，在清代就有这座木桥。所不同的是民国时期的木桥很结实，它的样子跟中华人民共和国成立后的木桥一个样，每个桥架都是用两根结实的木头做成的，中间横穿一根木头，连接左右两个桥脚。上面还横着一根木头，是用来摆放桥板。十几根桥架像个直立的圆规一样摆放在壶源江上，再用长长的铁索连接起来，桥板一字铺开。这样，发大洪水的时候，木桥倒下了，铁索就会拉住桥脚和桥板。可是，清代的木桥没有这么结实。它的桥架像个叉叉，中间用嫩竹篾扎牢，一头放在水里，上面这一头放上木板，也用嫩竹篾扎牢。这种木桥不够结实，来一场小洪水就把它给冲毁了。清代周璠先生‘盘洲八景’中‘骑马木桥’的‘木桥’指的就是这种木桥。”

七、独石堰

走出福德庵，站在荡江岭上，往北望去，水面开阔，清波漾漾，一条堰坝拦住溪水，便是独石堰，是桐庐与浦江的交界地带，也是上下过往行人的必经之路。这里曾建有丁步 287 步，步宽 0.5 米，依势布成“S”形，是古时候浦江县最长的丁步（图 3-29）。

传说有一年的一个夏日中午，修建独石堰的当地农民正在吃馒头，一边吃，一边嘀咕：这堰坝不管怎么修就是要漏水。讨饭皇帝罗隐刚好经过这里，肚子已经咕咕叫，就向当地人讨馒头吃。当地人不肯给他。罗隐随口而出：“你们这些人这么小气！这个堰坝不漏也要漏，要想不漏来跟我讲。”当地农民听他这么一说，连忙递给他一个馒头，怕他这乌鸦嘴一说独石堰真的要漏水。

罗隐随手把讨来的那个馒头扔下溪去，告诫大家说：“告知来往客人，如果溪水漫过这个馒头，就不能再蹚水过溪，否则必有生命危险。”然后，拂袖而去。眨眼间，这个馒头变成了一块八仙桌大小的石头，上面如馒头般隆起，下不着底，好像浮在水面。这“馒头”却纹丝不动，千年不变，成了一个天然的水位测量仪，保障人们的生命安全。

图 3-29　壶源江潘周家堰坝

桐庐钟氏宗谱有一首《独石堰》："罗君昔日济川忧，负重谁教截此流。岂是禹王忘瀹决，单遗独石在滩头。"这个"罗君"便是唐代诗人罗隐。

第四章 治水人物

一、宋 钱遹

钱遹（1050—1121），字德循，浦江通化迪塘（今兰溪市迪塘钱村）人，世代务农。钱遹自小即聪慧强记，异于常人，中北宋熙宁九年（1076年）进士，历任洪、信、常、真诸州地方官，兴利除弊，发奸摘伏。每遇疑狱，敢与上司严词争辩，定求水落石出方才罢休。原越州州吏阿承太守旨意，延宕案件，从中渔利。遹通判越州仅数日，疑狱皆断。未几升任太守，奸吏敛迹。崇宁元年（1102年）为都官员外郎，上书弹劾曾布“援元祐奸党，挤绍圣忠贤”，迁侍御史中丞；又奏论元符末年大臣乞复孟后而废刘后一事，于理不正，均获准奏。主议诸臣尽行贬谪，元祐皇后亦废。二年，升工部尚书兼侍读。被劾，出知滁、宣、秀、越等州。又复工部尚书，改述古殿直学士。大观四年（1110年），升显谟阁直学士。“遹家居十余年，无益之事不为，惟筑三大湖以利乡民。民深德之!”致仕家居10余年，所修建之东湖塘、椒湖塘与西湖塘可溉田15里，泽被乡邻。浦江县城小南门外浦阳江上原有宽一丈九尺、长三十丈的大南桥，亦为其于元符年间始建。宣和三年（1121年），遹被乱军杀死，诏赠大中大夫。平生博通众学，晚年尤精于历算。为文明白简切，自成一家。著有《钱述古遗文》80卷，“遹无所不学。晚，尤深于历书。为文章明白简切，自成一家。学者从之，多为名儒。

所著有遗文八十卷”。

二、宋 王霖龙

王霖龙，字得云，三山人。理宗景定五年莅浦，首兴学校。民有讼阋墙者，自责师帅无状，授以《孝经》，朝夕规诲，兄弟感悟友爱。寇攘为虐，四境不宁，设法擒磔之，不俟终日而安。有伪造狱，株连蔓引，无辜敖然，为白台府遂免延及。远峤村民阻绝，县治不供土赋者久之，闻其声教，即首实输逋，帖耳听命。治北有月泉者，盈虚应月，为文运之占，淤塞百有余年。因访故迹浚治，泉应如旧。复捐圭租及申安边所，买没官屋地创书院，立朱、吕二先生祠，请乡达，尊为堂宾，日课诸生于其中。士彬彬称极盛焉。

三、元 忽都鲁沙敦武

忽都鲁沙敦武，回纥人，元成宗大德十一年（1307 年）任浦江县达鲁花赤（掌印官）。为政劝课农桑，作兴学校，垦田积谷。岁饥，括公禀得谷五千八百三石有奇，复劝富户平粜兼济。计日为粮，设糜于道，以食流亡，恤穷户一万一千七百五十家，就食境内者增户一百三十，民安乐土，薄税缓征，益加苏息。禁游民，归本业，岁入不啻百顷。讼简狱清，公庭无事。后仕至江浙行中书省参知政事。

四、元 那海

浦江南桥由宋元符中尚书钱德循始建南桥于浦阳江上，桥后坏于水，江堤遂决，沿江之田皆漂毁不存，民往往病之。元至正三年（1343 年）达鲁花赤那海公来浦江为县长，每过南门辄念斯桥之坏，而民多病涉。明年冬，役民复治桥。桥成，乃筑土堤，广若干尺，高若干而杀，其上甃以石，阅三时乃成，名曰“浦阳堤”。又垦田若干亩有畸。

五、元 赵大讷

赵大讷，一名良胜，字敬叔，周恭肃王元俨之十世孙也。起家译曹掾，调泉州录事。大盗起宁都，泉之无赖男子啸众应之，遂谋来攻城。

大讷作栅以御其冲，盗为引去。迁兴化录事，转龙溪尹。俗尚鬼，垒石作祠，以奉紫衣神，黠民将为奸利，必牲犬以祭。大讷投神江中，移石以修孔子庙。廷县多山畲峒獠，官稍侵之，辄弄兵暴掠，至烦。大将出屯，经年不解。大讷调御得其术，服从如良民。邑大姓怙势杀人，郡守受其财出之。大讷抱案诣府，历指其奸。守怒，阴中以他罪，大讷略无所慑。俄迁永嘉。永嘉计口赋，盐民以为病。大讷建请令富商转售之。瑞安猾吏伪为官书，诬平民盗贩，民自杀者三人。府下大讷讯之，大讷徙之。临汀州，城枕大江，水暴，岸善崩。大讷列植巨木，先以萁芒杀浪势，然后实土以石甃之岸，凡数千尺得不坏。除温、台等处海运千户，遭母丧，改知永新州。州民素豪，势出守吏上。闻大讷至，皆畏服不敢吐气。民以死状闻官，去按之卒吏十余人从行，民皆逃匿，数里无烟火。大讷与二二吏出，田里晏然。鹄湖罗陂皆群盗渊薮，时出为过客患。大讷用奇计剪其渠魁，余党奔散。乡饮酒之礼久废，大讷讲而行之，宾主就位，献酬有节，揖拜有容，观者叹悦。在官二年，告老解印绶而归，时至正八年夏六月也。大讷性刚直，不惮大吏，屡典剧县，皆有能声，卒胥无敢出乡，宿猾元豪亦相告远遁。数平反冤狱，民为立生祠。或以事如远乡，父老携子弟聚观曰："此赵侯也!"其为人爱慕如此。

六、明宋濂

宋濂（1310—1381），字景濂，金华潜溪（今金华市傅村镇柳家村）人，元至正十年（1350年）迁居浦江青萝山下。自幼勤奋刻苦，向藏家借阅书籍，必手自抄录，如期归还。早年受学金华闻人梦吉，通"五经"，后从吴莱习古文辞，并游于柳贯、黄溍之门。继吴莱执掌义门郑氏东明精舍讲席，秉承理学"文道合一"思想，主张明道致用、"为学必使心正身修"，坚持以德行、六艺为成才标准，提倡因材施教，培育人才数以百计。同时，助郑氏"益劝其家以敦礼行义"，主持《郑氏规范》《郑氏家仪》等文献的补充和定稿，使之成为践行儒学救世思想的典范。元至正末年，荐为翰林院编修，以亲老固辞，入小龙门山著书。朱元璋取婺州，聘为五经师。明洪武初，与青田刘基、丽水叶琛、龙泉章溢一同应诏至应天府，初除江南儒学提举，继又命授太子经，改起居注。曾建言朱元璋：得天下以民心为本。人心不固，虽金帛充牣又有何用。洪武二年至九年（1369—1376年），历任《元史》总裁、国子司业，因事谪安远知县未久复召为礼部主事，升赞善大夫，迁侍讲学士知制诰兼修国史，官至翰林学士承旨知制诰兼赞善。修成《大明日历》100卷，又辑录朱元璋重要言论，编就《宝训》5卷。朱元璋向其讨教帝王之道，答曰："人主诚以礼义治心，则邪说不入；以学校治民，则祸乱不兴；刑罚非所先也。"于是，朱乃征召四方文士，遴选年少俊异者进文华堂，命其教授。主事茹太素上书万余言，令朱元璋震怒，朝官亦皆指为不敬，惟宋濂奏道："彼本尽忠于陛下，应诏上疏，甫开放言路，岂可深罪！"朱复审阅太素书，果具可取之处，故对宋濂倍加宠信。十年（1377年）春致仕归青萝故居。十三年因长孙宋慎坐胡惟庸案而受株连，被谪茂州。次年行至夔州卒，正德中追谥文宪。宋濂嗜书好学，道德文章乃当世师表，朱元璋称之为"开国文臣之首"。明初诰制朝仪，多出自其手；礼乐制作，多由其裁定。又能谦抑下士，接引后进，当时文士多愿拜其门下，由此开启明代文学之风。著有《孝经新说》《周礼集说》《龙门子凝道记》《潜溪集》《萝山集》《浦阳人物记》《翰苑集》和《芝园集》等，后人将其诗文合刊为《宋学士全集》75卷。其著作不仅风行国内，当时在高丽、安南、日本等国亦流传颇广。宋濂亦精书法，其小楷端庄，据传能在一黍上写10余字；草书龙盘凤舞，被列为明代"草圣"。1995年，宋濂被公众评选为"浦江十大历史文化名人"之一（图4-1、图4-2）。

七、明 毛凤韶

毛凤韶（1490—1563年），嘉靖二年（1523年）莅任浦江县知县，有政声，祀于名宦祠。毛凤韶字瑞成，号聚峰，湖北麻城人，少小即留心时政，"博学有文名"，正德八年以春秋儒士中乡试，正德十六年（1521年）中辛巳科殿试，金榜题名第三甲同进士出身第167名。"浦江水仓"由毛凤韶首倡并大力推行，惠及后人六百年，现浦江月泉书院有毛凤韶容像供人瞻仰（图4-3）。

图 4－1 宋濂画像

图 4－2 宋濂书法

历史上，浦江旱灾频发。嘉靖二年（1523 年），毛凤韶甫到浦江，即遇大旱，田地歉收，米价大涨，甚至有人饿死。（“米价山踊，民始有饿死者。”）毛凤韶爱民如子，立即向上奏灾，等不及上级批准即开仓赈济，因此受坐累出境，幸得上级查提议处，始得赦还官。

图 4－3 毛凤韶木刻像
（现保存于月泉书院）

毛凤韶曾“（循）［巡］行于邑中”，对浦江的水利、气象、地形、农耕作过详细考察，悉心问学。浦江向以务农为本，种水稻为业。浦江为浦阳江、壶源江、梅江三江之源，山险地狭，丰枯不均，下雨主要集中在黄梅季，黄梅雨水大都以洪水快速下泄，也没有大江大河可资灌溉，水源不足，连晴十来天，就须抗旱。要抗旱救灾，必须依靠水利，“救荒无他奇策，不如讲求水利”，必须多建塘、堰、井、泉，这些小微型水利灌溉工程，至今仍在浦江大地发挥灌溉、饮水、抗旱诸多作用，现被冠以“浦江水仓”之名。

毛凤韶著有《筑塘解》一文，用与浦江老农对话的形式，深入浅出宣讲“浦江水仓”的做法与作用：若是稻田与山涧小溪相近的，可以筑堰以抬高水位，再开沟渠，自流灌溉。若是稻田边上没有溪涧河水，那就挖塘积水，“积四时之水，为一时之用，何忧于旱”，“田有塘则永有秋”。浦江多泉水，虽高山之巅，仍有汩汩泉眼，因此，挖塘最好选在田后堪有泉眼处，以泉水为补充水源。如果几丘良田相连，最好是上丘挖塘。如果田亩分散，则每丘都挖口小塘，塘面大约占十分之二三。毛凤韶提出了浦江最早的水政管理制度，破坏水利，擅自填埋、堵塞河道者，责令马上整改，如不整改可以告官，按律处置，“命改之，不从告拟法”。提出了水利与农业关系，“种田先做塍，种地先做沟”，告诉农民不要舍不得挖塘的那点土地，“若惜田，不为塘使，终不旱则可，旱则并弃之矣”。并且对水利质量提出明确要求，塘塍须高而牢固，田塍须宽而厚，太单薄的话，水才灌入，就从田塍渗掉了，导致田块易涸，收成不好。

自那以后，浦江百姓遵循毛凤韶水利策略，充分发挥民间才智，一代又一代筑堰、通渠、砌拗井、修“闷塘”、建“板仓泉”，至中华人民共和国成立初期调查统计，全县共有大小“浦江水仓”近万多处，“浦江水仓”集引水、集水、蓄水、车水诸多功能于一身，一次次帮助浦江人度过旱灾，繁衍至今。

毛凤韶做事干练超群，在任上不仅重视水利，倡导构筑水仓，还勤于政事，在浦任职 5 年，政肃民安，邑有“贫苦出头活，豪强削脚忙，主文无利趁，里长省钱当”之谣。缙绅有“夙驾劝农春野绿，宵衣课士夜堂红”之句。毛凤韶上任伊始，即有纂编县志想法。浦江有宋濂、吴莱等大儒，但历经数百年，却无正式县志流传，有违“礼义之邑，文物之薮”之称。在毛凤韶呕心沥血努力下，历经三载，嘉靖丙戌年（1526 年）《浦江志略》终刊成，此志有关水利、山川、农耕内容颇多，重点记述了宋代钱侃、钱遹祖孙修筑东湖塘、椒湖塘和西湖塘“三塘”，为浦江正式刊行的第一部县志，也称得上明代志书中的佼佼者。

毛凤韶于嘉靖六年行取四川道御史，巡按陕西、云南，守令以下皆望风解印绶去。当时，皇帝派至各地的镇守太监祸害地方，毛凤韶连上数个弹劾奏章，遭人嫉恨，不久，被贬为嘉定州判，太监们为此得意万分，堵在毛府大门大呼小叫：“你还想再做御史弹劾别人吗？”毛凤韶不为所迫，气节凛然高声应道：“官非御史，人是凤韶。”后得起复，升浙江严州推官、河南南阳同知，至云南按察司佥事，致仕。嘉靖四十年（1561 年），麻城县令苏松委托毛凤韶主修《麻城志略》。嘉靖癸亥（1563 年）去世，葬于麻城祖公山（五脑山），崇祀于乡贤祠，现祖公山上有聚峰楼，是为纪念毛凤韶而建，楼内有凤韶夫妇二人的塑像。

八、明 龙复礼

龙复礼，宜春县举人。初任桃源令，嘉靖十六年调任浦江。廉明刚果，戢暴绥良，称为神明。初至值旱，赴白石山迎龙，暴露行涂，不惮险远，竟以澍应。部使遣一佐职踏勘旱灾，免冠顿首，求以实状上申，是岁税粮赖以全免。科目久旷，以为学宫东南涣散，乃捐俸买田一十六亩。浚方湖于学南，名曰“起龙”。建奎映楼于龙首为门，建声远楼于湖东边，文运再振，公之力也。偶忤旧郡守，为中伤从计典去，百姓悲号如失慈母。居官仅八月，而深仁厚泽至今感颂不衰。

九、明 倪尚忠

字世卿，万历戊戌进士，授广东顺德令。诚心爱民，不务名法。绳督粤，故多盗，大辟以下恒薄惩，晓谕再三，使之去，或以为言，尚忠曰：“彼亦人耳。使其能改，何过督为？”乃著《宣化录》以劝励之。顺德下邑，科第素寡，尚忠日进诸生，教以文艺，取资敏者拔之。嗣是登春、秋二榜者不绝，跻显仕者，前后得黄士俊、黄儒炳二宗伯，而士俊且由殿撰，人因比之蜀文翁云。万历中，朝廷设采珠厂，阉使横甚，甲手员役一日，银铛数下，当者家立破。尚忠下令，邑中见有珠厂勾役，缚以讯杖而禁之。有倾及孝廉某者，执而置之狱。阉怒，欲以疏劾。众惧祸不测，咸谏止之。叹曰："吾令一邑，不能为一邑驱豺虎，吾罪当更甚矣。"力言于制、按二院，得奏罢采。迁吉安府同知。会以母老多疾，遂致仕归。邑人追思不已，为祠祀之。所著有《居云草》《醉吟草》《宣化录》《学制编》，行于世。

倪尚忠精通堪舆之术，著有《阳宅指要》一书。就任顺德县令后，"政尚简净，不轻用法，徭役咸有限制"。以政暇，外出考察顺德山川地理，他认为顺德县城风水相当不错，山环水抱，有神步山、太平山两山守水口左右。"出登城南太平山，谓山脉自古楼连亘而来，耸拔冠诸峰。一水横渡，怪石丛起，数峰奔腾逆上，神步实祖太平，居辰巽位。二水分流，抱县治而合于两山者曰水口。"他认为水口山无塔，于顺德风水不利，为振文风、兴科举，他首捐自己俸禄，先是在太平山上修建太平塔，并从县城东门修建一条路直通山下，称之为青云路，并在两旁遍植松树，谓之龙须路。后来，感觉一个塔不够，就又修建一塔于旁边的神步山上，谓之神步塔，因为青云路通到神步山下，俗称青云塔。塔成，"两塔相望，聚山川淑气，卓然为一邑美观。自是人才辈出，科名称盛焉。"民间有种说法，说正是由于倪尚忠修建了双塔，聚集了顺德县的才气，所以才有七年后顺德第一个状元黄士俊。

附倪尚忠撰《双塔记》：

距县治而东可十里许曰太平山。山自古楼连亘，耸拔为诸山最。横截如削，中圻一水。渡水，陡起，怪石嶙峋，若狮，若象，若龟，若鱼，数峰奔腾逆上曰神步山。太平，祖乎？神步，孙乎？总居辰巽之交。县治左右两水分流环抱，而合于两山之麓，堪舆家所称水口者是也。天下郡县水口，类多浮屠氏塔其上，而顺德缺焉，毋乃以世未远乎？抑犹有待乎？余往从伯兄习形家言，稍窥一斑，则深以为兹邑嫌。甫下车，而缙绅先生言之，且曰："前令公志也，而迁秩行矣，是在新令公。"余曰："诺。"辄捐俸为嚆矢，而绅儒父老协助无后者。于是诹曰鸠工，肇于己亥七月初五日，落成于庚子年十一月二十五日。为级者七，为洞者二十四。空其中，缀梯缘上，而实其外，以崒嵂当飓风，务令久远，不为观美。越明年，余以计还，别驾康公、州守郡倅两陈公、封君罗公，邀余往登。宛若身在霄汉，手扪斗杓，北望三山，东望大洋，紫气横轴，银涛拍空，而西樵、罗浮诸胜，隐隐在目，遂成东粤巨观。快哉快哉！而余犹踟躇四顾，谓神步未卓，捍门尚缺，然不欲重烦吾士民，而河清难俟，胜愿未酬，安能已已？则又出餐钱为倡，而专募诸最饶羡者，即最饶羡而不乐者不以强也。会诸僚及绅儒耆老，各捐橐金，已又谕诸置业者令之抽毫于毡，而众各翕然。因于辛丑年十二月二十八日命工兴建，六阅月而神步成，视太平大杀之，高倍之，工致伍之，中为空洞，外为井干，旋转而上，梵铃金顶，碍日飘风，登者隐见出没，如仙人冉冉行空中，双雁交翔，祖孙罗立，白虹蜿蜒，斜络其侧，然后神工备而风气完矣。是两役也，一切钱谷，悉附州守陈公掌署，而料理精核，不爽毫发。董工则黎天一、陈章升分任其劳，而黄绍贤兼之，费总二千六百有奇，大都士民乐助，而余佐以俸锾云。余惟谢尚杖头作塔，异气随指，此幻妄之事，儒者不道。郭景纯登鳌山，而占南海衣冠之盛，亦第望气耳。未闻有所助建，乃堪舆之说，则畅于此。余之为顺德也，四新草木，靡一善状，而区区作长发头陀以求影响，景纯氏之馀吻，亦何足为兹山重哉！但福利何心，敢希谢尚衣冠之盛？或者藉地利以什佰往昔，俾真才辈出，翊我皇禧，亿万斯年。余不佞，庶几景纯之占，溯其盛者，指而曰：”兹双塔之与有力也，则余志也夫。”因作《双塔记》

十、明 文元发

文元发，长洲人，岁贡。万历六年任。才高职朗，听断止数语尽得其情，发奸摘伏，称为神君。凡上官疑难之牍，必以委焉。有所条议颁布，各郡邑邻民俱受其赐，六房吏弊洗刷无遗。时有丈量之役，躬为履亩，稍舞文者立置之法，人不敢欺，田赋为之一清。画鱼鳞图册，民永赖之。时通浙得羡田千顷，法当税公，请以两浙羡米充羡田，惟正之供议下行之，诸郡悉得如例，全浙受其福。

十一、清 何子祥

据《光绪浦江县志》“宦绩”篇中记载：何子祥，号蓉林，福建平和人（今福建省漳州市云霄县马铺乡石鼓村人），清乾隆十六年（1751

年）辛未进士，乾隆二十四年任。为政不刚不柔，视民如家人妇子，遇奸悍则痛惩不少贷，民故爱而畏之。性喜有为，创建浦阳书院。增置月泉书院产，筑堤以捍山川风雨等坛不为溪流所啮。修建城隍、龙王庙以祈有年。于普济、育婴两堂则改设之，以恤老幼之无告者。一切道路、沟渠导达开通，悉次第举。后调繁平阳去。民思之，今合祀于六侯祠。

乾隆二十五年（1760 年）六月，何子祥莅任浦江，二十八年兼署义乌。初到浦江时，何子祥见浦江通往金华府的五路岭官路年久失修，“山岩破碎，蹑之如刺”，“每当久雨，泥泞足陷不能起”，百姓出行极为不便。何子祥便积极组织开山平地，以青石板铺设路面，并在道路两侧种植行道林，给路人挡风遮阴。“设簿劝捐，修五路岭，或出金，或助力，锄荆棘，平巉岩，填低窳，转曲就真，拓旧辟新，咸用石铺砌，极牢固。高其中央，低两旁，以泄雨水。旌佳树用荫行人”。建成了古代版的“浙中生态绿道”。

何子祥在巡视城区时，发现城中街道高低不平，垃圾遍地，污水横流，深达一尺，甚至已经溢入民户家中。何子祥马上召集四隅里长、保长，明确责任地段，限期清理浚通，并统一铺设街面青石。何子祥又通过实地勘查，认为治水应先治源头，制定了长效管理制度，对于淤积地段，谁淤积，谁清理。又公告下令城中百姓，每天早晨负责打扫各自“门前三包”范围，对拒不遵守者，给予严厉处罚。通过系列整治，城区面貌焕然一新，街道整洁有序，水渠流水畅通，百姓连声称赞。

何子祥修建道路、兴修水利、捐助办学，组织修建普济、育婴两堂，收纳疾苦无助之人，百姓连声称赞其爱民之心。相比爱民之心，何子祥的为官清廉，移风易俗，狠刹不正之风更让当地百姓传颂。

过去，每逢过年过节和县令生辰，当地乡绅富豪们都会竞相到县衙给县太爷送礼，何子祥得悉后，深恶痛绝，下定决心整治送礼风、吃喝风等歪风邪气，并带头作表率，除非公事，一律不和地方上绅衿见面接触。

一日，恰逢何子祥生日，众多乡绅名流相约前往县衙，欲拜见送礼祝贺。何子祥闭门不见，只差人递出一张纸条：“众人心意心领，不必破费送礼，速速散去。”乡绅名流不死心，执意继续等候，引得众多百姓上前围观，当时有一位市井泼皮叫嚣道：“是官必贪，我就不信这个县太爷会有例外。”特地在府衙前观看是否会出现收礼。

直至夜深，众人散去，泼皮也未见何子祥出县衙一步，深深拜服。后来，何子祥拒礼不见的故事也在市井茶楼、民间茶余饭后传颂。

何子祥深谙，防腐拒变须从小处着手、防微杜渐，特撰《却年节生日送礼示》，悬挂于厅堂常作为警示。何子祥写道：“本县儒素出身，性甘淡泊，所延幕友，都系读书有道之士，气味恍惚。家眷不来，只身在官，有所收无所用，未免暴弃天物，空费绅衿钱货，两为不便，是可惜耳。”

在婉转拒礼的同时，何子祥还以“生刍一束，其人如玉”，与送礼之人共勉，请求乡绅富豪理解其良苦用心，并严正表示“士君子风节最重”，“以后概辞谢，无复送”。从此，门无杂宾矣。

清朝时，浦江胥吏衙役与讼棍勾结，把持诉讼，欺骗百姓。《川堂会客差役站堂记》中记载：“每因会客，渠即在大庭窥伺。客出，故揖而与之耳语。客回寓，则又从而相拜，无意中因问父母官今日所谈何事。故久不出，令讼者信而不疑。出即假为色喜，密告讼者曰：‘事说妥矣！’或言客要谢金若干，或云官要。乡愚当紧急时，如下水得手援者，其感无既，其金不论。讼胜则悉为所吞，讼屈则又假为怒曰：‘客无信，当索还原金！’即还，亦不及半。毋论官不知，而客与讼者亦坠其术中。”何子祥闻悉此种骗术，决心整饬吏治。审讯时严禁胥吏衙役替被讯人回话，差役开口说话，即以杖责。《牌票用戳记》记载：“差役下乡公然乘轿起夫，役假官威，夫藉役势，款待稍不周，则掷毁其杯盘，而锁人于轿后，故从亲眷家经过，以示威武。至仍不令赴官，或私放。盖事未决于官，而其家已破矣！间有一二倔强者诉之官，官又以为抗我役等于抗官，为倍处之，于是计弥得，焰弥张。百姓视公庭如陷井，有不可平，宁聚而斗，不鸣之官。而役犹恃其故态以恐吓。”又改革办案程序，“爰立法，每牌出，用一戳，载：差役不许坐兜，无‘拘’字不许私锁。至即投官，不准私押，违者当堂声禀，立为责革等语印标上。”为方便及时申冤，减少官司费用，缩短办案时限，何子祥又开辟“集中办案”，规定积累到四十个案件就安排审案日期，每天审讯三四个案子，老百姓审完即可归家，无需在城中滞留，节约百姓支出。《掣内号送牌卷记》记载：“予每日讯三四案不等，食毕则挨案投讯，讯完即回，不用住歇家，致滚算也。浦县前向有酒楼三，告准与及禀讯缴牌，咸当请吏胥上楼饮酒，甚得其利。予莅任一年后，无有登酒楼者，酒楼遂废。何者？民知权不在彼差役，不准锁人，不准帮禀，则一木偶耳。民亦何肯以脂膏供彼哉？此不过定一章程，非有费财吃力之苦，官亦何苦不为此?”通过办事公开，建章立制，竟使县衙前的酒楼纷纷倒闭，值得后人仿效。

何子祥在浦江为官六年，不仅自身清正廉洁，更通过整饬吏治、建章立制改变官场不良风气。

乾隆二十七年（1762年），朝廷为太后七十寿辰“恩赏天下老人”，胥吏虚造名册冒领，何子祥察觉后，严厉斥责，并予以制止。何子祥得知以往胥吏衙役与讼棍勾结，故意制造与县太爷有关系、能说得上话的假象，欺骗百姓，索要钱银等事情。为此，何子祥设立“内号送牌卷”等制度，规定即告即收即送，公开审讯日期，审讯时严禁胥吏衙役打探消息等。从此，沿袭已久的不良风气得到有效遏制。

经过吏治整饬、建章立制等一系列措施，何子祥堵住了衙役舞弊漏洞，刹住了吃请收礼不正之风，浦江出现了“官民亲而下情达，是非判而案牍清”的清廉局面。

何子祥在任时十分重视科举教育，在浦江6年中，带头捐出薪俸，创建浦阳书院，增置月泉书院院产，全县赴童子试人数由原先不足500人，骤增至上千人。在山川风雨等坛四周修筑堤坝，以抵御洪水侵袭。又集资修建了城隍庙、龙王庙，以祈求五谷丰登。在民政救济方面，改建普济、育婴两堂，收纳疾苦无助之人。同时在全县大力提倡兴修道路、水利等。

何子祥关心百姓疾苦，乾隆二十七年（1762年），天大旱，何子祥走遍境内求雨均不得神祇垂怜，便到白石源口龙王庙拜神接龙。“（潭）面广半亩，群山森列，瀑布飞流，响动岩谷，清冷之气逼人。余洒濯其心为民请命。置盂于潭，有蜥蜴跃其中。众哗，谓得龙，雨必矣。迎至庙、置于坛，日正，天空无云。余讶且虑，已而树杪有声，雷隐隐动，云渐渐如泼墨，顷之，雨下如注，五日始止。”乾隆三十年（1765 年）因祷雨有应，何子祥又在源口添建龙神庙，“造精舍，堂之中，专以奉龙王，别筑室三楹，以移佛像。又广辟庭院，院外溯流筑台，额以‘甘霖’，志神庥也。宽广深视前三之二，统颜曰‘浦阳第一溪山’”。又修龙潭道路，筑方台，并作《修龙潭道路筑方台记》。

由谷口以进潭，路随峰转，径绕溪行，迂回逼仄，跨巉岩，计程五六里始至潭。樵夫上下，蹊止一线，黄叶积而白云封，明灭断续，几难辨识。肩舆固不能达，芒鞋草履，健于探奇者亦屡虞顷跌。因命工人，随险而凿以砌之，长不计数，宽则定以四尺。筑方台于潭上，整齐平正，周围以丈五尺为度，高尺有零，中安石塌，以便迎龙祷雨者拜奠行礼。创始则乙酉荷月也。吁！使斯胜而生于西湖、虎邱，当游人如蚁，楼阁杰起，总屡有功于人者，何至如蚕丛鱼凫，几与人寰隔绝，仙山净境，神固不欲人数问津耶？予深为之慨叹云。

乾隆三十年因其宦绩突出，调任平阳县令，加通判衔。离任前又捐俸首倡建成义乌绣湖书院。离浦时，百姓“拈香跪送”，沿途士民与其依依惜别，甚至受过他杖责改邪归正的恶少都到县境跪送。乾隆三十五年（1770 年），何子祥积劳成疾，因病乞休不得，卒于平阳任所。平阳、浦江百姓为之痛哭，争相吊祭并立庙崇祀（图 4－4）。

图 4－4　何子祥木刻像
（现保存于月泉书院）

古人云：“夫天下之官众矣，而县官独以父母名，以其最亲于民，痛疾疴痒一举足而可知耳。为民父母者，爱民如子，则民爱之如父母焉，于是有去而兴思者矣。视民如仇，则民疾之如寇仇焉，于是有不得其终而去之者矣。二者非民也，官也。”何子祥一生心系百姓，处处为百姓谋福利，秉公廉正，鞠躬尽瘁，所以百姓永远记着他。“宰浦江莅平阳，惠政清风传浙水，兴文祠设义坛，建宗修谱肇和山。”在浦江县令何子祥墓前的楹联上，铭刻着其清廉有为、鞠躬尽职的一生。

十二、清 薛鼎铭

薛鼎铭，字象山，苇塘其号也。上海名进士。以乾隆癸巳夏五月来宰浦江。甫下车，访风俗，察利弊，民所乐者举之，恶者革之。不期年，政通人和。甲午春修东岳行宫，乙未冬葺节孝祠。十八都王公桥被水冲坏，捐廉创造，改名“固安”。县署损坏，请于上宪，借养廉修葺，糜白金九百有奇。或谓：“公不为家室谋，而鳃鳃为传舍计乎？”笑曰：“天地一蘧庐也，何分在家在官哉！”夏旱苗槁，鼎铭斋宿于外，露顶蹑蹻，祈祷赤日中，得大雨，农乃有秋。是年冬，建龙王庙、甘雨亭于龙峰山，报神庥也。鼎铭初至，境吏进呈《县志》，字多漫漶不可识。乃集绅士创议重修，聘名宿士分纂各门，其新增人物，悉心考访，操笔去取，以成信史。《县志》告竣，复为建十三贤祠。在任数年，美政不及缕述，兹据其大者著于篇。

十三、清 潘德涓

潘德涓，号屏山。潘家人。幼时，星命家谓其不能堪儒冠，奋然曰：“士贵自勉耳！命岂制人之学问哉？”为诸生后，益励志读书，尽通经史之旨。尝按蔡元定《律吕新书》，遵朱子。以一圈置中间，令可旋转，内书五音，外环列数十层，以尽“旋宫”之义。会场屋以律吕发策，原原本本，纤悉靡遗。房考奇之，拟以魁荐，数奇不售，以明经终。尤精舆地学，自唐虞迄元明，都邑沿革分并，皆手摹为图，某山某水历历如掌上罗纹。尝曰：“文字空谈耳，此吾辈实学也。”戴氏刻齐召南《水道提纲》成，学者家置一编，无能卒读者。德涓乃按东西经度、北极出地高下纬度为全图一，直省布政司图各一，江河原委图各一，运河图一，西穷冈底斯，北际沙漠，凡书中编次所到，无不有图。盖坐小阁不接人事者十年。图成，恭奉圣祖御制全图，较之无或相戾者。

第五章 水事习俗

第一节 神祇信仰

民以食为天，食以稻为先。祖祖辈辈的浦江人引水灌溉，种植水稻，尊重自然，敬天畏地，有“四拜田公田婆”的习俗。

第一次拜田公田婆在下谷子前。手拿一贴黄纸三股香，站在秧田下水田缺口田塍上，面向田畈作揖说：“田公田婆呀！保佑秧田快长快大，风调雨顺保全苗，再来谢谢你呀！”祝毕，就将黄纸和香插在田塍旁边而不燃点，谓之“许愿”。

第二次拜田公田婆，开秧门前。碟中放一片肉，有的用一块三角肉放在田塍上，人仍在田缺口，点燃香，作揖祷告说：“田公田婆呀！保佑田禾快长快大，待到丰收再来谢谢你呀！”然后烧黄纸，谓之“尝甜头”。开始插秧这天，主妇要备好点心、酒、肉、饭等，让一家人大吃一顿，每人还分吃一只鸡蛋，谓之“彩兴”。到秧田拜过田公田婆后，即下田拔一丛秧，把它倒压在田泥中。这是“解头”，可以避免秧疯病（有的人拔秧时，手会麻木发肿，俗称为“秧疯”）。

第三次拜田公田婆，夏至日。披蓑戴笠，用米粉粿、馄饨、又加酒肉饭食等祭品，烧一把大麦秆，发出刮刮声，祷告风调雨顺，保佑丰收。穿蓑衣寓意“求雨”，刮刮声寓意“驱虫”。

第四次拜田公田婆，开镰前。先至稻田摘二穗稻穗，插在两碗“合饭”上，祭品比先前更多，谓之“还愿”，以报答田公田婆。

祈求风调雨顺，五谷丰登的特定祭祀活动，是知县教化职责所在，知县均须率领同城各官及士绅人等向社稷坛、风云雷雨山川城隍坛、先农坛等隆重致祭，在古时，这些祭祀活动为官方正式祭祀。

浦江于宋始建城隍庙。宋哲宗元符二年，天旱，知县周彦明祷雨有应。这一年，金华别的县都告荒，唯独浦江丰收，为感激浦江城隍，周知县整修城隍庙。明洪武二年（1369 年），朱元璋下诏加封天下城隍，规定全国上下“凡有城池，必建城隍庙”，还将城隍神列入国家祭祀范围。清浦江知县何子祥在《重新城隍庙记》中记载：“城隍为守土之神。凡民之雨旸休咎，福祸灾祥，无不关焉。”因此，祭祀城隍礼典最为隆重其事，“城隍神为民之主，所与余共保境内，而余以一邑之水旱丰凶，仁寿鄙夭倚赖之”。

古时每年四月，孟夏龙见，会择日行常雩礼。旱只祭各坛；久雨祈晴，则“伐鼓用牲于社”，并且视水来最多的方向之城门而祭。如遇天亢旱，则行大雩之礼，也是祭祀七天，先祭县境内山川，次祭社稷；如淫潦成灾，则“伐鼓用牲禜祭城门，以祈晴霁”。期间，照例禁止屠宰，不理刑名，需费祭银为五两，由司库给。

在民间，浦江人佛道不分，寺庙殿不明，又认为万物有灵，地必有司，物必有神，信奉心诚则灵，有求必应。龙为司雨之神，龙王能生风雨，兴雷电，职司一方水旱丰歉。凡是有水的地方，无论江河湖海潭井，都有龙王驻守。因此，旧时在溪流源头、桥头等处，都建有龙王庙，且庙旁一般都有“龙潭”，如东乡的高龙殿，据记载“（在）县东四十里，在殿左有潭，岁旱祈祷辄应，梅溪里民争德之，旧有庙，民国二十五年重修”。

浦邑多旱，田多仰雨，每逢旱魃为虐，作为一县父母官的知县，须率先创导，祈求甘霖。明浦江知县毛凤韶“救荒所当行，第一即‘闻旱则诚心祈祷’”。乡民也自发到各处龙王庙求雨，到龙潭里接龙。

龙王庙里的龙王有本身显化的龙王和由人受封的龙王之分。浦江龙峰山上有七层龙德塔，原有龙德教寺，“宋真宗咸平中，会岁旱，祷雨辄应。宁宗嘉定十四年（1221 年），帝为书其榜曰‘龙德’云。”龙峰山上原有龙王庙，为清乾隆四十一年（1776 年）知县薛鼎铭建；兆丰亭里供奉有龙皇太子；嵩溪村有太子殿，供奉乌龙太子，均属本身显化龙王。

浦江的龙王庙，除了县城龙峰山和与诸暨交界泄水山上龙王庙外，属白石潭龙王最为著名。白石龙王，相传为宋咸平五年（1002 年）大旱，七月十五邑人楼全尝于此潭斩蛟致雨。里人建庙祀之，今称楼全庙。南宋绍定三年（1230 年）夏旱，县令李知退至白石湫云祷雨有应，奏封白石龙王庙为“灵泽侯”。白石龙王属敕封的龙王。

求雨接龙仪式严肃隆重，全境先要禁屠吃斋三天，称之“封刀”。参加群众，都要沐浴更衣，各带刀枪武器，以防沿途村坊截夺神龙。主其事者，率众至深山穷谷间，寻找“龙潭”，先由道士念诵咒语，咒后，称水即可翻涌上来，然后下水用锣去兜水中生物，不论是鱼是虾，皆是神龙，如兜到蟹，则是“八脚龙”，说更有灵验。所兜之水生动物，恭放入净瓶，用抬架扛抬，会齐恭迎行列。接来的龙，供奉在预搭的草棚坛上，受人虔诚祷祝，昼夜陪供。假使在三五天内果然下雨，则送龙就更大张旗鼓，邻近村庄，亦都群起助兴，旗旌锣鼓，香案执事，行列常迤逦数里不绝。如遇旱情严重，县令尤须率先创导，祈求甘霖，甚至赤日炎天，不用遮阳，手捧香盘，三步一跪叩，叩拜至神前祷雨。

古人除了向龙王求雨之外，也会以“接雨神”来求雨。雨神有全国通祀的信仰，如如来、观音、黄帝、关公大帝、天后、大禹、土地爷、山隍爷、都司等。有流行于金衢地区神祇，如胡公胡则、钱王钱镠、周宣灵王庙等。也有只是小区域的神祇，如昭灵宫仙姑娘娘、陈老相公、朱相公、楼相公、钱相公、钱库公、李一相公、鸡冠大王杨扶等。有神化的动物、植物，如白鹤圣帝、樟树娘娘等。还有向祖宗祈求的，如上太祖庙、五路岭头的伏虎太公柳尚馀、花桥黄将军黄仁环等。

周宣灵王，名雄字仲伟，宋代新城人（今富阳新登），有“大旱为霖，反风灭火之应”，元至元中，封王号。

陈老相公，亦称陈侯、陈爷爷，名文嵩，松岩陈氏（横溪陈派宅）三世祖，以行称百廿五公，生于宋绍兴辛未年（1151 年）五月十六日，

“殁后有神灵显祐社稷，宋宝祐二年甲寅（1254 年）封协忠侯”。横溪在 1960 年前属浦江通化乡。陈侯在金华、兰溪、浦江、义乌、东阳、磐安、建德、桐庐均有庙祭祀，相传祷雨辄应。

钱相公，亦称钱侯、钱爷爷。《金华徵献录》记载：钱侯讳佛纪，行三，义乌智者乡人。宋理宗敕封“火应侯”。一切水旱疠疾，祷之辄应。

楼相公，名进龙，号庆八。圣昌寺口人。殁为神，祷雨辄应。宋敕封“乡利侯”。

在大许、前于等村有晏公庙，祀水神“平浪侯”晏公。晏公名戍仔，江西临江府清江镇（今樟树市）人，身材魁伟，相貌不凡，且为人正直，嫉恶如仇，以打抱不平、惩恶扬善而闻名于乡里。据《三教源流搜神大全》记载：元朝初年因文采出众应选入宫做官，任文锦局堂长。后因病回乡，在船上溘然而逝。船还没到家，家乡人却看到他骑着马奔跑在田野上。运尸的船到家后，乡邻们听说他去世了，都惊骇不已。于是，打开船上的棺木，里面一无所有。乡里父老认为晏戍仔成神了，便立庙祀之。晏公进一步神化，与明太祖朱元璋的加封有关。传说朱元璋在鄱阳湖与陈友谅交战，屡屡失利，船将倾覆之际，晏公显灵，于危难关头救了朱元璋。后来，朱元璋登基，封晏公为“显应平浪侯”。民间还有晏公保江护堤的传说。每年夏天，地处长江中下游的鄱阳湖渔区洪水泛滥，人们辛辛苦苦筑成的防洪大堤，总是被猪婆龙掏空而崩塌。此时，晏公变为老渔翁指点人们钓起猪婆龙，保证了大堤的安全。因此，明太祖又加封晏公为“神霄玉府晏公都督大元帅”，并命有关官员前往祭祀。此后，各地都兴建了晏公庙。将军庙张巡、周宣灵王庙周宣等有类似传说，因受帝王敕封享香火的。

在原浦江南乡通化一带，有“如要雨落通，三断请外公”的传说，并祀有白沙庙。邑人陈志贤有记云：庙名白沙，以神而名也，其神来自汤溪白沙，甚灵显。民无能名，遂名白沙帝。帝者谁？汉之卢植也，讨黄巾、诛张角、佐汉室有功，故端中有匾二方：额曰“汉室名臣”，又曰“昭烈帝师”。左庑则关圣帝，右庑则协忠侯，而中间则白沙帝焉。初，帝之为神于汤溪时，途遇一老人问焉往？帝曰：往汤溪白沙。老人曰：我往武义三断，同行焉，可乎？曰：甚善。遂同船而来。两相款洽，如旧相识。俄而分袂，一往白沙为神，一往三断为龙，交好綦密，订为婚姻。厥后，以龙女配帝子焉。迨宋中叶，帝由汤溪白沙楼灵于浦江吴村，后因帝故，以“白沙”名庙。遂以白沙名地，故改吴村为白沙镇地，属通化十都管辖。故十都居民凡遇旱年辄祷告帝前，同至三断虔请龙皇，一到甘霖立降，灵验异常。童谣有言曰：“如要雨落通，三断请外公。”此言诚然乎哉！

第二节　浦江禹迹

浦江人崇尚大禹、祭祀大禹，并成为民风习俗，浦江有多处禹迹存在。

禹，史前时代传说中的帝王，姓姒、名文命，又称大禹、帝禹。据考，禹所在的年代发生了大规模的海侵与特大洪水。相传，洪水成灾，于是帝尧先令鲧（禹之父）治理洪水，鲧采用“壅防百川，堕高堙庳（低）”的方法，历时 9 年未能成功。禹子承父业，受命继续治理水患，他总结吸取了鲧治水失败的经验教训，采取改堵为疏、因势利导的治水策略，前后历时十年，终于平水敷土，地平天成，治水大获成功。禹在治水的同时，还将天下划分为九州，《尚书·禹贡》载，“禹别九州，随山浚川，任土作贡”。大禹是中国远古时代治水英雄的杰出代表和民族精神象征。

据不完全统计，浦江有禹迹 32 处，并且随着浦江有心人士的深入考察，肯定会有新的禹迹被发现（表 5－1）。前吴里黄村的禹王庙和每年正月十二日的“摆祭”活动，2021 年成功申报成为第八批金华市非物质文化遗产。杭坪薛家村，一小山村立了四个禹王庙。浙江省每年要举办公祭大禹活动，在浦江，也要举办民间祭大禹活动，在主祭官的带领下，献五谷、读祭文、吟唱大禹纪念歌……遵循古代禹王祭祀的规制，表达炎黄子孙对大禹的崇敬和缅怀，祈祷风调雨顺、国泰民安。

表 5－1　　浦江禹迹表

序号	名称	地理位置	禹　　迹
1	里黄禹王庙（图 5－1）	前吴乡里黄村水口处	始建于元至正庚子年（1360 年），清顺治癸巳年（1653 年）扩建，一进三楹，有院，塑有禹王、禹王奶奶和黄将军像
2	下薛宅禹王庙	杭坪镇薛家村公路旁	建于清道光七年（1827 年），一进三楹，有院，村民称新庙，原有老庙称“平水庙”，塑有禹王和禹王奶奶像
3	薛下庄禹王庙	杭坪镇薛家村水口处	建于清咸丰五年（1855 年），一进三楹，有院，村民称新殿，水口殿，中间塑有平水爷爷和平水奶奶
4	望仙殿	杭坪镇薛家村望仙桥右 100 处	建于民国十三年（1924 年），为望仙桥桥头殿，塑像已毁
5	大王庙	杭坪镇薛家村大王潭旁	又称大王殿，三间朝西，门口有庭院。2003 年省道扩建而拆除
6	下湾禹王庙（图 5－2）	虞宅乡下湾村	建造年份不可考，清乾隆年间重修，现前殿因道路拓宽而拆，仅存后殿。现塑像被毁，只中间立了两个红位，用红纸写着夏禹王、夏禹娘娘
7	五路岭平水殿（图 5－3）	浦江与兰溪交界桐坞岭隧道西边	建于北宋年间，朝南一间，塑禹王和禹王奶奶像
8	岭脚平水庙	花桥岭脚溪与高塘溪交汇处	始建于乾隆年间，塑有夏禹王和涂山氏，现无塑像，在立位上，本地村民贴红纸写“本境平水大王之位”
9	会龙庙	郑家坞钟宅村	原建于钟宅村口会龙桥左，民国二十年（1931 年）移于现址。二进三楹，门厅三开间，抬梁式结构，二柱落地，明间设大门。正殿三开间，明间五架抬梁带前后单步，三柱落地，供奉大禹像
10	西椏禹王庙	前吴三椏桥头	民国时尚存，后废。2009 年重建槐荫庙，重塑平水爷爷、平水奶奶像
11	石母岭庙	檀溪外罗石母岭头	始建于何时无考，为石母岭下、外罗、塘家会三村共建，坐夏禹王，三间，20 世纪 80 年代因侯中线扩建拆毁。《民国浦江县志稿》中记载：“禹皇庙 县北四十二里，在石母岭头。民国廿六年冬建，三楹。又岭脚有关帝庙一座。”
12	寺前大禹王庙	檀溪镇寺前村祁山脚	始建无考，2005 年公路加宽拆除，移建于附近山坳，塑夏禹王和二位娘娘（涂山娇、涂山姚），现毁
13	南桥桥头殿	浦阳江县城南桥右	南桥初建于宋哲宗元符中（1098 年），宋尚书钱遹建，元顺帝至正四年（1344 年）那海公再建，明神宗万历二十一年（1593 年）陈玉捐造木桥，清康熙十年（1671 年）李如圭捐修，清同治四年（1865 年）邑人共建石桥，1980 年拆石桥建为钢筋砼桥。桥头殿中间塑有夏禹王

续表

序号	名称	地理位置	禹迹
14	湖山桥桥头庙	浦阳江湖山桥左泖山上	湖山桥建于光绪三十年（1904年），建成于光绪三十二年（1906年）。在桥左泖山上建有桥头庙，中奉夏禹王和涂山氏
15	普义桥桥头殿	浦阳江古塘与钟宅普义桥右，现中山中学内	又称普义庙，1932年与普义桥同时建成。二进三楹，有门廊、戏台。1949年禹王柏木雕像被毁，庙房改为校图书馆，1962年失于火，现原址已建房
16	夏禹桥桥头殿	浦阳江夏禹桥右	夏禹桥又称定龙桥、镇龙桥，始建于清道光壬辰年（1833年）。桥左建桥头殿又称夏禹庙，此庙建成，桥东村开市。桥右再立桥头殿，也坐夏禹王。二庙在文革中被毁
17	石姆岭平水殿	郑宅郑都	为蒙山源里各村本境殿和水口殿，始建于何时无考，坐夏禹王，一间，1958年毁
18	合济桥桥头殿	浦阳江傅宅合济桥右	建于清末民国初，塑有禹王像，现已毁
19	众福桥桥头殿	丽水溪西杨众福桥左	桥始建于清雍正己酉年（1729年），名水碓桥，乾隆乙未年（1775年）建为石桥，更名广福桥，道光戊戌年（1838年）重建，更名众福桥。禹王殿与桥同建，后毁，现殿址为平地
20	桥头殿桥桥头殿	和平溪治平桥头殿桥左	建于何时无考，边上曾有建于宋英宗治平年间的治平寺。因年久，只名桥头殿而不知桥原名。殿于1980年拆毁，禹王塑像毁
21	孝门新桥桥头殿	芦溪孝门村	建于民国初，塑有禹王和涂山氏，20世纪60年代被大风吹倒而毁，现殿基已成农田
22	白马桥桥头殿	下柳溪白马桥与洞门之间	白马桥始建于南宋庆元元年（1195年），殿中间坐夏禹王。殿在做同山公路时被毁，现为草坪
23	湫云桥桥头殿	巧溪横塘湫云桥西岸	建于清光绪癸卯年（1903年），张惟忠等筹资修建，一进三间，塑有禹王像。1955年夏倾圮，现已废
24	后潘大禹祠（图5-4）	仙华街道后潘村	始建于民国戊午年（1918年），2004年重修，三间六柱。有大禹祠、夏禹流芳等匾，墙上有《夏禹本纪》《夏禹流芳》碑刻。每年农历六月六民间祭大禹处
25	陈氏宗祠大禹治水图	杭坪东岭村陈氏宗祠内右壁	2018年东岭陈氏迁基地桐庐百江镇同宗来东岭寻亲，重修祠堂时绘
26	里黄摆祭	前吴里黄村	每年正月十二摆祭，民间祭大禹处

续表

序号	名称	地理位置	禹　　迹
27	大禹鼎铜鼎、银鼎、金鼎	浦江治水馆	大禹鼎是浙江省“五水共治”工作的最高荣誉，是检验治水成效的重要标准。自2014年起，每年授予一次，连续三年获得“大禹鼎”后获得银鼎，连续三年获得银鼎后才能获得金鼎。浦江县已连续八年获得“五水共治”优秀县称号，并两夺“大禹鼎”金鼎，是金华市唯一获此殊荣的县，也是全省两夺金鼎的两个县（市、区）之一
28	大禹杯	浦江水务局	“大禹杯”是浙江省政府于1995年开始设立的对浙江水利工作的最高成就奖，每年评选一次，设金、银、铜三个奖项和提名奖。浦江水利屡获殊荣
29	康侯治水	官岩山一带	康侯治水传说
30	大禹滩	官岩山脚	大禹滩的传说
31	禹塘	仙华街道南湖塘村	南湖塘又名禹塘，禹塘传说
32	夏禹王浦江祭祖	仙华山一带	夏禹王浦江祭祖传说

图5-1　里黄禹王庙

若是祈雨祈福后，上天果降甘霖，心愿达成，必去还愿，又产生了许多有趣的水习俗，如迎龙灯、迎会、摆祭、接太公、火爆会、演还愿

图 5－2　下湾禹王庙

图 5－3　五路岭平水殿

戏、什锦坐唱班等，衍生了浦江乱弹、书画诗歌等艺术形式。

中华民族自远古即崇尚自然，道法自然，向往人与自然和谐的美好生活。从三皇五帝时期的“大禹治水”，到儒家的“智者乐水”，道家的“上善若水”，佛家的“善心如水”，传承水至柔厚德载万物，水至刚自

图 5－4　后潘大禹祠

强不息的信仰。在生产力不足的年代，人们对自然有着较强的依赖关系，无法抗拒天灾，晴雨风歉，似乎只是天意，唯有祈求神灵保佑。这种信仰是对丰收的祈盼，对灾难的恐惧，对收获后的感恩。只要有益于百姓，人们便永远记着他，如大禹、胡则。时代向前，后人赋予以新的内容，使他们的精神永远地传播下去。时至今日，各级政府、各级水利部门还以“大禹鼎”“大禹杯”来奖励各地对治水和水利事业巨大荣誉者。

第三节　接龙、求雨

浦江县的名称里虽然都有三点水，但是，在中华人民共和国成立前，全县水田抗旱能力只有 10 天左右，水稻收成就主要看老天爷的脸色。浦江的历史可以说是浦江先人与旱涝灾害不断抗争的历史。据不完全统计，自北宋至中华人民共和国成立前，全县发生大旱灾 68 次，明万历十年、十三年、十五年、十六年、十七年、十八年浦江连年持续大旱，民不聊生。遇到天年不淑，老百姓唯有祈求上苍，希望能风调雨顺，天下太平，因此衍生出来许许多多有趣奇特的求雨习俗，这些习俗散落在历史典籍和口耳相传民间传说中。

民国二十三年浦江遭遇百年难见大旱灾，当时民间流传着这样一首歌谣："潘宅接个九令公，吹了三日四夜大西风。第二次再接胡公，太阳日日狂红。平安张接个圣九太，恐怕晴到三十夜。七里接个凯哥，一直晴到拔粟。再上仙华叩拜莫公，又是一场落空。黄宅接个娘娘，一晴晴到重阳。前吴接个吴莱，有人发了横财。"

九令公，姓潘讳一德，字善亨，号福基，生于太康之年（280—289年）。据《浦江华墙潘氏宗谱》记载："时北宋开宝三年（970年），兰溪等县大雨如注，城不没者三版，鼋欲浸者千家。公特显神灵，力为捍御，扼金汤于滔天之患，拯人民于骇浪之中。遂乃敕赐'河神'，洊升天将，金堤死守，千年而颂王尊。"浦江潘宅潘氏为其苗裔。在潘宅村口有庙名"镇东庙"，建庙百余年，庙内九令公与关公并祀（图5-5）。据村里老人说，潘宅桥头村至今保存着九令公的行神，行神各处关节俱能活动，可站立，亦可展胳膊。正月初九晚上，周边潘姓齐聚同宗的黄泥山头村驸马第，举行隆重的祭祖仪式。

图5-5　潘宅村口镇东庙，祀九令公

会岁旱年，祖灯大师独上绝顶，祈雨不成，捐身投岩而卒，感动上帝降下倾盆大雨。后在官岩山上建胡公庙，奉祀胡则，香火甚盛，明宋濂曾携友登临，作《官岩院碑记》，称官岩山为“天地间胜绝之地也”。

农历八月十三日为胡则生日，旧时黄宅有传统庙会，举办各种民俗风情活动。黄宅胡公庙会时，商贾云集，百货杂陈，万人空巷，热闹非凡。自农历八月十一起至八月十三止，要举行迎会（抬阁）。选活泼秀丽的童男童女，化装成传统戏剧中人物，安置在会桌预设的铁架上，用衣饰将架子遮掩。表演者随着4个抬桌人步伐的颤动，在上面作出种种玲珑生动的造型，其状犹如在凌空飞翔，令人眼花缭乱，目不暇接。内容有僧尼会、水漫金山、白牡丹对课、武松打店、姜太公钓鱼、三打白骨精等。会桌之前有大锣、火铳开道，龙虎旗、长旗、四方旗、三角旗等仪仗队引头，又有什锦班乐队随其后，浩浩荡荡，蔚为壮观。连日间，远近十数里观者如堵。附近各村也演戏助兴。

“再上仙华叩拜莫公”中的莫公，说的是南宁宗宋庆元五年（1199年）浦江知县莫若拙，曾上仙华山上求雨。仙华山上有昭灵宫，昭灵宫里有仙姑娘娘。据《嘉靖浦江志略》记载：“昭灵宫，去县北七里。旧名仙姑庙，在仙华山巅。方通判铸迁于岩麓。宋嘉泰元年（1201年）旱，祷之应，事闻三年赐今额。”仙姑相传为轩辕黄帝少女。仙姑于仙华山修真上升，故山与庙并以“仙姑”名。有庙旧在山巅，祷祈辄应，民病陟降，改筑营于山麓。当地传说，南宋时有个莫老爷，从杭州上船到浦江上任，一女子自称人山顶人，到女古岭，请求搭船。路上两人相谈甚欢，到诸暨分手上岸，女子问他：“此去浦江尚有百里，不知老爷是雇轿还是雇马？”莫老爷说：“一不雇轿，二不雇马，步行上任，以示与民同苦乐。”女子于是说：“如此说来，后会有期，当大旱之年，便是我们相见之日。”莫老爷到任后，清正廉洁，百姓安居乐业。到第三年偏遇上了大旱年，莫老爷无计可施，只得到仙姑山求雨，三跪一叩，着实虔诚。到了仙姑庙，看见仙姑像好生面熟，一个随从点破玄机，莫老爷顿时想起“人山顶，女古岭”，“大旱之年，相见之日”等话来，不觉神思恍惚，立时溘然长逝。同来求雨百姓正在悲伤之时，天忽作雷，甘霖普降。莫老爷为民求雨而死，仙姑庙应验如神之事上报朝廷后，宋宁宗很受感动，敕赐额名曰“昭灵”。从此，仙姑庙扩建为“昭灵宫”。

浦江最有名的龙潭与龙王庙在南山白石源。在白石源西源进山约十里处，有一股强势的水流突然从峭壁缺口冲下，泻落在临下的一口深池内，瀑高十余米，宽二三米，深池二十几米见方，气势磅礴，水声隆隆，水汽弥漫，深潭冒出千万朵雪白的水花，此为旧《浦江十景》“白石湫云”所在。宋咸平五年（1002 年）大旱，七月十五邑人楼全尝于此潭斩蛟致雨。里人建庙祀之，今称楼全庙。南宋绍定三年（1230 年）夏旱，县令李知退至白石湫云祷雨有应，奏封白石龙王庙为“灵泽侯”。《光绪浦江县志稿》载灵泽潭：县南十五里。即白石湫也。相传神龙居之，岁旱祷之即应。宋嘉定三年，知县李知退以应祷闻，敕封“灵泽侯”。故名。元至正十一年（1351 年），县尹萧文质祷雨有应，邑士夫赋喜雨诗，戴良为序。乾隆二十七年（1762 年），又旱，邑令何子祥走遍境内求雨均不得神祇垂怜，便到白石源口龙王庙拜神接龙。“（潭）面广半亩，群山森列，瀑布飞流，响动岩谷，清冷之气逼人。余洒濯其心为民请命。置盂于潭，有蜥蜴跃其中。众哗，谓得龙，雨必矣。迎至庙、置于坛，日正，天空无云。余讶且虑，已而树杪有声，雷隐隐动，云渐渐如泼墨，顷之，雨下如注，五日始止。”乾隆三十年（1765 年）因祷雨有应，邑令何子祥于源口添建龙神庙，“造精舍，堂之中，专以奉龙王，别筑室三楹，以移佛像。又广辟庭院，院外溯流筑台，额以‘甘霖’，志神庥也。宽广深视前三之二，统颜曰‘浦阳第一溪山’”。又修龙潭道路，筑方台，并作《修龙潭道路筑方台记》。

说到求雨，还有大禹治水。大禹在民间尊称为“禹王、禹皇”，在浦江香火很盛，一般均建于较大桥梁的一端，浦阳江沿岸尤多。人们希望夏禹王能永镇此地，治理水患。

1932 年，古塘乡绅陈肇英以一餐家乡美食“烫麦饼”募得银圆 5 万两，在古塘与钟村的浦阳江上建成普义桥，在普义桥头建成普义庙，在普义庙里供奉夏禹王，一时传为美谈。

浦江的求雨祭祀，除了祭龙王和大禹外，还有祭拜历史上曾经庇荫子民的祖先、造福一方的官员习俗。

在黄宅镇下傅村，有华船殿，供奉钱公钱镠。钱镠与浦江有很深的渊源。历史上，唐天宝十三年（754 年）析义乌、兰溪、富阳地置浦阳县。后梁开平四年（吴越天宝三年，910 年）吴越王钱镠因与吴王杨隆演之父杨行密相仇，上书梁太祖凡郡县名称与杨字同音者都予奏改，遂改浦阳县为浦江县，一直沿用至今。传说钱王爷治海塘时，曾率弓箭手躬亲劳作，拔箭射向潮头，以示征服江潮的决心。百姓由衷感激而崇拜，因而留下“钱王射潮降服潮神”的神话故事。

在黄宅镇上山村，有晒“老爷爷”求雨的奇特习俗。上山村位于浦江“万年上山”发掘地，村中有太祖庙，内供奉太祖及胡公、钱公等。庙柱有楹联“调风顺雨万世宏恩，慎罚明刑毕生伟绩”，是当地乡民祈求驱邪避灾，祈雨保农田保平安的地方。遇大旱之年，村民向太祖和胡公、钱公求雨，把雕塑的神像（轿神）抬到四周空旷，没有遮阴的地方曝晒，降神童披发仗剑脚踏罡步，口念《求雨咒》：“田地晒得像龟壳，泥鳅晒得变铁钉，蚬壳螺蛳晒得唧唧响，求太祖上天降我地三分雨，田稻丰收保太平。”乡村父老同时跪在地上，焚香祈祷，跟着念咒。如求雨成功，还要举行还愿仪式。岩头陈洪公桥头以前有镇潮庵，大殿为三楹神像，香火旺盛。殿内有“木叉菩萨”，相传每当大旱之年，村民将菩萨抬到桥东的小殿前暴晒，以祈上苍降甘霖，果然应验。

在浦江县白马镇嵩溪村鸡冠岩顶有一座“杨公庙”，是为四邻八乡求雨之所。相传始建于宋朝，后世几经毁建，今址犹存。浦江在汉代为乌伤县新阳乡，杨茂为第一位新阳乡侯，杨公庙所供奉的是杨茂的曾孙交州刺史杨扶。《浦江县志》记载：“鸡冠山，在县东三十五里，于诸山为最高。天晴明时，可俯瞰二百里外。苍茫中见一线微白者，盖钱塘江也。相连有三十六冈。相传宋淳祐中，有神降于山，自称汉刺史，盖杨扶也，至今庙祀之。”宋濂先生在《杨刺史庙迎享送神歌辞》中写道：“浦阳鸡冠山上有古神祠，相传祠汉交州刺史杨侯。侯，县人也，名扶，字圣仪，累官皆有惠政。侯殁已千载，民以雨旸祷辄应。是侯之神在天，犹不弃于吾民也。吾民其可忘于侯乎？濂虽不敏，为撰迎享送神之辞，俾邦人岁时歌以祀侯。”

在浦阳镇、九皋殿、白马和寺坪等地，奉祀白鹤圣帝。据传，浦阳龙溪张氏始迁祖张祚，南宋年间由浙江安抚使提镇改授浦阳，其来时，飓风倾覆木船，已将灭顶，忽见一虚舟溯流而上，得以攀乘生还，但见一鹤立于船头，嗷叫三声，冲霄而去。是夜，张祚夜梦一神人，白袍皂带，羽葆甚盛，谓曰："吾九天佫善使也！"张祚醒后，想到白天救命之白鹤，为感其恩，遂建庙供奉白鹤圣帝。过去，城里上大街就曾建有白鹤圣帝殿，香火历来鼎盛不绝。每年农历二月初二，俗称"龙抬头"，九皋殿每年都会在这一天举行隆重的庙会，这已成为当地重要的民俗文化活动，迎灯、拜斗、迎会等活动一起上阵。该风俗建庙初期尤盛，一直从附近延伸到义乌都有迎灯队伍前来串灯助兴，以期风调雨顺、五谷丰登。寺坪建保和殿，传说在民国十六年（1927 年）天大旱，寺坪人求雨神，白鹤圣帝显灵，降甘霖在寺坪、塘雪这一小区域，村民感其德，即在寺坪村口处塑真身，供奉白鹤圣帝。

杭坪镇大楼村前水口处有钱库殿，东北向，一进，面阔三间。当地人传说，钱库公为山东人氏，有一年天大旱，钱库公来外婆家玩，由于天大旱没水，外婆家只能用生米来招待。因此，钱库公决意去向上天要雨。他吩咐外婆准备一个接雨水的脸盆，随即酣然入梦。外婆贪心，准备了一个过年杀猪时用的大木桶，并且把桶底给捅掉了。是日，暴雨如注，连下三天三夜。钱库公醒来后，说他为求雨，施法力，从第一层，打到第十八层，已触犯天条，罪当该诛。村民感其功德，人人手持香烛，请求上苍饶恕钱库公，并在村头建钱库殿，以永远纪念钱库公恩德。

浦江建县千年，因水而名，因水而兴，却也与水灾、水害相伴相生。古时候，民力低下，认为地必有司，物必有神，天地万物，均有神掌，遭遇灾难，唯有求诸诸神，因而，产生与水有关的信仰、崇拜，也是浦江民俗一部分。

第四节　浦江摆祭

古人重祭祀，特别是在祈雨接龙，祭祀祖先，或者庆祝风调雨顺、人寿年丰等场合，都会举办祭祀活动。《礼·五制》："春祭曰礿，夏祭曰禘，秋祭曰尝，冬祭曰烝。”浦江亦然。各姓宗祠均举行春、秋两大祭，一般来说，以二月半和八月半为多，有些地方于新年初亦举行大祭，有年年举行的，也有五年一小祭，十年一大祭。这种盛大的祭祀活动，俗称“摆祭”。

摆祭有摆祭桌，还有全猪、全羊。全猪、全羊和鸡鸭鹅由专人负责喂养，且在三年之前已安排妥当。得以喂养的饲养户，视为荣耀之事，为了全族和全家的荣誉，往往不惜成本，精心饲养，越大越好。全猪全羊在屠宰清理后，从头至尾都要装饰，俗称有头有尾，自始至终，再披红戴花，四脚向外趴在一高大木架上，嘴里衔一个柑橘。

摆祭桌为一特制的长桌或用多张方桌拼接成长桌，其上铺以毛毯或台布，陈列各种祭品。祭品种类繁多，除鸡鸭鹅等福礼外，最有特色的是摆满妇女精心制作米塑，米塑以煮熟的米粉或面粉团为原料，采取揉、捏、掐、刻、扮等手法，用多种色彩精制成人物、龙凤、花鸟、走兽等工艺品。一碟一物，并排摆放，惟妙惟肖，种类繁多，多达百多种。这些米塑也叫“花馃”。

岩头镇许村的李兴有，自小喜爱用村前环溪中的白石泥，制作一些各种形状的手工艺品。40 岁开始制作米塑，作品形象生动、色彩浓淡恰如其分，尤其擅长制作花鸟、蔬菜，十二生肖灵是活灵活现，栩栩如生。2008 年 6 月，被浦江县人民政府评为浦江县第一批非遗文化传承人。

黄宅镇前陈村的郑永迪、郑光照也是制作米塑高手，擅长用糯米粉和粳米粉按 2∶8 加温水搅拌手工捏制各色祭品，并将原来的禽、畜、兽扩展到现在的花木、水果、鱼类、戏剧人物。而且根据前陈的习俗，家中迎娶过新娘子的人家，在新婚后的第一个元宵必须精心准备一桌至少 30 盘的米塑花馃，一般分十二生肖、水果、蔬菜、水产 4 大类。

摆祭时，还有摆上历代遗留下来的金、银、玉器、和文物古玩，凡族中公有的珍品，无不陈列于上。祭桌上前端，系以彩色之桌围，其上摆设摆设特制的锡制“五事”。厅堂之上，悬挂各色纱灯、宫灯，厅柱上则挂对联。对联必须由本村或本族之读书人亲撰亲书。对联越多，则表示读书人越多，文风越盛行。浦江摆祭比较有名的有里黄民间祭大禹摆祭和杭坪迎关公摆祭。

前吴乡里黄村每年正月十二摆祭，隆重祭祀“禹王圣帝”和黄姓祖先。里黄村前有将军庙，供奉禹王爷、镇国将军训武郎黄公仁环，两位真神的真身有“座神”和“轿神”之分，“座神”是塑在庙里的，“轿神”是能抬到外面的。正月十二接神时，村里要组织仪仗队，敲铜锣，提高灯，举“肃静 回避”牌，高举龙虎旗、蜈蚣旗、三角旗伞、花铳、执事等活动器具，众人抬神像、香亭、花烛，四人两旁伺候，热热闹闹，沿路游行。神像接到厅堂后举行摆祭活动，除了摆祭，村民还要敲“什锦”、演戏、迎灯、迎花烛等，热闹非凡，犹如盛大庙会。2018 年 6 月 25 日，里黄摆祭被列入县非物质文化遗产代表性项目名录（图 5－6）。

图 5－6　里黄摆祭活动

杭坪镇摆祭最初源于祭祖，后由于在清康熙年间祭祖的同时兴起迎关公的民俗活动，引发一系列的宗教民俗活动和文艺表演参与，遂成庙会形式流传至今。摆祭每年一次（正月十九至二十），通过祭祖、迎送关公、摆祭、演戏、迎灯、拜斗和什锦班表演等传统民间风俗活动，来祈佑新的一年能五谷丰登、六畜兴旺、风调雨顺和百姓平安（图 5－7）。摆祭仪式由杭坪村的六个社轮流主持。每次摆祭仪式则由当年轮到的社牵头组织，负责经费筹集，日程及仪式安排，人员组织等，其余 5 个社按约定俗成的传统习俗配合主持社做好迎送关公等仪式。摆祭民俗仪式，充满了祥和快乐的喜庆气氛，是人民群众追求美好生活的愿望表达形式。2009 年，杭坪摆祭被列入浙江省级第三批非物质文化遗产代表作名录

图 5－7　杭坪迎关公、摆祭活动

第五节　迎长灯

迎灯是浦江人表达丰收的喜悦和对上天眷顾的感恩的最粗犷的表达方式。人们以迎龙灯的方式以示祈丰求雨庆丰收，可谓是浦江最具特色的水习俗。

迎灯的习俗，早在商代的甲骨文中已出现以数人集体祭龙求雨的文字，汉代董仲舒《春秋繁露》也有明确的各种舞龙求雨的记载。很多民间传说也与求雨有关。相传，在很久很久以前，当地遇上了史无前例的干旱，大地一片干枯，渴死的人不计其数。人们祈求上天能下场大雨，可不管怎样，总不见雨下。东海水龙看在眼里，心急如焚。为解救苍生，它不顾一切跃出水面，下了一场透雨，世人终于得救。可东海水龙违反了天条，被用刀剁成一段一段，撒向人间。人们忍着悲痛，将龙身拼接起来，不分昼夜地奔走相告，希望它能活下来，迎长灯的习俗也由

此产生了。

浦江人迎灯，主要为龙灯。龙司雨，主旱涝，因此古代人把龙看作雨神、水神，是六种动物的合身，有牛头、鹿角、鲤鱼鳞片、蛇身、鳌鱼嘴、鹰爪。浦江的灯，称“浦江长灯”，又称板凳龙，主要有龙头、龙身（子灯）、龙尾三部分组成，龙头高大威武，龙身少则百节，多则上千节，龙尾闪动腾挪，一经舞动，矫如游龙，气势非凡。浦江长灯的龙头，也叫灯头，通常由村里或族里出资，聘请能工巧匠，用上好的竹篾精心扎成，且各村造型各异，有仰天龙、俯地龙、大虾龙等。龙头缚好大致形状后，用透明皮纸裱糊，喷上矾水，晾干后则紧绷有力，再画上龙的金色鳞片和五彩祥云。一双龙眼珠子凸出像灯泡，会晃动，灵动有生气。斗大的嘴巴有缄口与张口之分。顶上向前伸出一个彩球，形如龙珠，写有“五谷丰登”“风调雨顺”字样。龙额上贴有金色的“王”字。龙角上挂着几个绣球。龙颈上挂一匹大红绫绸，颈下龙须有白、黑之分，以示长幼有序。灯头完工，用红绸将龙眼蒙上，开龙眼是大事，须择取吉日良辰，接龙水开光。接水一般是深夜子时，设香桌一张，摆设龙瓶一个，香案一副，有仪仗队鸣锣开道。香桌由两人抬着，随后什锦班吹吹打打跟随。来至洁净的双溪合流处（寓意日月之明），将龙瓶灌满抬回，天明待吉时一到，领头人用新毛笔饱蘸龙水，掀开红布，点龙睛，俗称点光。点光后谓之龙眼已开，便上香点烛，摆祭品参拜。龙头平时存放在堂楼楼上，只有要起灯了，为首的灯头手才会秉烛焚香，恭恭敬敬地把灯头请下来。

浦江长灯的龙头灯板长 3 米、宽 20 厘米、厚约 5 厘米；龙身由一块块长 2 米左右、宽 25 厘米、厚 5 厘米左右的板凳板串联而成；龙尾则长 2.2 米、宽 10～20 厘米、厚 5 厘米左右。整个龙身由一条条灯板节节相连，每一节俗称“子灯”，每一节子灯俗称一鳍、一旗或一骑，一般一户一鳍或一丁一鳍。灯板两端凿有圆洞，前头套进带榫圆木棍（俗称灯搭柱），方便迎灯人扛灯板时握攥、提举、跑动。扎制龙头最讲究工艺，事先须准备好数条宽 1 厘米，长短不一的竹篾条；一根 2 米长、手指粗的铁条或钢筋，拧成 S 形；还要准备笔、墨、皮纸、颜料、蜡烛和用来绑缚灯头的细铁丝、苎麻丝等。灯板上用竹篾扎成拱门形，高 50 来公分，以皮纸裱糊，内可点燃两支红烛，影映红烛，更添风采，现在也有改为点蓄水池灯泡，背上扎 5 鳍或 7 鳍，有的鳍上扎着彩纸流苏。上面绘云朵、花鸟、虫鱼、人物，将裱、贴、剪、刻、书、画等十八般手艺灵活运用，这也是每家每户展示制作技艺的最佳时候。龙尾则是最后一节，制作与子灯稍异，拱门一端有一翘起的尾鳍，披以红绸。龙尾手一般都由村里最强壮、有经验的人担任。

浦江长灯，各村造型各异。根据龙头造型，有仰天龙、俯地龙、大虾龙、开口龙、闭口龙之分。如郑宅为仰天龙，檀溪周家为俯地龙，文溪村则为大虾龙。因灯板（龙身）上的设置造型不同，亦有长灯、方灯、酒坛灯、字灯、龙殿灯、托盘灯、花灯、人物灯等之分。

比较有名的有夏张村字灯，夏张张氏先祖先用数十字连缀成诗，后其子孙为报答隆恩，把歌颂朝廷的诗句，扎成字灯进行供奉和迎接，增至 125 字。灯诗为："贺春天正月，祝天子万年。日月光天德，山河壮帝居。文章千古事，忠孝乙生枢。江山水石，日月斗星。三才并立，万品元亨。祈生桂子，代作吉人。光天化日，世高太平。国正天心顺，官清民自安。江山千古秀，花木四时新。八方甘雨布，九月福星明。王子去求仙，丹成入九天。山中方七日，世上已千年。共乐升平世，咸歌大有春。"落款"百忍堂"。在这 125 字的字灯中，"国"字居中央，体现了张氏以国为重的爱国精神。

魏村花灯起源于《西游记》里"魏征斩泾河老龙"的故事。因为魏征梦斩龙头的缘故，浦江魏氏从来不迎龙灯，其他姓氏的龙灯队也从不进魏家的厅堂。然而魏村另辟蹊径，制作花灯，远近闻名。

"江南第一家"郑义门郑氏灯有个奇特习俗。据《郑氏家谱》记载，"靖难之变"后的建文帝随郑氏家族郑洽公避难至江南第一家，时值元宵佳节，建文帝忍不住出来感受热闹气氛，舞龙头的人认得建文帝，对着建文帝点了三下龙头以示尊敬，自此郑义门迎灯赛社，灯头一步一点头，称之为"跷脚灯头"。

七里村酒坛灯始自明代。据《张氏族谱》载，其先祖七三公张叔悬 8 岁时落水，漂至小北门，攀住杨树枝得救，后生六子，人丁大发。后世用杨树刻成木龙头。子灯上写上各类词句或绘以花鸟。1934 年张氏圆谱兴灯，长达千余骑，轰动一时。

郑宅后溪村为人物灯，将八仙过海和梁山一百单八将扎成120骑，人物栩栩如生，舞动时气势恢宏。檀溪镇大元村是木雕的一百单八将，尤为珍贵。

郑家坞溪东村为托盘灯，相传始于明代，龙头是白胡子老龙，龙身每节都有一个美好的故事，如“财神送宝”“观音送子”“孔雀开屏”等。郑宅下金村则为龙殿灯，造型别致，工艺精湛，灯饰优美，实乃灯中精品，所饰纸花均采用传统的雕、剪、刻和绘画等工艺，整体外形酷似宫殿而得名。

郑家坞吴店的字灯很有名气。字灯全长350米，除灯头灯尾，内连150字，以竹篾、苎麻绳为基本材料，再用铁丝扎起来，由书法名师在灯上“笔走龙蛇”，整个字灯显得文雅又气派。等到了正月初三这一天，各家各户便会糊好新灯，用五颜六色的颜料绘上各种寓意吉祥的图案。等到正月十二那天，在响亮的锣鼓声中，各色字灯到村中前明堂按字序连灯，150字缺一不可。此时，吴店村便成为了村民们欢乐的海洋。

迎灯一般在晚上，晚上点起烛光，跑动起来，活灵活现，更显神采。起灯前，有人在村里敲锣三趟，谓之催灯饭，第一次起火做饭，第二次吃饭，第三次吃完出灯。子灯自由连在灯头后，不编号，不排队，讲究白灯出，红灯归。迎灯时，以两面大锣鸣锣开道，继之是火铳队，接着是龙虎大旗，旗高二丈余，由一名旗手扛着，前后两人拉着纤绳护旗。再后是彩旗队，手举绘有兽类、花鸟、人物的三角旗、彩旗，紧跟着一队执事，手执十八种兵器，或者虎头牌。后面是什锦班，吹吹打打，一刻不停。接下来是行香老人，手拿点燃的香把，紧随钢钗手，钢钗“嚓嚓”“嚓嚓”前面引路，提醒路人让路，领灯人手提灯笼指挥灯队有序而进。灯头手都里村里最孔武有力的小伙子，有扛有护着。浦江长灯节与节之前为硬连接，连接轴没有弹性伸缩能力，只有拼接与转向功能，当几百节灯身被依次连接后，前后相距足有几百米之长，直路行走时，可将灯板放在肩上扛着，但一旦转弯，或者在广场上跑动起来，由于速度与角度的放大作用十分厉害，每鳍灯的迎灯人必须小心应对，将灯板从肩上换成双手抓牢灯板的柱与孔姿势，抓住得反握，抓孔则得正抓，防止被灯板剪夹，或者被甩、被拖。灯尾由于灯身的放大作用，更须提早防备、提前应对。灯尾手更要压低灯板，将灯板紧靠自己臂部，以跳跃式往圆圈里靠，缩小圆圈半径，减小向外切的力量，防止被甩尾巴。檀溪周家村有“拉灯头爷爷”习俗：正月十三晚上，周家人到同宗的大梓村迎灯拜年之际，要先到大梓村南的石狮岭头和村经北的唐公岭头，等龙头走到岭头后，龙尾巴上的几鳍灯联合起来，合力向后拉，将龙头从岭头拉下，要连续拉三次。

到了一个地方，摆上香案、祭品，便开始拜灯头、挂红、换烛、犒馒头，每人一双或两双，灯头灯尾则翻倍。停下休息时，龙身最忌行人跨过，如有人从龙身上跨过，须以犒馒头陪礼。灯队表演里，先转三圈，以示圆满，有多种阵法，如一字长龙阵、大团圆（麦饼团）、大地回春（反转麦饼团）、元宝圈、铁锁环、剪刀箍、青蛇溜（快速前进）、青龙脱衣（倒退速行）、抽台门、风炉栅、蹦直街等。

潘朝阳在《盘州古风》精彩描述了檀溪镇潘周家村周氏迎灯精彩场面：（摘录）“拉灯头爷爷”活动结束后，在周家廿八秤晒谷场举行迎龙灯闹元宵活动……同宗的大梓、大杨两支舞龙队在头旗、长旗、三角旗的带领下相继到来。有几年，大元的龙灯也来助兴。夜幕下，锣鼓声声，火铳震天，一条火龙沿着小溪缓缓地向南“游”过来，犹如神龙出巡。观众们老远地对这些外村的龙灯开始欢呼雀跃。此时，村民们把廿八秤晒谷场围得水泄不通。周家龙灯站在小溪边，龙头向北，等候大梓、大场的龙灯。待他们靠近时，站在龙灯最前面的手提头灯（领头灯）的头首叫龙头抬起来频频点头，表示欢迎对方的到来。等两条龙进入晒谷场后，前两条纸灯先是比龙头高低，接着比舞龙快慢，俗称“迁灯”（谐音）。两条纸灯里面全部点燃蜡烛，好像变成了两条在夜空中飞腾的火龙，绕着圆圈各自奔跑起来，并且越跑越快。迎灯的壮汉们大声呐喊，犹如战场上冲锋陷阵的将士一般，让围观的村民看得十分兴奋。有时候，龙头在内，龙尾巴在外，龙身越绕越紧，圈子越来越小，层层叠叠，远看好像一条盘身巨蟒。忽然，龙头拐了一个弯，由里往外盘旋飞出，气势豪迈。

“甩龙尾巴”是迎灯活动中最为精彩，也比较危险，因为这一天龙头要“捉弄”龙尾巴。当然，龙尾巴是事先知道的，一些关系融洽的人早已约好在龙尾巴前面聚拢，以应对龙头的戏弄。龙头和前面的子灯暗中商量好之后，突然飞快地奔跑起来，整条龙越跑越快，龙尾巴在惯性的作用下，一个个被甩出数丈之外。

“甩龙尾巴”活动结束后，三条龙灯休息片刻，之后相继走进周家大厅。先各自在大厅中围着柱子盘绕，别出心裁地舞出空心元宝阵、实心元宝阵、三龙盘柱元宝阵、盘龙阵、九曲黄河阵、如意阵、梅花阵等令人眼花缭乱的阵形。三条龙犹如蛟龙出海，来回游动，速度越来越快。此时，头首指挥舞龙的技术就显得格外重要。如果指挥不当，龙灯将转得进去，转不出来……最后，三个龙头朝着堂楼，纸灯呈元宝形停放，开始拜观音娘娘和太公。拜完之后，周家龙灯让来闹元宵的邻村的龙灯走出去，龙头在前，走出周家大厅，开始“抽灯”，越走越快，后面的纸灯加快脚步，不断提速，越跑越快，最后的龙尾巴只得飞快地奔跑。整条龙灯出了台门后，龙尾巴上的几个小伙子接二连三地撞到墙壁上，有的甚至摔倒在石板路上，撞得头破血流，惊心动魄，却没有人临阵脱逃，反而自诩勇敢，哈哈大笑。

浦江迎灯还衍生了两个比较有趣的习俗：

明偷灯板、明偷毛竹　新制的龙头和龙身需要用的枫杨树灯板，以及绑扎龙头之竹子，不能用家里有的，也不能是买的，必须是到邻村山上地里“偷”砍来的。说是偷，其实早就提前告知。邻村的孩子看到大队人马砍倒第一棵竹子时，就一拥而上，大喊“偷毛竹”了，抓住毛竹不让走。偷毛笔者便从口袋里掏出一叠红包，撒向孩子们，趁孩子们俯身之际，用红绳把一盏点亮的灯笼拴在毛竹上，然后背起毛竹朝山下急奔。守候在山下的人，看到毛竹上高高挂起的红灯笼，知道已“偷”到手，马上敲锣打鼓，放铳鸣炮。也有地方的是提前看好合适的毛竹，趁夜色砍倒，并于竹根处放上红包，鸣炮而去。被偷者领取红包，不管补偿如何，引为吉利，从不责怪。

偷珠生子　浦江长灯龙头有两个龙珠，有些盼望生育的夫妇，会提前和灯头首讲好，在迎灯途中，或祭拜灯盏时，乘人不备，迅速摘下龙珠，用红布包好藏进怀里，随即给灯头首一个红包（红包灯头首不会私藏，会上交灯会组织）。偷珠人回家，悄悄将龙珠放入被窝。第二年如真遂愿，要为灯头披上红布，俗称挂红，并敬献红包，给每个迎灯人犒赏一双馒头，有客气者，还会赏烟。也有的村子，在活动结束散灯时，将龙须对天烧了，谓之龙升天归位。而灯珠，由什锦班吹吹打打欢送给预约的尚未得子的育龄夫妇，如第二年如愿，须拜谢龙王。

浦江长灯龙融体育、杂技、舞蹈、绘画为一体，运用竹艺、剪纸、刻花、雕塑等技艺，每逢大旱之时，丰收之后，人们都会用迎灯来表达心中的愿望和喜悦（图 5－8）。2006 年 5 月 20 日，浦江板凳龙经中华人民共和国国务院批准列入第一批国家级非物质文化遗产名录。

图 5－8 迎长龙

第六节 浦江滚地龙、擂马、鱼灯

檀溪滚地龙由龙珠和龙两部分，龙珠由一人操控，龙头、龙身、龙尾融为一体，由十余人通过手部、腰身、脚步协力舞动。有“一字长蛇阵”“双龙戏水”“雌雄相亲”“双螺蛳盘顶”“双龙出水”等花样技巧。

浦江擂马，亦叫轮马灯、擂大马，起源于宋，盛行于清，迄今已有 800 余年历史。浦江擂马用篾扎纸糊成真马一般大小，固定在有 4 个轮子的底架上，马身上贴满用纸剪成的一寸多长的马毛，有白马、花马等。马肚前后伸出两根木杆，便于拉抬。晚上出灯时，马肚和马颈上点上蜡烛，每匹马后有人赶马，列队推马而行，且有什锦班配乐，鸣锣开道，火铳齐鸣，龙虎大旗、长旗、彩旗迎风猎猎，帅旗、烈火旗断后，气势着实不凡。比较有名的有东陈马灯。东陈马灯始于清，已延续百年，以示欢庆风调雨顺，五谷丰登。马灯的两块灯头牌由宗族集体制作，马灯以竹扎纸糊而成，扎在装有前一后二轮子的车上，由村里各家各户负责绑扎。农户在春节前染好 12 色样纸，剪成细毛，内衬一层同色色纸为马身。按每色 2 匹编队，迎灯时，配以灯光、锣鼓声，村民以走马灯形式串演，通常以“双开门”进场，然后变换路线和阵形，如“铁锁环”“双头并路”“连环马”“四角穿花”“五梅花”等，精彩纷呈，让人目不暇接。

浦江鱼灯，比较知名的有虞宅鱼灯和宅口鱼灯。鲤鱼跳龙门，鱼化为龙，人们以制鱼灯、迎鱼灯来祈福、祈雨（图 5－9）。浦江鱼灯小则数尺，大则几丈。大的鱼灯需要几个人分头、胸、腹、尾数节提抬高举。表演时把鱼灯悬挂在摇曳的竹竿梢头上，竹叶、竹枝、竹竿随着人们的脚步晃动，鱼嘴一张一合，鱼尾左右摇摆，自然形成鱼在水中畅游的状态，生动逼真。特别是在广场上，众鱼灯穿插串灯游行，鱼肚烛光时隐时现，呈现出一幅活生生的“百鱼嬉水图”。2016 年浦江鱼灯被列入浙江省级非物质文化遗产代表性项目名录。

浦南石鼓村迎灯风俗在明朝时期即已十分兴盛，且迎灯别具一格，由竹丝灯、龙灯和长灯三队组合成灯队。竹丝灯为在 3 米长的活竹梢上挂十几盏花灯。数百年来，竹丝灯队不断演化创新，如原单纯花篮现已改为孙悟空舞金箍棒、斗羊、斗鸡、孔雀开屏、河蚌精等等，花样繁多，制作由原先竹扎、纸糊、腊火，改进提升为铁丝扎、绸缎装饰、电器照明等。起灯时，铜锣开道，铁铳齐鸣，高大的龙虎大旗迎风猎猎，接着为竹丝灯，中间为龙灯，最后是长灯压阵。串灯表演尤其精彩，龙灯居中飞舞，竹丝灯围绕龙灯盘旋，长灯外围缠绕护卫，龙头带动花海翻腾，花海助力龙身飞跃，空中俯瞰，犹如盛开的莲花，“双开门”“铁锁环”“剪刀股”，各种阵形，各种变化，美不胜收，观灯的人群发出阵阵赞叹声。

图 5 - 9　迎鱼灯

第七节　浦江迎会

浦江迎会，又称抬阁，传说与胡公信仰有关，由会桌、抬杠、会棚、抬会人、站会小演员五部分组成，是一种以会桌为舞台，以传统戏剧造型为主体的民间表演形式，以奇、险、取胜，体现了吉庆祥和、万民同乐的欢乐，同时也反映出人们对五谷丰登、国泰民安的祈盼，以及对传统农耕文化的传承。

浦江迎会有“人会”“纸会”“人纸合会”之分。

“人会”在特制的会桌上按需要设置铁架。会桌按故事情节取会名，一张会桌就是一台戏，由数名 3～5 岁的小演员，在铁架上扮演各种人物的一个场面，或悬空而立，或凌空飞舞，由 4～16 名青壮年抬着行走，在行走中扮演者变换造型。前吴寿溪村的《蟠桃盛会》被誉为“天下第一会桌”，其大小是普通会桌的五倍，由 16 人抬扛，18 名童男童女装扮组成皇母寿诞、瑶池蟠桃盛会、八仙祝寿、福禄寿喜、众仙同庆太平盛世、五岳升平、吉祥如意等精彩画面，会桌上的小朋友全部仙衣飘飘、腾空欲飞。黄宅也是人会，现存会桌 21 台（图 5 - 10）。

图 5-10　寿溪迎会

“纸会”是用竹篾缚成人形，裱糊后绘画、装饰成戏剧人物或动物，一人隐于桌下用细线牵引进行表演。浦江县杭坪镇曹源村是国家级非遗项目——曹源纸会传承地。现有麒麟喷火、兰梅纺纱、八仙过海、水漫金山、雷公打雷、童子拜观音、盘丝洞等造型的12桌纸会（图5-11）。

图 5-11　曹源纸会

人纸合会是以竹篾扎成的人物与真人扮演的人物对打为情节。前吴乡马桥头村的双珠球、济公活佛两会桌，曾多次应邀外出演出，广受好评。

2008年，浦江迎会被国务院列入第二批国家级非物质文化遗产名录。

第八节　浦江乱弹、什锦班

浦江乱弹是以浦江当地农民车水灌溉、农事劳作时哼唱民歌“菜篮曲”为基础，并在“诸宫调”讲唱艺术和我国最早的戏剧南戏的相互影响下形成和发展起来的。菜篮曲又名踏歌，曲调自由，歌词不一，顺口溜唱，一歌一和，各适其适，亦称“天下和”，主要用于婚丧礼仪和祭神等活动，宋代已盛行于浦江民间，成为脍炙人口的民间乐曲。如今在浦江农村，农民们挑担行路、上山下山时随口哼哼出来的浦江乱弹，依稀还有当年踏歌的痕迹。

北宋靖康之后，北方沦陷，宋廷南渡，定都临安，随着瓦舍在临安的大量兴起，在北方盛行的讲唱艺术在南方也随之风行起来。于是，浦江也出现了讲唱艺术表演团体——坐唱班，也叫“什锦班”。“什锦班”既是浦江人婚丧礼仪、祀神祭祖等众多民俗活动的一支不可或缺的演奏队伍，也成了民间一种自娱自乐的形式和艺人们赖以养家糊口的谋生手段。

北方讲唱艺术在南方流行后，由于南方的地理环境、风俗民情以及人们性情、喜好等各方面的不同，南方人不可能照搬全抄，而是在吸收北诸宫调的基础上，根据南方的特点和本地民众的口味，进行了再创作，形成了具有南方特色，更适合南方人口味的南诸宫调。浦江什锦班在这一过程中，自然而然地采用了大量当地民间乐曲作为基调，使得诸宫调和踏歌产生融合，形成了具有独特艺术风格和鲜明地方特色的戏曲剧种——浦江乱弹。

浦江乱弹是婺剧的主要声腔，腔调主要有三五七、乱弹三尖、二凡、芦花调、拨子等，各分若干板腔。伴奏乐器以笛子、唢呐等吹奏乐器为主，弦乐只起辅助作用，曲调既华丽、流畅、舒展，也具有激昂、高亢、悲壮、沉郁等感情特点，表演则粗犷有力，具有农民艺术的特色（图 5－12）。

图 5－12　浦江乱弹

在浦江，但凡求雨、祭祀、庙会、迎灯、迎会、开光、圆桥、婚丧寿庆，都有请什锦班去吹拉弹唱的风俗习惯。浦江什锦班演奏人员 7 至 11 人，多的可达 15 人。什锦班人员包括了正式的舞台演出所需要的全部乐器，如鼓板、正吹等等。演奏人员不但兼几种乐器，而且还兼剧中的角色。相比于舞台演出，它没有动作表演，只有乐队演奏和角色的演唱，因此，既可在舞台上表演，又可在任何场合表演，灵活机动，自成一体。

2006 年，浦江乱弹列入第一批国家级非物质文化遗产。

第九节　试水龙

水火无情，古人将水火之患比之盗寇，救火器具比之兵器。兵器可百年不用，却不可一日不备。浦江地处源头，暴雨洪水易涨易落，弹指则消，所以不怕水淹，最怕着火。古时候，火灾年年有年年发，严重者可蔓延数十家，如果没有救火器具，仓促间哪有水可用于救火呢。火苗初起时，不过是颗火星，有一瓢水足够浇灭，但要是火势燎原了，虽焦头烂额，也于事无补。因此，在清乾隆年间，浦江知县何子县下令，每五家必须公设一只大水缸，并要将水贮满，并时时监督，缸水少了，水干了，要对户主进行惩戒。这制度实施几年下来，浦江城乡火灾果然少了很多。这水缸名为“太平缸”或“吉祥缸”。如今，在嵩溪等古村落的院子里，每个院子都摆有一只七斗缸，也有砌着一个小水池，平时可养养鱼，种种水草，关键时候，能派上大用场。

清光绪前，浦江村子都有救火会，救火器具多为土著水龙、藤斗、水桶、楼梯等。救火时，要爬上楼梯，隔几步挡站一人，藤斗从水桶中倒满水，自下向上传递到最高者手中，泼水灭火，又艰苦又危险，效果并不好。民国以后，为防日军空袭，民国政府督促各地采办机器水龙，水龙逐渐普及，救火会也逐渐改名为水龙会、潜龙会、太平龙等。据民国二十三年（1934 年）七月统计，全县有水龙 33 架，最早为创办于清光绪二十七年（1901 年）的浦阳镇的“天乙龙”，有水龙一架，桶十六只，钩担八副。在卢沟桥事变后，国民政府又特设警钟二座，一座在学塘角，一座在县府，后改在塔山公园。另外又按区开凿了 5 口池沟，一旦有警，聊为救火之用。

水龙会是民间自发建立的群众性纯义务消防组织，会首由本村、本族颇有名望和威信的人士担任，会众为村里青壮年，分工明确，有健全的组织和约定。水龙会以村内或宗族中公产，私人助产为会费来源。置办水龙、水担及照明火炬等必备器具，有专地保管，称作太平公所，也有称潜龙公所。倘遇火警，即以急促的鸣锣为号，会员无论身在何处，马上闻锣而动，即使手中有活儿也会放下，按既定分工，持消防器具迅速出击，奔赴火灾现场扑救。

在前吴乡塘岭金村金氏三畏堂右墙壁，尚嵌留着一块“水龙会碑”。石碑立于民国十七年（1928 年），年久磨蚀，碑文内容已残缺不全，从残缺的碑文中，仍可辨识该村水龙会负责人为金氏第十八世玉公、魁公及□公派下族长、上宅派房长等；会内设监察组，公推族中公职识字者为监察组组员，再由监察组公推族中年壮力强者四十人为救火组组员；

另在筹资添置、更新器具及每年阴历八月初一试水龙定期开展救火演练等方面都有明确规定。实为不可多得的古代消防实证。

救火最重要的器具“水龙”，由一只椭圆形木桶、一个铜制喷枪头、两个铜制唧筒和一根木制杠杆等组成。杠杆也是扁担，可扛抬，至火发现场，有专门挑水人或挑可拎，穿梭取水，将木桶装满，同时多人合力两头按压杠杆，带动唧筒中的活塞上下抽动。把枪人极力用手指将枪口摁住，喷枪里水压猛增，一放开，水即从喷枪头激射而出，距离可达好几十米。

铜制的水龙，容易生锈、损坏，需要经常试用、检修。会员也需要不时演练，确保召之即来，来之能战，战之能胜。于是“试水龙”活动应运而生，渐成风俗，延续至今。每年农历的八月初一为浦江的“试水龙”日或“赛水龙”日。那一日，每个村的水龙会抬至空旷晒谷场，有时四邻八村多条水龙聚集一起比试，看哪条水龙喷出的水高、远、准，以提高老百姓防火意识，检验会员素质和器材保养状况。这种老式的消防演习，既可以检查公共消防器材是否完好，训练村消防队员的专业技能，又具有一定的趣味性、观赏性，寓示天降甘霖，惠及农耕。

这一古老的民俗文化活动一直沿袭至今，历久不衰，浦江尤以郑宅、岩头两镇的试水龙最为热闹（图 5－13、图 5－14）。

图 5－13　试水龙活动现场

图 5-14 试水龙壁画

郑宅试水龙传统习俗已有百年历史，至今郑宅各村水龙会组织健全，有固定资产（如归水龙会所有的山林），有固定资金（集体公益金拨款），有专房保存水龙，有专人负责管理，郑宅试水龙于 2010 年被列入金华市级非物质文化遗产代表作名录。

岩头陈村于民国九年（1920 年）和民国三十年（1941 年）两次打制铜质水龙，创立水龙会。水龙会由 80 余名青壮年组成。入会时每人须助谷一斗作为基金，后再放贷获利作为水龙会活动经费。

试水龙活动结束，各村水龙会挨家挨户分给“肉包”（两个馒头一片猪肉），现改为分月饼，旨在告诉民众增强防火意识。大家也会聚餐一次，庆祝一年太平无事。

第六章 水故事水传说

一、莫老爷与仙姑娘娘（摘自《仙华山传说》洪国荣编著）

浦江县城北边有座仙华山，又名仙姑山。山上有座昭灵宫（图 6-1），正殿里塑着一尊女神，偏殿里塑着一尊男像，女的是仙姑娘娘，男的是当过一任浦江县令的莫老爷。

图 6-1　仙华山昭灵宫

在很早很早以前，有个姓莫的老爷，被朝廷派到浦江当县令。莫老爷带着家丁，雇了一只官船，从杭州江干开行。这时，来了一个姑娘，要求搭船。家丁说这是官船，不带客人的。姑娘千恳万求，自称是民家贫女，流落在外，没有盘缠回家，如能方便，胜救一命，当感恩不尽。

莫老爷是个善心人，听她说得可怜，便走出船舱，吩咐随从让她上船。一看这个姑娘虽是民女打扮，但讲话文雅大方，生相不同凡俗，便问女子是哪里人，要到哪里去？姑娘回答是浦江人，家居人山女古岭。

莫老爷不熟悉浦江地名，更不了解浦江的民间风俗习惯，心想这个姑娘既是浦江人，又能说会道，俗话说入境先问俗，何不向她打探一下浦江的民情风俗。

果然，那姑娘上船后，讲了很多浦江的民情风俗给他听。一路上，莫老爷与姑娘有问有答，讲着讲着，姑娘得知莫老爷这是去浦江上任当县官的，便把浦江前几任贪官污吏的腐败勾当和浦江百姓生活痛苦的情况，一五一十地告诉了莫老爷。两人谈谈说说，不知不觉船已到了诸暨牌头，再往前，江水浅了官船无法开行，莫老爷说只好上岸再讲。莫老爷和姑娘谈得十分投机，现在就要分手，两人都有些难舍难分的感觉。莫老爷讲："今日相逢，得益匪浅，不知是否后会有期？"

那姑娘问他："此去浦江，还有百来十里路，不知县官大人是坐轿，还是骑马？"莫老爷说："一不坐轿，二不骑马，两脚代车上任，一为顺路看看民情，二为表明本官愿与民同甘苦。"姑娘一听，点点头讲："如此说来，后会有期，当大旱之年，便是我们相见之日。"

莫老爷到任以后，为官清如水，断案明如镜，爱民亲如子，浦江百姓无不称赞莫老爷。到了第三年，浦江碰上百年未遇的大旱。眼见得一县百姓灾难临头，莫老爷吃不下、睡不着。有人说，仙华山的仙姑娘娘十分灵验，何不到仙华山去求雨。莫老爷心里想着百姓，也就顾不得头顶烈日、脚踏热土，三步一跪拜，上仙华山求雨去了。额骨头磕出了血，脚膝髁跪破了皮，脚板底走出了泡，莫老爷早已舍生忘死，没后退一步，也没叫一声痛。跟在莫老爷后面的父老乡亲见了，个个感动得直流眼泪。

到得昭灵宫，莫老爷行过三跪九叩大礼，抬头一看，觉得神座上的仙姑娘娘好生面熟，像在什么地方见过，可一时又记不起来。这时，身边的家丁凑近莫老爷的耳朵边讲："老爷，这个仙姑的相貌，和我们来时的那个搭船姑娘一模一样。”

听了家丁的话，莫老爷立刻想起那姑娘曾对他讲过“人山女古岭”及“大旱之年便是我们相见之日”的话来。莫老爷眼望仙姑神像，不觉神思恍惚，木头一样站着，一动不动。跟随的人请莫老爷坐下休息，也不见回音，还以为是莫老爷一路闷热，犯痧气了，慌忙搀住，谁知莫老爷身子已凉，直挺挺地归天了。大家正在为莫老爷的不幸死去而痛哭流涕时，突然，一个大天雷，仙华山顶乌云翻滚，接着阵阵大雨洒遍了浦江的每个角落。

就这样，干燥的溪塘里又有了水，半死的作物又变得绿油油。这全是莫老爷用生命换来的呀！浦江百姓没有忘记为民舍身的莫老爷，为了纪念他的恩德，便在昭灵宫里另塑莫老爷神像，供大家顶礼膜拜。

二、飞锡泉（摘录自《浦江县故事、歌谣、谚语卷》）

左溪山上有个古今中外闻名的左溪寺，有史记载寺中有个千古传名的洗钵池，池里有终年不涸的飞锡泉，泉水流淌着一个美丽的传说。

左溪寺的开山祖师元朗最初来到左溪山，只见前面有三仙岩作障，后有荆紫岩为屏，外有狮、象两山守护。近处奇花异草，鹤舞猿啼，周围悬崖怪石，真是一处佛家胜地。元朗便在这里搭棚建寺。只可惜好山没有好水。

邻寺宝掌和尚慕名前来拜望元朗，但见山门紧闭。查问附近一个斫柴的人，才知道元朗禅师外出化缘还没有回来。两个小和尚下山到前龙口溪里抬水去了。宝掌和尚在寺门口等了一会，只见两个小和尚用菜篮盛水，气急呼呼，热汗淋淋。见来了位长老，连忙打开寺门，在齐云阁里让座。一歇，一个小和尚三指顶着磨盘作托盘，送茶进来。从菜篮抬水至三指托磨盘，宝掌和尚推测到元朗禅师的功底。

临走时，宝掌和尚手握拳头，在寺门口田里犁出一条深沟，竟然气不喘，脸不变色心不跳。他对两个小和尚说：“等一会儿，我送点水过来。”说完，就飘然而去。

没过半个时辰，突然乌云滚滚，雷声隆隆，狂风呼啸，两个小和尚连忙关好寺门，只觉地动山摇，寺后的荆紫山峰好像倒下来一样，两个小和尚慌忙撞钟擂鼓，祈求神护。

过了一歇，云开雾散，日出山青，鸟鸣，猿啼，复又一派明朗蓬勃景象。两个小和尚觉得十分奇怪，打开寺门一看，呆住了，岩缝间，大树下，山坑里到处流着清澈的泉水，叮叮咚咚，好听极了。小和尚想起宝掌和尚临走时的话，恍然大悟，连忙跪下，合十念“阿弥陀佛”来，并痛痛快快喝了一通清泉。这水又清凉，又甘甜，沁人心肺。

原来，宝掌和尚回到宝掌寺后，挥动锡杖，朝荆紫山背后猛一捅，宝掌泉水便流到左溪寺来。但由于小和尚一时惊慌失措，撞钟擂鼓，结果把一股清泉给震散了。所以，左溪寺周围和山下的夏泉村到处流淌着泉水（图 6－2）。

图 6－2　夏泉村

当元朗禅师回寺后，为感谢宝掌和尚隔山挥锡杖，捅山送水来，就取名“飞锡泉”。

三、仙酒泉（醴泉）（摘录自《浦江县故事、歌谣、谚语卷》）

郑义门附近的寺后源，是浦江、兰溪、义乌等县去嵩溪买石灰的必经之路。寺后源里有个叫“清风凉亭”凉亭，后壁有扇门，离门不到二尺，就是壁陡的石岩，石岩下脚有个小岩洞，洞里有股清冽的泉水，这泉水又凉又甜（图6－3）。因此，来往行人都要在这里歇力。

图6－3　寺口村醴泉

一个中秋节的靠夜，有个三十几岁的妇女，一手挟着个讨饭篮，拄着根讨饭棒。一手搀着六七岁的女儿，拖脚拖脚，走进清风凉亭这个凉亭。

“姆妈！我肚饥，我要吃的！”女儿又哭又喊。

“好女儿，娘去讨点东西来！”母亲说。

可这里是深山冷坞，哪有人家。娘囡两人，抱在一起，哭成一堆。哭呀哭，哭得铁石人儿也心酸。

正在这时，凉亭前忽然来了一位白白须发，红红脸膛的老人，手拿一根鲜活桃枝。走到母女跟前，问：“你们家住哪里？为何哭得这样悲伤？”

母亲哽哽咽咽地说：“我是山东李氏，只因家乡连年受灾，难以度日，无奈想到浙江投亲。谁知投亲不遇，半路上夫妻又失散，落得求乞度日。”

老人说：“你母女两人，举目无亲，实在可怜。今后，可在这里安身。”说完，用桃枝一指，一间茅屋竟在凉亭左边出现。

接着，老人又向那石洞一点，只见一道红光直射，一股清泉涌出。老人又递给李氏一个木碗，说："这股泉水，只须用这个木碗去舀，便是美酒，你们就在这里卖酒为生。但要记住：要公平待人，每碗只卖一个铜钱。千万不可贪心。"说完，老人化作一团祥云腾空而去。

李氏又惊又喜，连忙朝天拜谢。进洞取出木碗，说也奇怪，那木碗刚落水，那清泉中红光闪闪，一对圆滚滚，亮晶晶的东西，在泉水中转动，一股酒香，钻进鼻子。

从此，母女俩以卖酒为生。凡要买酒的，不论男女老少，不分贫富贵贱，同等看待，一大碗，只收一个铜钱。凡到过"清风凉亭"的人，都说这酒物美价廉，所以，来歇脚的人一定要买碗酒解渴提神，她们的生意勿用讲有多兴隆了。不到一年，母女两人，吃得白白胖胖，穿得花花绿绿，好不快活惬意。

一年又一年，母女俩的生活，真像芝麻开花节节高。把几年前的苦楚忘记得一干二净，把那位老人的吩咐也当作耳边风。她把酒价，从一个铜钱，加到五个铜钱；一大碗倒成两小碗；看到有钱人，笑面开花，看到穷苦人，横眼白盯。时时刻刻想这股泉水只能出酒，没有酒糟，如果有酒糟，不是能更赚钱！因此，她竟怨起那个神仙，没有把好事做到底。对别人也经常说起："有酒无糟"的话来。

日子过得好快，又一年中秋节到了。娘囡正在吃着各式各样的月饼，忽然来了个蓬头赤脚、面黄肌瘦的老人，说："老板娘，听人说，这酒是仙酒，你送一碗给我吧！"

"有酒无糟的仙什么！快走，不然，老娘要不客气了！"说着，竟随手拿起扫帚，想赶走这个老人。

老人好像什么也听不见似的，一声不响地站起来，直朝那石洞走去。只见那个老人，把桃枝一挥，一个木碗，两个仙花飞入他的袖中。再用手往泉水洞上的石岩一点，脚一蹬，化作一朵彩云，飘上天去了。凉亭里除了一根打狗棒，一个讨饭篮，一身破衣裤，什么仙酒、房子都不见了。

一切恢复了原样，只有泉水洞上的石岩上留下了神仙上天时那三个寸把深的手指印和一个脚拇指凹印直到现在还是清清楚楚。

四、建文井和老佛社（摘录自《浦江县故事、歌谣、谚语卷》）

当初洪武皇帝在位的时候，皇太子朱标便去世了，继立了朱标太子的儿子朱允炆皇太孙。一日，大雪纷飞，洪武皇帝便令皇太孙作一首诗来，试一试他的抱负如何。允炆见宫院里翠竹被大雪压着，一株株都垂头弯腰，立即念出一句“雪压竹头低”，诗句刚出口，洪武便老大不高兴，觉得皇太孙没帝皇的气魄，不得已自己替他续了一句“日出与天齐”。又过了些时候，洪武亲坐宫廷，正好四子燕王朱棣、太孙朱允炆在旁侍立，他看着壁上悬挂的李广跃马图，随口吟出一句上联“风吹马尾千条线”，叫允炆和朱棣对出下联来。允炆其时恰好凝视壁上的苏武牧羊图，见那九节杖上的牦毛在长年风吹雨打中已是稀稀落落的了，风雨中的羊群也有些凄然，一听叫对诗，便对了一句“雨打羊毛一片膻”，而那燕王朱棣却正对宫柱上金碧辉煌的盘龙雕刻想入非非，他听到父皇叫对句，也随口跪奏了一句“日照龙鳞万点金”。

从此以后，洪武帝又喜又惊，喜的是有四子坐镇燕京，边庭可保无虞，惊的是皇孙已立为大明的正统继承人，却是缺少帝皇的气度，一旦诸王有变料难驾驭，由是精神恍惚，不久也便驾崩。

幸亏洪武帝是个虑事精细的人，临死以前便给皇孙设计了一条退路，并密嘱近臣，日后皇上如有天大的难事，便打开偏殿，取出铁箧，定有解救之计。

皇孙承大统，年号建文。建文皇帝听信朝中的计谋，要削诸王叔的藩制。燕王早有异心，便抓住了话柄，扬言清君侧，起兵发难。事情果然不出洪武帝所虑，不出几个月，燕王兵直杀金陵，打进皇城来了。建文皇帝慌作一团，一些主意也拿不住，只想自刎，以为一死万事皆了。亏得近侍急忙中想起了洪武帝临死时留下的遗言，如此这般地对建文帝说了一番，说不定皇爷爷预有良策。

铁箧十分沉重，四周严严实实地包着铁皮，就连锁心也用铁汁灌了的。建文皇帝一见暗自高兴，以为必须是退兵良策无疑了。谁知用铁锤砸开一看，建文皇帝全身都凉了，长叹一声道：“大数如此，还图什么!”

你知道铁箧中藏的是什么？原来是三张度牒，一把剃刀，就连袈裟、僧帽、僧靴等等也全安放在里边。箧底还放着一张黄纸，开明出宫的暗道，叫他出走鬼门、水门，薄暮到城外神乐观集齐扈从人员。

当即有两个近臣自愿剃发随从，拿起剃刀给建文皇帝取下皇冠剃去头发，建文皇帝一面纵火焚宫，一面在噼噼啪啪的大火中潜进了暗道。薄暮到神乐观一点人数竟在四十多人，觉得人太多，循迹不便，简选了一番，留下二十二人护驾。在这二十二名扈从中有一个人名郑洽。郑洽是洪武时进士。建文时官翰林待诏，他是浦江郑义门的后裔。大家议了一通，可作建文皇帝潜踪的有七家，郑洽家孝义兼全，名盛一方，去金陵路途不远，便选为驻跸第一站。

郑洽为了报答皇恩，自然万死不辞，他把建文帝悄悄带回家中，安顿在东明山黄墙弄丛林净室中，后又转徙马松林密室。一住数月，尚觉清安。

半年过去了，阳和开泰，春节来临，郑义门照例迎灯赛社，欢闹元宵。那建文帝蛰居密处，感到心中烦闷，何况半年无事，戒心稍怠，便上街观灯来了。刚一走到街上，龙灯已从对面过来。那龙灯的前面有一行香老人为前导。老人是见过建文帝面的，他见到皇上在人丛中观灯，不自禁地半跪行礼，执掌龙灯的头手见行香老人行半跪礼，慌不迭地也如仪半跪，龙灯头便随之一颠。

这一颠，马上惊动观灯的百姓。惊动百姓不要紧，有一个人知道露了身份，立即潜回密室，半路上竟跑掉了一只靴子，他就是建文帝。还有一个人看破奥妙，如获至宝，也立即回到家里，他就是陈忠。陈忠是邻村陈姓人，为人褊诈，他不满义门声誉，早蓄谋中伤，如今见义门庇隐建文帝的迹象已露，立即向永乐帝告密——燕王朱棣这时夺得侄子的皇位，年号永乐。

永乐帝的缉捕骑兵很快追到浦江郑义门，把整个村围得铁桶似的，就是苍蝇蚊子也飞不出一只去。他们一个个怒目金刚，把全族人无论男女老幼一个个监禁起来，盘问他们把建文藏到什么地方，又连冷屋暗洞，檐头屋角到处搜查，就差把地皮也倒翻过来，可是始终找不到建文帝的影子。

原来建文帝正藏身在一口枯井里，这口井恰好就在屋檐下，要抓只须一垂手就可抓上来，只是缉捕官兵被井上的假象给骗过了。

这假象不是别的，就是井上厚厚的尘封，和井口密密的蛛丝网，有几只蜘蛛还在织网，等着春暖初飞的小虫来自投罗网呢。缉捕官兵本要下井搜一搜，但是一看这副样子，就断定是多此一举了。

缉捕官兵搜不到建文皇帝便回京向永乐复命，因元宵观灯引起的一场惊恐，就此告结。事后人们议论起这口井上的奇迹，有人说天命保了建文皇帝，有人说郑义门巧妙地布置，莫衷一是。但建文皇帝在井中躲过永乐皇帝的缉捕兵是确凿无疑的，于是，便把这口命名为建文井，五百八十多年来一直保存着。至今郑义门迎灯赛社，那龙灯头每前进一步总要颠一下头，就像跛子行路一样，人们称它为跷脚灯头，据说也是因元宵观灯时那一颠而相沿传下来的。

后来，建文皇帝知郑义门不便久留，便和随从云游广东、广西、四川、云南，闻说最后在云南永福寺驻锡，须发皆白，称“老佛”。所以，郑义门又在建文帝住过的地方建造“老佛社”一座，并在神龛内供奉建文的遗靴一只。那高大的庭柱上还有楹联一副，不知何人所题，印证着建文避难郑义门的传说，似乎确有其事哩！

联名是：

枯井含章龙潜迹，

阖家赛社凤来仪。

五、白麟溪（摘录自《浦江县故事、歌谣、谚语卷》）

义门有道小小的溪流，由西到东横贯义门全境，名叫“白麟溪”。故而义门又称麟溪。莫要小看这溪水不深，溪面不宽，却是小桥密密，流水潺潺，当年确曾名盛一时，她象征着义门九世同居源远流长的大家风貌。

白麟溪发源于大岭口山脉，本名双溪，全长二十华里。南宋以后，双溪进入义门境内的中游部分，改名为“白麟溪”，双溪为何改名？原来郑淮先生自遂安迁居义门，因远离故土，亲情难忘，即以上祖郑白麟之名命此小溪。元朝末年，脱脱丞相巡视至此，赞美义门九世同居，亲题“白麟溪”三字，立碑于溪畔留念，麟溪经脱脱一题名气更大（图6-4）。

图6-4 元丞相脱脱题“白麟溪”石碑（现保存于“江南第一家”祠堂内）

白麟溪原来蜿蜒曲折，弯多流缓。因此又叫九曲溪。义门人沿着溪两岸建房成村。现在白麟溪又因十桥九闸而出名。这十座桥统统是单孔石桥，分布在全长不过半华里的街面上，便于两岸通行；这几个水闸就造在每座桥的上端，借以控制水量。一级一级往下淌，因此常年流水不断，淙淙有声，确为街道增添了无限风光。这些桥的出现，还有一个传说。

明朝后期，为使这条弯弯曲曲的溪水变成直流，里人便动起改溪的念头。他们把溪面拨得笔直，两岸用巨石加固，溪床宽狭相等。经过这次大规模修砌后，她就不再是四弯五拐的九曲溪了。看上去又直又整齐，街道也加宽了，行人得了方便，面貌为之改观。

不料术士小赖布衣因事来到义门。当他看见这条颇具美观的新溪时，急得顿脚大喊“千年不灭的白麟溪啊！完了完了！可敬的义门呵！坏了坏了……”他沿溪一路走一路哀叹。这时惊动了家长郑崇岳。他跑过来一望，见是老友来了，抓住小赖布衣的手问：“你急得这个样子，倒是怎么了?”小赖布衣瞪着眼睛数落说：“我的崇翁，亏你当过按察副司，做过太守，码头多少也跑两处了，怎么会干出这等蠢事。义门二百年根基，竟然被你一旦毁了。”小赖布衣丧气地说：“唉！这也怪我不曾和你交代明白。当年我的祖宗碰见你家祖宗郑淮先生，指点他得了这块宝地。这里是金盘地，不能随便动土。现在你把这条溪七开八凿，金盘已被凿破。一物被毁，尚且不能复，何况如此天生宝盘。你看九曲溪变成了直脚溪了。”郑崇岳一听大惊，连忙作揖说：“你大先生既识得这个金盘，必能挽救，使它破盘重圆。你如设法复原，必定重重谢你。”小赖布衣说：“你我还讲什么重谢，你老先生这样一讲，日后总要疑我故意诈你，现在我好歹替你想个办法，但不准言谢！”郑崇岳说：“使得！使得！一概依你。”这小赖布衣祖宗衣钵不弃，数百年来代代相传，精通风水之术。竟被他想出个办法，命崇岳从开凿地方起，到白麟庵为止，架起十座小石桥，把凿破的金盘修补起来；又在溪心开水闸九眼，使其滴水不漏。义门本来可以五百年同居，代代将相不绝。只因麟溪一凿，元气大损，虽然修补了，仅可保住子孙根本，同居必然中断。

六、“江南第一家”的传说

浦江义门郑氏九世同居，从宋朝到明朝，得到过好几次皇帝的旌表，名震天下。郑义门又是朝朝做高官，代代出人才，世人无不佩服。有好人，也有恶人。明洪武皇朱元璋打下江山后十三年，宰相胡惟庸谋反。历朝皇帝最怕的就是有人谋反。俗话说得好，黑心做财主，杀心做皇帝。朱元璋因此一杀便是好几万，错杀了勿知多少无辜，弄得天下人心惶惶，只怕有祸天上来。

洪武十四年，浦江有个恶棍，听了郑义门的名声，他便气勿过；见了郑义门的好景，他就眼红，一心总想扳倒郑家。他乘洪武皇正在气头上，借这回乱杀机会，便跑到京都，诬告郑义门私通贼臣胡惟庸。洪武皇杀红了眼，一听还有漏网之鱼，亦勿问证据有无，亦勿管义门勿义门，便派兵到浦江来拘郑义门的人问罪。

凑巧，这时郑家家长郑濂有事在京都，郑濂五个在家的弟弟争着要顶扛到京，去洗冤请罪。最小的弟弟、五十四岁的郑湜，推开四个哥哥讲：“有弟在，忍心见哥哥们去进牢房吃苦头吗?”说完，双手套进枷梏走了。

郑湜被官兵押到京都，早就听到风声已来城门等候多日的二哥郑濂，便拦住郑湜讲：“家有福，全家同享；家有祸，我是一家之长，理应挺身承担。”郑湜讲：“哥哥年纪七十多了，理应我去分说辩白。”哥弟俩都争着要去见官坐牢，倒把押送的官兵给为难起来，只得禀报刑部。“天下竟有这样厚情重义的哥弟!”洪武皇得到刑部的报告，十分感动，讲："能够如此以情义相让的人，怎肯随人反叛，告郑义门的人肯定是诬告！"

洪武皇心忖郑义门无故受到委屈，心里很过意不去，便召见郑濂兄弟俩，安慰他们一番之后，封郑湜为福建布政司参议，又出了一道圣旨：敕修史书时把郑濂列入孝义传的第一位。这算是给了郑义门面子，平了郑义门的心了。

真是人怕出名猪怕壮。郑义门从这以后，天下人一提起，便交口称赞。可这样一来，又招惹了天下的恶人。过了三年，到了洪武十八年，郑义门又碰上了一个无赖恶棍，他叫童仲圭，是应天府的仓管。童仲圭和郑义门无牵无连，无冤无仇，却无缘无故诬告说郑义门有个名叫郑叔的人，拐走了两千五百石皇粮。拐骗皇粮，那还了得！刑部接报，马上派总旗郭彦升到郑义门来拘叫郑叔的人犯。结果，郭总旗到了郑义门一问，都讲无一个叫郑叔的人。他不信，拿过郑家花名册，从前翻到后，从后翻到前，翻来翻去翻不着。空手难交差，郭总旗不管三七二十一，胡乱把一个名叫郑栎的抵作郑叔，起解到京都交差。

刑部升堂问案，郑栎和童仲圭一对面，童仲圭勿识郑栎，郑栎也与童仲圭勿熟。问郑栎，郑栎讲："我从来无有到过应天府。"刑部无法结案，只得上奏万岁爷。洪武皇听讲是郑义门的人，当时就亲自给郑栎解索松缚，并问他为什么要拐骗皇粮？郑栎回对讲："臣家靠朝廷恩养，义聚九世，丰衣足食，借贷都勿需，何苦去拐骗，败坏名声呢？"洪武皇听了点点头，对刑部天官讲："郑家决勿会有这等事，两千五百石皇粮该要多少车辆船只才载得到家？分明是诬告！"郑栎无罪放回了。童仲圭因诬告郑义门，罪加一等，被判充军三千里。

郑栎六月回到家，家长郑濂于七月携侄儿郑栎到京谢恩。洪武皇见郑濂已是将近八十岁的人了，还上京来谢恩，心里有讲勿出的高兴。退朝后，马皇后见洪武皇如开口灯笼，一脸笑面，问："万岁今日碰到什么好运气、撞上什么大喜事了，看你高兴得嘴都合勿拢？"洪武皇便把郑义门的事一五一十地讲给马皇后听，马皇后不停点头，赞不绝口。洪武皇讲："这种忠孝人士，真是世上少有、天下罕见。我要封郑义门为'天下第一家'。"马皇后是个精细人，一听觉得不对，只怕又要惹出一场祸来，连忙正经八百地问洪武皇："万岁要封郑义门为'天下第一家'，那万岁你是第几家了呢?"洪武皇一忖，对呀，自古以来，皇族才是天下第一家，那就封郑义门为"江南第一家"吧！马皇后这才放心地笑了。

第二日，洪武皇果真敕封浦江郑义门为"江南第一家"，并当着文武百官的面，对郑濂讲："今后郑义门有人朝见，可与孔孟子孙来朝者同班行礼。"从此，郑义门的名气更大了，"江南第一家"的牌匾至今还挂在郑氏宗祠的大门上（图 6 - 5）。

图 6 - 5　郑宅"江南第一家"牌坊群

七、"蟒潭求雨"的传说

蟒潭位于罗家源三角潭林场胖坑顶附近，胖坑顶是革命老区，曾是浙东人民解放军金萧支队活动的根据地和巩固的后勤基地，现留有金萧支队天堂被服厂等党史胜迹遗址。陈独秀秘书，曾任中央工商行政管理局原副局长的革命先辈黄玠然是邻近三村的扶名坞口人。往北三公里是桐庐雪水岭，建有丁家岭新四军纪念馆。往东是三角潭，现在进出胖坑顶的路是从三角潭翻山修建而来，但在过去，仅有一条从坑口到坑顶的羊肠小道，垂直高差550米，沿线分布隐藏着9条瀑布。瀑布水流冲击坑洞，形成坑洞，最深的有3米深，沿途的风景美不胜收。往西是水竹湾，水竹湾里有一汪深泉，深不见底，本地人称蟒潭，每逢干旱季节，诸暨人很相信，要来这求雨接龙。

传说古时候，有一个气度不凡的中年汉子和一个衣冠楚楚的青年，从杭州出发，各奔前程，在富春江上无意中相遇；两人谈古论今，言语投机。一个说："年兄，你到哪里高就?"对方答："我到诸暨县上任。贤弟，你往何处呢?"那青年说："我到浦江莽府应差。"后来两人分手了，中年汉子说："贤弟今日分手，何时能和你再次相见呢?"青年人说："年兄，我们要等到大旱年间才会相见啊!"两人依依话别。

有一年天大旱，诸暨县连续几个月不雨，稻田干裂，禾苗枯萎，百姓吃紧，县官心急。诸暨县民，到处请神求雨不灵，唯有从浦江蟒潭请去龙王，才落通了雨水。于是万民欢腾，诸暨县官信手题词立匾，问是从哪求来的雨。听说是浦江蟒潭，县官想起当年上任之日，曾与一青年同行一程，还说他是到浦江莽府应差，到大旱之年才能相见，莫非他是龙王的化身吗？于是他随同县民一起亲自送龙王回莽府。

到了蟒潭，诸暨县官对龙王说："龙王爷，如果你当真是同道而行的老弟，请你显现真身，使我相信。"未几，只见深不见底的潭面上徐徐托出了一只当年那青年穿的朝靴。县官说："贤弟，我知道了，我们真的在大旱年间相见了。我诸暨有八八六十四都，加上城里半都，全县一共六十四都半。这次请你到诸暨行雨，六十四都已落通了，只剩下城里半都一滴雨没有，请你再行行好事，让城里半都也降下甘霖吧!"第二天，只见诸暨城里和近郊的半都之地，果真哗哗地又是落通了雨水。于是在以后干旱年份，诸暨县人纷纷来罗家源蟒潭接龙，求龙王降雨，每次都十分灵验。后来在蟒潭畔建有龙王庙，时有善男信女进香跪拜。

八、孝感泉、甘泉亭的传说

在郑宅镇区白麟溪堤岸，有一座方亭，其下可见一口方井，这就是闻名遐迩的"孝感泉"。井中泉水清冽，澄清见底。传说，这泓泉水始于郑义门同居始祖郑绮公。郑绮公事母至孝，且“每出耕挂书牛角，稍息即取书诵读；夜间静坐读书，有时至通宵。家传学《春秋》，撰《谷梁合经论》数万字，多阐发精义”。郑绮公在临终前召子孙于先祠，刺指血滴酒中，次第饮之，誓曰：“吾子孙有不孝悌，不同釜炊者，天实临殛之”。言讫而逝。

相传有一年夏天，天气久旱无雨，郑绮公收工回家，看到母亲在床上呻吟，渴得难受。可是池塘溪井早已见底。郑绮公立即背起锄头，四处寻找水源，却连一滴水也找不到。他来到早已干涸的白麟溪里，掘遍白麟溪，仍是一无所得，忍不住双膝跪地，仰天痛哭。一连三天三夜，郑绮公一边挖掘一边哭求，终于精诚所至金石为开，一个响雷在白麟溪南岸訇然响起，炸开了溪岸上的沙石，一股清泉汩汩涌出。百姓奔走相告，他们认为这一定是郑绮公的孝心感动了上苍，是老天爷赐的，取名“孝感泉”。后人在泉上立碑建亭，以资纪念。

无独有偶，在郑宅镇南侧一口清清的小水塘边，建着一座“甘泉亭”，亭子前面立了一块石头，上刻“思源”两字。那是2007年镇里居民为了纪念结束千年手提肩挑喝井水，喝上了县里的自来水而自发修建的。郑宅镇上郑村是浦江县最大的挂锁专业村，2005年有村民960人，外来务工者5000多人。由于人多水少、水质变差，缺水成为村民生活、企业发展最突出问题。农民希望能像城市居民一样，打开水龙头就有白花花的自来水流出来！“能喝上水”成为2005年浦江“两会”的人大1号提案和政协1号议案。通过两年努力，郑宅镇上郑、冷水等村成为浦江县最早一批解决农村饮用水的村子。“甘泉工程”不仅仅是“送甘泉、送平安、送健康”，更是“送发展”。“甘泉工程”的实施，彻底解决了“水”问题。在解决了用水问题后，“一年四季有澡洗”成了当时当地最诱人的招工广告语。甘泉工程被当地百姓称之为当之无愧的民心工程，农村自来水甚至被冠以神仙水的美誉。老百姓由衷赞道：“泉自政府来，甘在百姓心；鱼水情谊深，共建小康村。”这也是浦江“甘泉工程”名称来历。2019年，郑宅镇对十多年前的甘泉工程进行了提档升级，不但能“喝上水”，更能做到“喝好水”。

元统元年（1333年），明代开国文臣之首宋濂慕郑氏“九世同居”

“孝义家风”，负笈东明精舍，从吴莱习古文辞。翌年，吴莱因病辞教席，荐宋濂主讲东明二十余年。元至正年间，宋濂举家自金华潜溪徙居于此。晚年宋濂因孙子牵涉胡惟庸案也当死罪，幸得马皇后、太子朱标以死相求，朱元璋这才网开一面，将宋濂等流放四川茂州（今四川茂县一带）。临行前，宋濂怆然泪下，作《别义门》：“平生别无念，念念在麟溪。生则长相思，死当复来归。”

传说郑氏居住地为金盘地，由于郑氏人丁兴旺，无奈将九曲溪裁弯取直用于建房。当地风水先生蓝布衣一看，“坏了，坏了，金盘凿破，金水外泄。”家中长者闻知，连忙请问有何补救办法。蓝布衣告知在溪上建十座桥，把凿破的金盘补起来，在溪里修九座闸，使其滴水不漏。

九、巧溪拗井的传说

巧溪为浦阳江南岸支流，源短流急，乃典型的山溪性河流。巧溪一带地质为砂砾地层，保水能力极差，“十日之雨则病水，一月不雨则病旱”。在古时候，没有水库、渠道等农田水利设施，完全依靠拗井取水灌溉，因此南山一带遍布拗井。由于数量太多，一不小心，行人就有掉入拗井的危险，因此外地客在南山脚走夜路，须在腰间横绑一根扁担，即使一脚踏空，扁担也可把人搁在井口，可化险为夷。拗井上小下大，多取块石、鹅卵石或松木筑成。井旁竖一根数丈高的木头，横杆架在竖杆上，随竖木上下自由转动，中间是支点，末端挂一个重物，前头悬吊一个水桶（俗称拗桶）。每天能灌田 2 亩左右。有“日日三百桶，夜夜归原洞”之说。

巧溪的拗井还有个民间传说。从前有个人叫罗隐，是玉皇大帝排定来人间当天子的。罗隐出生后相貌堂堂，智慧超群，可他的母亲却尖酸刻薄，经常扬言，“有朝一日我儿子当了天子，要叫谁吃苦头，要杀谁的头。”玉帝听闻了，认为罗隐母亲泄了天机，派了天雷神，要剔除罗隐的仙骨。天雷神按落云头，顷刻间乌云密布，电闪雷鸣。小罗隐非常害怕，躲到了她母亲的胯下，用嘴紧紧地咬住了母亲的围裙，瑟瑟发抖。一个闷雷响后，罗隐除了一张嘴外，其他全身脱胎换骨，天子料变成了讨饭坯。长大后的罗隐手持打狗棍，臂揽讨饭篮，沿村行乞，但他的嘴仍然是天子圣旨口。

有一天罗隐讨饭来到巧溪，行在路上，正好一部水车架在路边车水，挡住了去路，罗隐要车水的农夫暂停一下，让他走过去。农夫见是一个讨饭佬，不耐烦地挥挥手，让罗隐从水车底下钻过去。罗隐无奈只得低头弯腰，边钻口中念念有词："人从车底走，水往沙底流。"顷刻间，溪里的水消失了。农夫大吃一惊，知道是遇到高人了，赶忙追上前去求情。罗隐随手一指，道："水在沙下，挖挖会有。"从此巧溪人都要到挖沙取水了。

十、天鸡求雨（摘录自《浦江县故事、歌谣、谚语卷》）

为什么浦江潘宅乡南山脚的村庄，大多数有一个"店"字，其原因是这样的。

传说汉朝王莽登基十八年间，浦江南山区来了一只天鸡（也叫竹鸡）。它有很大的本事，晓得世界上事物的过去现在以后的吉凶。这个消息传遍了各州各府，各地赶来求神拜谒的人接连不断，南山脚的这些村庄，为了解决香客的住宿问题，开了许多客店，如神店、傅店、大店、童店……

后来刚巧遇到大旱，老百姓要求天鸡到龙宫去借雨，天鸡答应了老百姓的恳求，飞到龙宫，与龙王商量，讲明老百姓的苦难，请求赐给大雨。龙王答应天鸡的请求，当年的农业生产得到了丰收。农民为了报答天鸡的恩情，在南山顶为天鸡造起了殿，塑起了像，表示谢恩，还定这块山为天鸡岩，也叫竹鸡岩，为了搞得闹热点，替神像迎接神水点光，老百姓用火枪火炮迎接，天鸡听到这种枪炮的声音很害怕，就偷偷地飞走了。

现在南山竹鸡岩顶还留着神庙遗迹，潘宅一带流传着"王莽十八年，大兴竹鸡岩"的传说。

十一、牛磊丼（摘录自《浦江县故事、歌谣、谚语卷》）

县城东门外石高源东北角山顶上，有一个十几户人家的村庄，叫牛磊丼。离村一里地，有三块大崖石，磊字形地耸立在群山之中，突兀挺拔，直插云天，其势苍苍茫茫，十分壮观。磊石下面的岩石上有一个深深的凹陷地，状如一头侧卧的大水牛，头、耳、躯干和四肢形状都清清楚楚。磊石左边有一孔泉水井，深不可测，泉水从磊石中涌出来，发出潺潺声。磊石右边有一列石级，自下而上伸上去，如同天梯，直入巨峰，巨峰顶端有一胡公庙。相传这个奇迹和胡则有关系。

有一年，胡公来浦江，沿路连年受干旱，河水干涸，田地龟裂，庄稼一片枯黄；但见百姓愁眉苦脸，到处求神拜佛，盼望天神降雨。胡公看到旱情，心如火焚，百感交集。一日行至浦江廿里亭歇脚，突然发现亭下有口清水塘，有一大水牛自由自在地在塘里洗涮，胡公好生奇怪，为什么各地都干涸，这口塘怎么清水满塘。正在沉思间，大水牛突然昂起头，瞪着眼睛，似乎要跟胡公说什么话，胡公越发感到稀奇，不禁长叹："人不如牛也!"说罢，又走回亭去。谁知这头大水牛跟他走进亭里，于是胡公抚摸着水牛，对着大水牛说："神牛啊，神牛，倘若你真神通广大，何不显灵，降大雨一场，抚救我黎民百姓呢?"说完，但见大水牛咆哮起来，竖起尾巴，四只脚腾空跃起，一声长吼，朝东北角方向飞去。神牛上天，战胜雨神，叫他在浦江上空降雨。一霎时，狂风大作，乌云密布，暴雨如倾，田里地里的庄稼都得救了。万民正在欢腾的时刻，忽然轰隆一声，神牛因精力耗尽从天上跌落下来，跌在石高源大磊石峰下，那跌落的地方，本是巨岩，由于这一跤跌得太重了，岩石下陷，印出了一个大水牛的身影。

打那以后，这地方就叫牛磊井，而在磊石左边还流出一泓泉水，传说这泉水也是神牛把廿里亭仙水塘的水带过来给它洗澡的。至今不论干旱，这股泉水总是汩汩长流。后人们以为胡公也是这次降雨的恩人之一，就在磊石顶峰又造了一座胡公庙。

十二、和尚塘（摘录自《浦江县故事、歌谣、谚语卷》）

黄宅古城寺附近有一口井，井水清凉、甜头，并且久旱不涸。若用十多副水桶轮流挑水，井水无丝毫浅落，反而越挑越清。

传说明代万历年间，古城寺香火兴旺，离寺半里地有口塘，村上人和和尚都在这里提水。每晨，寺里由一个名叫普连的小和尚来担水。一天，一个名唤春姑的少女恰好也来提水。她身穿青衣，下系布裙，彩霞映红了她的脸蛋，正与塘岸桃花相映，倒影塘中，分外妖娆。普连看得呆了，他立在塘边，连水桶也不愿放下水去，生怕塘水起涟漪，折皱了姑娘美貌的影子。

自此以后，普连和尚每天早早来到塘沿，看春姑双膝跪在塘边，以塘为镜，五指作梳，理罢她的青丝，提一桶塘水，姗姗而去，然后他也挑起一担水回寺。春去夏来，塘水一天天浅落，春姑脚小力薄，岸深水浅，提水十分费力。普连看在眼里热在心上："姑娘啊！你纤纤细手提水难，我本心帮助你，怎奈何，佛门清规重，我做和尚难……"

过了几天，春姑来到塘边，忽然发现在她提水的塘岸边平平铺上三步石级。她心想这一定是小师父做的好事："多好心的小师父啊！佛门你修行，世间你行善。"春姑一头想着，不觉脸上飞起了红晕。但是不知怎的，从此后，挑水的和尚却换了。

人作好，天作恶，偏是遇上大旱年，火热的太阳烤得池塘露了底。春姑猫着腰忙了一个清晨，一勺一勺地舀，只舀了一点水，还不够送给邻舍老奶奶受用。为此，她只得每天跪在塘边祈求苍天降雨："老天爷呀！求求你快下雨吧！人们快要干死了啊！干死我春姑犹可，可怜寺里众和尚，口渴怎能把经念，可怜邻舍老奶奶，一夜干咳喊口渴……"哀告声声，泪如雨下，她成了泪人儿了。泪水湿透了衣裙，春姑的泪水淌干了。泪水湿润了塘边将要枯死的小草。

半夜，月明星稀，被关在禅堂的普连，耳闻春姑声声哀祷，顾不得佛门规矩，逃出寺来，徘徊塘边。他一眼望见春姑跪在提水的岸边，有几丛小草青青，泥土湿润。他不知是春姑的泪水流成这个样子，以为下边有水，就用双手挖泥，挖呀挖，手指磨破不觉痛，嘴唇干裂含根小草。挖、挖、挖，果真被他挖出一眼清泉来了，泉水顺着三步石级流向塘里边，塘里又荡起了清清涟漪。他捧起清凉的泉水满饮一口，朗笑一声，远离了古城寺，普连和尚不知去向。

"有水，塘里有水啦!"第二天喉干唇裂的村民纷纷前来提水。

有位双目失明的老奶奶也来打水，她饮了泉水以后，顿觉双目明亮，并一眼看见泉边有领袈裟，她逢人便说："这是普连小师父的呀！

是他，是他，确定是他啊！难怪春姑丫头常说他哇！”

就是这眼清泉，使得古城寺和尚与村里人度过一场旱灾。

后来，人们为了不忘普连和尚，就把这塘叫“和尚塘”，把这眼泉水砌成塘井，名叫“和尚塘井”。

十三、村中的老井（摘自《今日浦江》作者许照煦）

凡到过南山脚下东许村的人，都要尝一尝该村有数百年历史的老井里的水，都会赞不绝口地夸一番老井水的甘甜。从我懂事起，每天天蒙蒙亮，勤劳的乡亲们就挑着水桶去老井担水，是川流不息的担水叮当声唤醒了酣睡的人们。乡亲们边挑着水边想着今天要干的活，新的一天就这样开始了。

该村背靠着连绵起伏的山峦，老井像一颗晶莹的明珠镶嵌在村中央。每当春日，老井吸吮了山的精华，化作冰清透骨的玉液。老井四季不涸，舀起一瓢清澈的水，呷一口，有一股淡淡的爽甜。如今村里人口渴了仍然拎起茶壶往老井去打水喝。离老井六七米之遥有一口大池塘，它俩之间有四米落差，但奇怪的是用石头砌成的老井高高地屹立着，始终保持满盈盈的水位。可见老井自有自己特殊的水源。

每到夏天，老井的水就成了全村人必不可少的饮料。乡亲们每天清晨挑水以备家里生活之用；出工了到井里拎上一壶水，放在田畈阴凉处，口渴了就拿出来享用；收工回家了，从井里拎上一桶水洗把脸。更忙的是做木莲豆腐的生意人也早早地赶来了，因为远近村庄都闻名老井的优质水，做起来的木莲豆腐甘甜美味、凉爽可口。更有手脚灵快的嫂子，上山采了观音柴叶，利用老井的水，做起了翡翠般晶莹透明、凉爽可口的观音豆腐，左邻右舍互赠互送，共同享受……傍晚时分，勤劳的乡亲们早已把老井四周的青石板冲洗得干干净净，吃晚饭时，人们不约而同地捧着饭碗聚集到井边来。大人们席地而坐，孩子们围着大人或坐、或躺、或靠在大人身边听故事。有的人竟在这凉爽、舒适的老井边享受起了空调，睡了个大天亮；更可喜的是有的少女少男以老井边乘凉的机遇，以老井为媒谈情说爱成夫妻呢！

秋天是农民丰收、农忙的季节，清晨，乡亲们匆匆忙忙来老井挑水，灌满了自家水缸后，便下地干活或上山砍柴去了，直到傍晚回家后才来到老井旁。在井边洗刷掉一天的污垢，因为此时的老井的水是温暖、舒适的。他们边洗边津津有味地议论起近来要干的活儿；妇女们急急忙忙洗着今晚下饭的菜，或洗刷着今天干活穿脏了的衣服、鞋袜。他们边洗边议论着左邻右舍的稀奇事；放了学的孩子也赶来凑热闹，在井边探头探脑地照一照自己的影子……

冬天，清晨的老井几乎天天是雾气缭绕，这给老井增加了一道朦胧的美。由于天气寒冷更显示了老井水的温暖。成群结队的姑娘、小伙子拎起井里的水蹲在井边刷牙、洗脸。老井给寒冷的冬天带来了一派生气，给人们带来了欢乐。特别是到了下雪天，乡亲们天蒙蒙亮就起床了，拿出铁锹、扫把，扫出一条通往老井之路。各家各户都从自家门口出发，循着胡同、小巷，扫着、铲着都是为了一个共同的目标——通往老井台。不一会，人们可以冒着雪花，大摇大摆、川流不息地迈着大步上老井担水煮饭……

现在，乡亲们富裕起来了，都在自家的门前、院子里打起了井，装上了电机，开关一开，水缸、水瓮一下子就注满了。人们不再聚集到老井去担水、乘凉——村中的老井逐渐冷落、萧条了。

随着乡村企业的不断发展，污染日益严重。村里人对自己新开的水井也不敢相信了。而老井上游却没有一家污染的企业，于是老井又恢复了昔日的生机，邻近村庄的乡亲们来担水、用水的络绎不绝。有的还用塑料桶装上老井的水，运往杭州、上海等大城市，让自己的儿孙也尝尝家乡老井水的滋味……

十四、沉湖塘金钟的故事（摘自《文溪村志》）

古时，浦江北乡离杭口岭脚里许有一座千年古寺，常年香火兴旺。寺中因为有一口很大的金钟而名金钟寺。寺里有个老和尚（方丈）带领数十名小和尚，整日念经礼佛。小和尚们在做早课时都要敲响金钟，洪亮的噹噹钟声，哪怕在数十里外都能听到。

有一天，老和尚要外出云游。临走时告诫小和尚，近几天有龙风龙雨经过本寺，撞钟敲鼓之事暂停，以防不测，他没讲明什么“不测”，只怕吓着小和尚们。果然在老和尚外出的第三天做晚课时，忽然看见西边天空乌云翻滚，霎时布满了天空，电光闪闪，雷声隆隆，炸雷一个接着一个；先是乌风猛雨，继而狂风暴雨，瓦片如炒豆般被吹落地面，再加上松枝的断裂声，小和尚们吓得忘记了老方丈的告诫，纷纷敲鼓的敲鼓，撞钟的撞钟。激昂沉闷的钟鼓声声反而使狂风越刮越猛，雨越下越大，在风雨交加中，只见金钟脱却羁绊，腾空起飞，越旋越快……最后訇然一声，风停雨止，金钟寺地方形成一个大深塘。小和尚、金钟、寺院都沉入塘底，后人遂叫这口塘为“沉湖塘”。这口塘呈不规则方形，有四只角，碧波粼粼。但你站在任何一只塘角，只能看到三只角，这确是一桩奇事。

从此，年年每逢中秋月夜，在沉坞塘中能见到一闪一闪的一道道刺眼金光，钟钮上还雕有两条隐隐可见的小龙，这便是金钟在向人们招手。人们都说：“谁能得到金钟，谁家就富。”传说，只要有一母所生的十兄弟，找到千年棕榈树的棕丝，搓成绳索，齐心合力拉，才能把金钟从沉湖塘中拉上来。

日月如梭，不知过了多少年，湖边有户人家真的生了九个兄弟，而第十个却是小妹。随着兄弟们长大成人，先后都娶了媳妇成了家，小妹也出嫁了，而双亲相继去世。

兄弟们个个身强力壮，勤劳肯干，可是都老实巴交，只知种田。只有老七不安分，想到了湖中的金钟，如果把妹夫也凑上成为十个，不是能把金钟拉上来吗？他把这主意同兄弟们一说，大家都赞成，并一致叫他负责主持。老七也不推让，马上叫上树最灵活的老大去找千年棕榈树，经过三个月的辛劳，终于在深山冷坞找到了千年棕丝，大家连夜搓成绳索。在这一年的中秋之夜，叫上妹夫，当月上山冈时，大家喝过三杯团圆酒，兄弟十个，个个短打装束，来到塘边，只见塘中金钟，金光一闪一闪，好不诱人。老七叫水性最好的老二下塘去，把千年棕丝索缚在钟纽上，大家一齐用力，果然金钟慢慢离开了塘底，渐渐向塘边靠近，这时的金钟越来越重，个个拉得满头大汗；老七放开喉咙喊：“哥们用力呀!”老大也喊：“弟弟们加油呀!”此时最卖力的老二汗水模糊了双眼，闷声闷气地喊漏了嘴：“妹夫，再加把劲啊!”通灵的金钟听到他“妹夫”两字一出口，“扑隆通”金钟又沉入了水底，千年棕榈索断成三截。“十兄弟”只落得一场空欢喜。从此，沉湖塘的金钟永沉塘底，再也没有人能把它拉上来。

十五、迎灯的来历

传说，雨是五海龙王下的，何时何日落雨又要听天上玉帝命令。有一日，龙王假扮成凡人，到人间来玩。恰好遇到算命的鬼谷先生正在给一个人卜卦。他觉得蛮好玩，就走近鬼谷先生，听他卜卦。这时候，鬼谷先生在讲：“明天，一定要落雨，我们山里落七分，城里落三分。”龙王听后不服气，心想，雨是我落的，你有那么好的本领。便插嘴讲：“算命先生，你讲明朝一定要下雨，我倒不相信。”鬼谷先生早已知道眼前站着的是龙王。他很有礼貌地讲：“你这位不知名的先生，不要不服气，我敢同你打赌，如果明朝不落雨，我鬼谷从此不卜卦。”好胜的龙王那里服得下这口气，接过话头讲：“好格，如果明天落雨，我会无好死!”

第二日，从早到傍晚，龙王一直没有按玉旨下雨，心想，这次你算命的总要输给我了。这时候来了玉帝命令：“赶快下雨。”“混账，这样凑巧，不迟不早这里来!”龙王腾地一声拍了桌子，可玉帝这样凑巧的命令又不好违抗，不错，龙王想，鬼谷不是讲城里下三分，山里下七分吗，我偏偏来个调头，山里下三分，城里下七分。就这样，山里落了三分雨，城里落了七分雨。这件事被玉帝晓得了，便派天将把龙王抓到廷上责问：“你为什么不听命令？欺君之罪难赦，明日定你杀头之罪!”

所有这些事情，鬼谷先生都早已算得了一清二楚，鬼谷先生想，昨日山里下了三分雨，城里下了七分雨，山里田地雨水还不够，城里的屋却淹没了，这龙王真是罪该万死。可是，杀了龙王，以后百姓越发要吃苦头，雨没有人下了，这还了得？不对，要救一救龙王性命。这样想着，想出了救人的一个办法。（他）把这款事干的经过都告诉了全村人，并牵头带动了全村人造了一条龙，敲锣打鼓地闹起来。钟鼓声响到天上，玉帝听见，很奇怪，派天兵天将来问鬼谷先生：“你们干什么？吵吵闹闹的!”鬼谷先生跪下来讲：“玉帝，我们请求你释放了龙王，免他一死，叫他将功赎罪，为民造福。”这样，玉帝就赦了龙王的死罪。龙王对鬼谷先生非常感激，所以每逢旱年，人们迎灯的时候，龙王就晓得，田地燥了，应该落雨了。迎灯就这样慢慢成了风俗了。后来，人们不光旱年迎灯求雨，每年年头也要迎灯，祝愿风调雨顺。

十六、（楼氏）始祖龙石公传（摘自《文溪村志》）

龙石公讳全，字克充，即源口庙所祀为龙神也。公自乌伤始迁于浦，卜居白石源。醇厚而饶多奇气，其居乡也，植纲常、敦伦纪、型仁讲让，无忤无争，邻里化之，悉归雍睦，间有雀争，公以情理谕之，靡不输服。除国课外，足迹不至公庭，公之盛德感人殆如斯乎。其季年也，天道久亢，雨至山巅即豁然解散，引领者诧之。公谛视良久，乃曰：孽蛟所阻也。辄持剑趋至其方。见水滨有美妇坐于磐石上，因公至，投入水中，公亦随之而下。维时观者益大诧。俄而巨浪掀天，洪涛揭地，见断蛇大如车轮，逐段浮起，而公尸亦出于水面，手犹持剑不释，生气尚凛凛焉。此盖宋咸平庚子七月十五事也。嗣是雨顺风调，五谷蕃熟，乡人德之，立庙于源口生卒祀之。迄今祈者于斯，报者于斯，四方祷雨者亦于斯。古所谓生而为英，死而为灵者，我公宁有愧焉。旧有遗容一轴，其像如生，与庙所塑，若合符节。兹因重修画像，合族命余为传，爰备录之以垂还朽。

时崇祯癸未孟春（1643 年）钦差山永昌乐等处地方中左右等五营团练总兵官左军都督府都督同知第廿三世孙应祥顿首谨撰

十七、白石源“龙王”真有其人（李樟贵著）

在风景如画的浦江白石源景区，月牙湖清澄明秀的碧水中，曾经有过龙神庙宇。庙虽不是很雄伟，却十分壮丽。雕梁画栋，金龙盘柱，尤以神座上端坐着一位栩栩如生的龙王更显堂皇。这位浦江地界的龙王，土生土长，确有其人。他自告奋勇去斩蛟劈龙，为民除害而牺牲于白石源龙潭。中国民间的许多神灵都是由真实人物衍化而来，远如关公，近则胡公，浦江白石源的“龙王”也是一例。

这位龙王的真名叫楼全，浦江楼姓的始祖。据《浦阳楼氏宗谱》

载：始祖两府君讳全，字克充，号龙石，晋天福丙申十月初一生，宋咸平庚子七月十五卒（936—1000年）。楼全原籍义乌黄山，宋开宝四年，35岁的他携带妻子翻过叠马岭卜居浦江白石源天子峰，从而成为浦江楼氏的第一始祖。

白石源白石累累，白石如玉。源分两源：源西有龙潭，潭上有龙瀑，传说有龙上下；源东有闸门山，传说有数不清的金银财宝藏在闸门里。楼全看中自双溪口至百步岭脚的天子峰下，这里地势平缓，三面环山，南边有一开阔平地，极宜安居生息。

定居下来的龙石公，一住就是七代子孙。龙石公虽“官无一才禄，终生是布衣”，但他创办白石学堂，招生讲学，学子遍江南。龙石公为人淳厚而多奇气，体貌魁梧，声若洪钟。凡事有成人之美、助人为乐之义。乡亲中有不平者闹起纠纷来，往往都是不求官府解决，而找他来调和，因为他处事公正，很有威望，大家都很信服他。

龙石公是夏禹王后裔第一百零七世，楼全的远祖都是帝王世家，但到他的祖上时，都不愿为官从政。楼全本人、楼全父亲朝用、楼全爷爷茂公都没有出仕。

在楼全生命的最后时刻，作出了一件惊天动地的壮举：一个63岁高龄的老人，竟然为了下雨而赴深潭除怪。大概那时候的科学技术没有今天这样发达，龙石公多次观察至每当乌云盖顶，雷声隆隆，就是不见雷雨下来，他以为就是白石源的龙潭孽蛟所阻。那年又是大旱，几个月没有下过一滴雨，田地五谷即将颗粒无收，农夫焦急盼雨。这一切所见所闻，使龙石公立下为民赴死的决心。宋咸平三年（1000年）七月十五，龙石公在乡亲们的簇拥下，一路吟咏长啸，镇定自若，视死如归，持剑来到龙潭边。见一巨蟒盘坐潭顶磐石上，因公至投入水中，公也随之而下深潭与蟒搏斗，观者都大惊失色，偶尔巨浪翻腾，不一会，见巨蟒多段浮起水面而亡，龙石公却因筋疲力尽而没有浮出水面来庆祝胜利。闻讯而来的源口乡亲男女老少纷纷来到龙潭边痛哭不止。随后将龙石公葬于源口寨门山脚，又于源口大路边立庙塑像，称为白石龙神庙，龙石公一跃而为龙王爷。

自建庙有龙王爷来，浦江年年风调雨顺，五谷丰登，乡民们都说是龙王爷的庇护显灵。这时的龙石公名声更为显远。到了宋绍定三年(1230年)，浦江尹李知退因龙王爷有求必应而上奏朝廷，那时正是理宗赵昀皇帝，即封龙石公为灵应侯，封白石源龙潭为灵泽。至此得到皇帝的册封，龙石公已经牺牲230年，正所谓生而为英，死后为灵。

龙石公的名声不仅传播在浦江南山一带，在义乌湖门广口村稠岩岭也建有一座白石殿，而且明白指出该龙王爷就是浦江的龙石公。在该殿的正门上有一楹联：楼公两袖清风育英才，龙石一身正气斩妖魔。

中柱：行善积德流芳百世，静读贤书播惠九州。

门柱：稠岩岭下随风定，白石潭中带雨来。

近千年白石源龙神庙，因20世纪50年代大兴水利建设而没入水中，是旅游观光的一大损失。现在浦江的一些有识之士很想重建龙神庙，恢复昔日的辉煌，使白石源风景区再添一道亮丽的人文景观。

十八、接龙（摘自《文溪村志》）

很久以前。有一年久旱无雨，河水干涸，田地龟裂，作稷枯黄，村民愁眉苦脸，到处求神拜佛，盼望天公菩萨能降下甘霖。可菩萨不领情，旱情日夜加重，族中长辈便打算接龙。

离大溪楼村约十华里许的南山白石源有一深潭——白石龙潭，水清见底，石白如玉，潭上有瀑布倾泻而下，长年不断，其水冷冽，就是在烈日如火的三伏天，也很少有人敢去洗澡。传说这里是龙上下的地方，龙是天上施雨之神，自然有水供龙藏身。

村人在长辈的召集下，推选出头首八人，负责接龙仪式及一切事宜。全村村民禁屠吃斋三天，手擎清香，不戴箬帽，去白石源龙潭接龙雨雨。龙神并不轻易显现真形，先由众道士念诵咒语，然后，接龙的头首下水在龙潭里捞取水中生物，不论是鱼或虾，皆是神龙的化身；如是蟹，则称“八脚龙”，更具神验。这次捞到一条三尺长的鳗，恭放入净瓶后，由两人扛抬，会齐恭迎行列浩浩荡荡返回村里。所过之处，不许女人来看，不许烧焦泥灰，不许在路上牵牛，也不许有人戴笠帽。如路边有人车水，要立即卸去水车龙骨，以示接龙必雨之信念。到达村里，将接来之龙，供奉在祠堂内坛上，受人们虔诚祝祷，昼夜由头首陪供，只消供上三五天，便能普降喜雨。头首们一直陪供到第五天夜里，天上还是月明星稀，没有一丝云彩，也没有天要下雨的迹象。而头首们在连日操劳接龙、陪供等事务中，人人已是身心疲惫不堪。由原来对龙神的崇拜恭敬之心，转化为对龙神的不满，但又无处发泄。是夜，头首们一合计，便把净瓶中的鳗剖洗干净，放上韭菜、调料，煮熟下酒，一顿美餐，接龙之事不了了之。

又一旱年，村民照例会同道士去白石龙潭接龙求雨，等到道士念诵完咒语，谁知往潭中一瞧，水中翻腾的尽是一段韭菜一段鳗，就像是放进锅内煮沸的那个情景，头首们吓着了，匆匆回村，再也不敢去接龙求雨了，从此大溪楼村也就没有了接龙求雨的习俗。转而自己动手，挖塘、开渠，经过几代人的努力，形成了星罗棋布的泉水塘及水渠。民国二十三年（1934 年）大旱，连续八十五无雨，由于水塘多，渠通，有水源，村民用车水抗旱，最多时用十七部水车“打长车”抗旱，最后夺得了农业的丰收。

十九、坪上龙门祈雨

古时浦江山里涝时，大水横冲直撞，凶猛异常，而当干旱时，大片大片的庄稼颗粒无收，百姓苦不堪言。由于对天时认识不足，所以只能依靠上天的神灵护佑，祈雨的习俗应运而生。

相传山里祈雨的地方虽多，但是坪上龙门的龙潭最灵验，到处求不到雨时，龙门下的龙潭还有三分雨，所以一到干旱的年份，祈雨的各村民众络绎不绝。那里有一座小庙，供着龙王、龙母、雷公、雷婆、水神，旁边有一座祈雨台。小庙用当地的小石头垒砌而成，据老人说，小庙建于明万历年间，以前是坪上村的高家、周家、马家共有，后周家、高家在长毛来时，先后绝户，所以现在由马家看管祭祀。

祈雨时，各地村民在德高望重的乡贤带领下，头上扎着柳条圈，不得戴帽，有的甚至赤膊、赤脚，虔诚地带着供品、请香祷告诸神。供品放在小庙的供桌上，先在龙王、龙母、雷公、雷母、水神前忏悔村民平时犯下的罪孽，祈求诸神开恩，再由乡贤在祈雨台恭恭敬敬地读祈文，再取圣水，把圣水在众人身上洒一下，然后取一壶圣水回村里，把它供起来。等下雨村民必定还要回来谢龙王、龙母，那时带着供品，吹着喇叭，舞着龙灯，可以热闹一番了。由乡贤带着焚香、读祭词，祷告感谢龙王、龙母、雷公、雷母、水神，最后取圣水给家人洒一下，以求全家五谷丰登，平安康健。

二十、潘周家求雨（摘自《盘洲古风》潘朝阳著）

20 世纪 40 年代的某年五月，刚插下秧苗，正需灌溉，天却连日干旱，急得村民们无计可施。

几个巫师设法场作法后，说："谦光太公托我梦说，必须求雨才对！"潘周家的几位士绅决定向龙王求雨，安排几个村民在村南松树林北的平地上搭好雨台，并放置一张供桌，一把从未坐过人的椅子，供龙王爷爷坐。当晚他们吃斋，以表虔诚。

当天晚上，七八个头首轮流抬着一顶轿子前往兴仁乡（今中余乡）小河畈的龙王殿接龙，轿里放着一个精致的小口瓶子。龙王殿前的山岩下流出一条山涧，流到两棵高大的古枫树边，是个浅水塘，人称"望龙潭"。旁边有个"望龙亭"，是三间矮房子。头首们嘴中念念有词："有咒无咒是《龙王咒》，有用无用是白药（酒曲）。"接着，两个头首开始念《龙王咒》，一遍又一遍，反反复复地念。念到后半夜，古树上空一片漆黑，突然，刮起一阵阴风，古木的枝杈上沙沙作响，升腾起一片烟雾。头首们暗暗高兴：龙王爷爷被我们的诚心诚意感动，准备起身从树上飞下来了。又念了一阵《龙王咒》，水波兴起，如潜龙腾渊。接着，他俩各持一面铜锣，不停地往水里舀。眨眼间游上了一条蜥蜴，连忙将其放入瓶中，倒进一些山涧水，用红布蒙住瓶口，接着燃香拜"龙"，然后用轿子抬着"龙"返回。"接龙"的途中，如果看到有人头戴凉帽，立即敲掉凉帽；如果有人在车水，立即叫停。

在村民们吃早饭之前赶回到村南的雨台后，一位头首恭恭敬敬地把装有"龙"的小瓶放在供桌中间，这个瓶子前面再放一碗"龙水"。"龙水"是大清早另外几个头首从 3 条溪水交汇的地方接来的"三溪水"。

天上没有一缕白云，空中没有一丝凉风。求雨开始，村中的文人开始念《龙王咒》，他们一会儿叩拜，一会儿起身念《龙王咒》，虔诚无比，反反复复地念了好几个小时。与此同时，什锦班绕着雨台边走边演奏，先顺时针走3圈，再逆时针走3圈，意思是催龙王早点起身，好给村民降雨。午后，出乎意料的是东北角竟然架起一朵乌云。见此雨兆，村民们的脸上顿时漾起了笑意。眨眼间大雨倾盆，头首们跪在雨台前，手持一炷香在雨中不停地致谢："龙王爷爷好，龙王爷爷好……"任雨水浇灌全身。霎时间，火铳齐鸣，围观的村民开始欢呼雀跃。这雨连降数小时，救活了邻近各村蔫头耷脑的庄稼。

第二天早上，潘周家西南3里的山环村民专程拿来猪头和胙品拜谢龙王爷爷。猪头留下给几个头首当午餐的菜。晚上，潘可权、潘可水两兄弟在雨台里表演木偶戏，一人做副手，主要负责穿衣，两人一起演唱《水漫金山》等剧目，邻村的村民纷纷前来观看。木偶戏连续演出数夜。

热热闹闹拜谢龙王数天后，潘周家的头首们组织村民把"龙王爷爷"送回龙王殿，前面走着两位手持长钩刀的村民，见到路边有树枝当道就伸手砍掉，为送龙队伍开路。其后就是两位开路先锋，两位小伙子高矮划一，身着黑毕基的学生装，手持一面蓝色的四方绸旗。后面是一方匾额，上书"惠我多霖"，由村民再三商议后请该村中小学校长书写的。这次是第二次求雨成功了，故而许多村民提出匾额中要用上一个"多"字。匾额之后就是旗队，大铜锣鸣金开道，孩子们手持三角旗、长旗，彩旗猎猎，周家村的龙灯热热闹闹地排成长蛇阵。龙灯队伍后是身强体壮的两个小伙子各持一个大竹匾，后面跟着一顶抬着"龙王爷爷"的轿子，黄凉伞紧随其后，"后绒"殿后，其前是吹拉弹唱的什锦班。"送龙"的气势远胜过"接龙"，因为"接龙"时只有几位头首，还是起早摸黑去的，接了"龙"后要保密，以免有人发现自己接来的"龙"，触犯"龙威"，破坏"求雨"大事。

途经村南约4里的毛店村，那里村民忙着车水，抱怨说："我们村没下过雨，我们'接龙'接来的是一条泥鳅。"潘周家的村民很自豪地说："我们接来的是一条真龙。我们那里很灵，雨下够了，刚好下在我们自己的地方。前几年我们'接龙'都成功。"走到寺前村村口的茶城头，只见茶亭里早已备好了四五缸茶水，是专门给潘周家人喝茶解渴的。因为寺前村民几天前就知道潘周家人"求雨"成功了，一定要去龙王殿感谢龙王爷爷。

潘周家人喝够茶水，继续前行。中午，到达小河畈龙王殿前的望龙潭边，火铳齐放。龙灯舞过几匝后，龙头点头数下，拜谢龙王爷爷。拜谢完毕，头首到龙王殿悬挂匾额。一阵叩拜后，头首组织村民修理龙王殿，砌好四周的坎头。

据说，潘周家人除了赠送“惠我多霖”，之前还送过好几块匾额呢。《龙王咒》很灵验，因此不能随便念。正因如此，如今知道《龙王咒》的老人寥寥无几，知道的人绝不会轻易示人。不过，今天人们已不像先人那样迷信龙王爷爷和《龙王咒》，而是相信使用科技的力量来应对旱情等自然灾害。

二十一、大溪楼村是“撒网形”（摘自《文溪村志》）

旧时，站在赤山殿往东看，有条地形较高，草木丛生，两旁密密匝匝生长着枸树、杨树，远看似是长龙一般的长堤，大溪楼历代相传，这便是“网纲绳”。

大溪楼村整个地理形状是一张撒开的大网。网纲绳从赤山殿旁的毛都村，经下季宅村南的三角塘至坟头屋复向东渐渐张开，网罗第二房、第三房（是为网顶）、四房、五房、五份头、新厅（是为网肚）、三份头，后退为网底（俗称“歪来”）。说穿了还真的是十分相似。网底有一条一丈左右开阔的官埂，一股清水从毛都小溪分支而下经黄塘丘流经铁门庄汇入官埂，折而朝北至新殿下再朝西，和大溪楼北边的另一股清水相汇合注入浦阳江，环绕整个大溪楼村庄。这张网也称“金盆里”，村民以住在“金盆里”为荣。所以，世代相传“网顶”的村民性格刚强，经济较拮据；“网肚”的自给自足；“网底”的村民较软弱，只知日出而作，日落而息，因此生活比较宽裕，相对读书人也较多。

民居的朝向是根据地形、山脉、溪流来决定的，偌大一个村庄除了厅堂、用屋朝南朝北，正房一律朝西朝东；相传要人丁发、财气旺，只能是这个朝向。为了保持大溪楼村财气旺盛，主要是为了防洪，把发源于桐坞岭、五路岭这股小溪水掉转方向；清代末年，族中头首公议，一丁一灶派工在村溪滩畈西北边、小桥头下游，用锄掘肩挑，建起长约

60 丈、底宽 7 丈、高 1 丈 5 尺、顶宽 1 丈 2 尺的拦溪大沙塍，俗称“横抬”，使小溪水改东为北流注入大溪滩。远看真像铜墙铁壁一样保护着大溪楼村庄，使良田不再受洪水侵害，才形成了现今五路岭溪、东溪和浦阳江“三江汇合”的形势。

第七章 水仓艺文

一、东湖塘记　宋　钱遹

记云：东湖在天圣初，吾曾祖经始立为堤以潴水，尝命吾祖董是役，三年乃就绪，其艰棘可知矣。吾族人环湖皆有田，赖以灌溉，而无旱岁。其余波且浸及比邻，则吾曾祖所以惠贻后世子孙与夫乡里者，岂不厚哉！屡年于兹，风雨漂泊，鼯鼠穴蠹，而吾家族大累重，人力时有不给，淀淤颓圮，所谓旧堤防，所余无几。遹一日试往观焉。踌躇四顾，追念吾曾祖当年经画具在，于是捐余俸，以旁市滨湖之地而增益之。阅月之良，涓日之吉，鸠工备材，发廪粟，具畚锸，一旦辟而新之，以复吾曾祖之惠。其堤防薄者坤之，卑者高之；其地势狭者斥之，迂者直之。恢恢乎其广矣！当是时也，气序清和，人乐输力，干筑完密，夐绝前比。其所潴水，汪洋潋滟，未易以量数计，而浸灌蒲鱼之利，又且十百余时也。是役也，肇自大观二年正月己亥，工告毕功首尾涉两月，而人不告病，乡人亲旧长老，无不至观焉。其劝相劳来，往往喜见于言色，退曰："二公规画之于前，曾孙侈大之于后，实吾乡所未有也！"遹于是乎书之。

二、椒湖塘记　宋　钱遹

记云：余家之东，有山浑然而中峙者，曰观岩。岩之顶，有泓沛然而不竭者，曰椒泉。二者独钟一方地气之秀，故山色长青，而泉味尤甘。嘉祐中，吾祖与先考大夫，尝议建堤潴水以待岁旱。中间更事龃龉，未能也。大观戊子，遹自视无用于时，乃上书告老于朝。天子从其请，退而经理生事，以为终焉之计。然欲修灌溉之利，以追成吾祖考之志，亦未逮焉。越四年，蒙恩起自田野进直禁严，又命领宫祠于亳社，虽备从官食厚禄，而犹窃里居，因得以闲暇。阅月之良，涓日之吉，发积粟，捐余俸，鸠材募工，凿石积土，筑为长堤，潴为巨浸。而称名椒湖，盖取《尔雅》"山顶曰椒"之义也。是役也，始于辛卯孟冬初五日甲子，成于壬辰季春十五日壬申。工徒劝事，土功坚密，夐无前比。堤缭然而崇厚，水弥然而广深。天清风止，虚明不蔽，可鉴毛发。遇岁大旱，则可大决之，小旱则可小决之，其势无异居高而建瓴水也。余家农亩日被润泽，而余波浸浸，旁及者未易以一二数，于斯泉未始有加损焉，亦奚愧于井德之地也欤？环湖益植以杉木、佳竹，葱蒨蓊郁，掩映两山之间，万籁作止，鸣禽上下，四时殊景，物态无穷。樵夫耕牧，提负往来，前者歌，后者和，各适其适。余每杖藜止堤上，周览旁听，以穷山川之趣，而万虑消陨，飘然若行方外。行者过其下莫不驻足仰视，恍然如虬龙之横空，蝃蝀之下饮，皆喜慕而称叹。大暑流金，渴者造焉，不待解襟挥箑，自生清凉之思，而忘疲茶之烦矣。况于均灌溉之利者哉！此区区，又乐与邻里乡党共之也。平居窃伏，而王明下烛，国恩横被，进有以荣其衰，退有以成其私，何其幸哉！役既成矣，旁郡比邑，咸苦旱暵，而吾里并堤之田独大穰，乡人咸以德余。呜呼，非圣天子加惠小臣而便其私，岂能及于是哉！为吾乡人者，宜其息争讼，时贡输，无犯于有司，以庶几图报圣天子之万一。顾欲以虚名自委于不肖，岂所望也哉！政和五年正月十五日记。

三、筑月泉亭记　宋　楼寅亮

孙时仲出长浦江，郑几道、练子相、刘公实来相邑事。二三大夫率以清净承流，躬行实惠，百姓遂宁，寝桴鼓、靖圜扉者，屡矣。民既顺治，乃按图牒搜遗迹，得月泉旧址于社壝之西，究寻渊源，达自县北仙峰之下。用民余力，剪芜浚深，疏为曲池，构亭南上，以备观览。开爽澄快，悦可心目，洒然为一邑清致。亭既落成，宋王孙赵逢原首见褒，与子相，又作大字揭示。士民德赐甚厚，原有称述。

会予来游，众以记请，义不容辞。因访父老名泉之繇，咸谓视月盈虚，以为消长。间遇旱暵，挹水祷祀，亦或感格。夫“有渰萋萋，兴雨祁祁”，诗人称之，与月消长何哉！

《淮南子》曰：“积阴之寒为水，水之积者为月，月系乎天而生水。”已见乎羲皇《大易》之书，阳薄乎泽而生月。复见于圣训“道经”之序，然则生明示象，流行地中，昧者不察也。吴越富山水，取名藉甚，惟兹泉载地志。二三大夫独见，旌赏得无旨乎哉！

试为之语曰：“清可溉，似心之可鉴；似智悟，容光于观澜；似造精微，窥精神于清夜；似见性本，三五盈缺与月齐。声又似知时而进止者，不然，激其余波，味其溢流，润泽生民，尚无限也。”并录斯言，以谢士民之请。

政和三年八月朔记。

四、月泉记　宋　方登

太极一理气耳，分阴，分阳，大化磅礴，升降八纮之中。盈虚消息可见者，惟日为著。盖月禀太阴之气，而具乾坤阴阳之理，与易之八卦准，惟太阴也。故其变合，自坤之纯阴始。

☷为坤，阴体也。阴变则合。一阳动于下为☳震，而哉生魄。越五日，二阳进于中为☱兑，而弦始平。又五日，三阳升于上为☰乾，而阳体备。是为望前之三五，阳长之候也。阳长光溢，为月之盈。

☰为乾，阳体也。阳变则阴合，一阴动于下为☴巽，为魄渐减。越五日，二阴进于中为☶艮，而弦复平。又五日，三阴升于上还为☷坤，而阴体备。是为望后之三五，阴消之候也。阴消光损，为月之亏。

水亦然，今钱塘潮汐常与月相符契。浦江为婺斗邑，万山底，拒钱塘，隔几岭谷，地脉论之，非海潮比。而邑之一泉，乃与月相消长，或者推而莫知其端倪，且隐显归之时与数。吁，亦孰知夫理气之相贯通也乎哉！

未有气，先有理，气依理而行，理为气之主，理有晦明，气有通窒，感必应也，思阳长阴消之理。刚也、善也、义也、公也、天理也、君子儒也，皆阳之脉也，浚之导之，勿使一毫有所壅遏。柔也、恶也、利也、私也、人欲也、小人儒也，皆阴之流也，窒之绝之，勿使一线得以浸淫。繇月泉而丽泽、而濂洛，尽在是也。

五、月泉导源浚塘筑亭记　宋　朱子槐

月泉，学池也，池边皆学旷地也。泉之通塞，士之否泰，关焉。此邑人才位文昌、登台察者，大节凛然，炳炳史牒，色正芒寒，月泉钟美于是。王令尹浚而通之，泉涌如沸，宁非杓携魁枕之兆欤?

故为之说曰：清莹秀彻，能使人才之泰，南有台、北有莱者，月泉也。忠信诚悫，能使月泉之复，“盈而虚，虚而盈”者，令尹也。有客曰：其数欤?余应之曰：坎，于舆为月，惟刚中可以济坎。蒙，出下出泉，惟养正可以发蒙。昔飞泉为李二师而涌，井泉为景伯宗而出，感而遂通，惟此心耳。心，太极也。其动为阳，其静为阴，其光为日、星，其泽为雨、露，皆非心外物也。子亦知侯之心乎?茹古涵今，养清源也；苏枯弱强，溥恩波也。洞幽烛隐，涤冤滥也；爬痒栉垢，无宿蠹也。

崇学校而百废俱兴，混乎其盈科，若水涌而碧沁也；屏嗜欲而一尘不染，寂乎其虚室，若水涸而泥融也。囿宽厚于精敏，寄发摘于抚字，春嘘秋吸，风行雨止，浩浩乎若虚而盈、盈而虚，莫得以测其神也。是则月泉盈虚之复，实自侯方寸中来，数云乎哉?游泳于斯者，鸢飞鱼跃，道源性渊之乐，足以溯河、汾而达洙、泗，魁奇卓异之材出矣。则是亭也，岂独木石水泉之适欤?

月泉之盈虚，应文运之否泰，予自龆龄已闻之矣，及观志牒所载，真一方之奇胜。自宋咸淳建书院以来，贤令相仍买田置舍，以群多士，靡所不备。而人才辈出地，以人胜议者，谓其与白鹿、睢阳、嵩、岳麓四书院相埒。嗣后人才剥落，泉淤室圮，有司不复修饬，遂为禾黍之场。顾今文运渐开，应月之泉，疑更复旧，修废举坠，尚有望于良有司也。

六、昭灵庙记　宋　陈孔硕

嘉泰三年正月，敕赐婺州浦江县仙姑庙之额曰“昭灵”，从民欲也。

恭惟皇上，重本重民，明视远听，四方旸雨。小慭已下，部使者下州若县，以有事于所部之望。迨以获应译闻，辄加神封，或赐庙号。比八九岁，四方无暵溢之沴，间有小眚，民亦不病。先是，元年夏不雨，吏民相与祷于仙姑之神，雨时降，岁以有秋。县闻于州，州闻于计台，檄旁州官吏审核如初，请得赐令，号仙姑山，为是邑望山，有女神得祀绵远，莫详厥初。相传黄帝季女修真于此，因号仙姑。图志传疑，他无载记可证。祠宇旧在山巅，民病陟降，故赠奉直大夫方公铸，捐地施金，改筑营于山麓，实今庙。自是民便请谒，以岁事祈，若鼓应桴。谨按祭法，山川能出云为风雨曰神，且去灾有功，民皆得祀。此山岑峦巘崿，耸秀殊特。百里环望，是瞻是依，是当有神而灵。则其世祀于民，锡命于庙，揭虔妥灵，以垂祐无极，亦其理宜也，又奚必帝子仙姝之为问哉？惟朝廷克恭神人，以从民志；惟神出灵降祉，以为民休；惟民永祀世报，尊上所命，以不忘神祐，法皆得书。而奉直公之姪孙阁，复以邑人之意，来请文，将刻诸丽牲之石，又安可辞？乃次其事而系以诗。其诗曰：

崇崇仙峰，嵽嵲峋嶙。阐阳阖阳，吐吞雨云。
明钟为人，幽焉为神。神罔时恫，民焉攸恃。
畀之吉康，弗震以异。暵溢告愆，响答影至。
民荷神庥，谂于王明。君徇民欲，肇赐嘉名。
假尔龙光，匀替厥灵。神歆君赐，昭哉戾止。
民旆云辎，合遝曼靡。若咳以闻，若容以喜。
牲肥酒香，糈蔬果醢。缓节安歌，五音繁会。
我民事神，世世不懈。毋霪我污，毋暵我皋。
我粳我稻，我粒我膏。焱妖厉鬼，溃消遁逃。
神亦依人，报以介福。女请女穰，具如所欲。
神明交忻，万有千祀。我作颂诗，俾歌者肄。

嘉泰四年十月记

七、泄水龙王庙记　宋　毛洪

环浦皆山也。其界桐庐僻坞，有山峙于东，名曰“泄水”。山以水为名，岂山下出泉之义乎？群志虽无所考，然自绍兴庚申，距今凡百余年，崇冈峻岭，吐露吞云，古木苍藤，含烟罩日。皎皎乎如鳞斯辉，凛凛乎如角斯触，半山飞瀑噀水之泽也，一江卷雪跃渊之澜也。朝暮晦明，万千形状，邦人异之，谓有灵物在焉。孰为灵？龙是也。《春秋左氏传》曰："深山大泽，实生龙蛇。"《晋·赵至传》曰："龙啸大野。"大而深邃而有容，时飞时潜，隐见变化，腾百川而洽万物，谓之灵也则宜。于是信之敬之，且记岁旱，用祷则有验。初焉一邑，次一郡，又次则杭、越、衢、婺，闻风而至者，总总也。戊子旱太甚，华林道者周觉明悯之。先里人诣山下，露宿忘飧，沥血枕石以吁，凡七日。是夜有梦，翌早，雨大沛，梦可诬而不可诬，信矣，灵物之在山也。自古灵岩胜景必有祠，此山之绵邈一小庵，舆望缺甚。是用瓣香心缺死力，以只影募众缘，铢积寸累，日增月砌，成一大殿。纸库庖湢亦粗备。又惧旁无栖止，执奉香火，更百计区画，一力开创，而庵宇成。是役也，始于绍定三年，越明年终竣事。此其志，盖欲无忝于对越癯然一僧，心殚力惫弗顾也。然则祠果不可少乎？昔老杜有"龙依积水"之诗，杨子有"龙欲飞天"之句。洵如是，则飞蟠上下，神化无方，山巅水涯，特其寓耳祠之一隅，或者未称。觉明曰："神明固无定在，崇奉当有定所。"此羹墙见尧之意，曷其奈何弗记。嗟夫！觉明窭人，自其托身空门，粥宇饭枕无恙也。其生计萧然，非有西畴南亩，祈甘雨介黍稷也。其力祷空山，累日不息，非秉龙颔下珠也。其寸椽片瓦，肩任背负，非恶逸而喜劳也。斯人也，万有辛苦，一无觊幸，以心而求，良可嘉也！邻峰崇因院主僧师昭、师得具以实告，俾予以志颠末。予亦幸乡邦之有若人，也其敢辞。

咸淳四年戊辰孟夏望日记

八、月泉游记　元　谢翱

余少慕初平叱石事，知婺有金华洞、瀑泉之胜，而未知有月泉也。月泉在浦江县西北二里，故老云：其消长视月之盈亏。由朔至望，投梯其间，泉浸浸浮梯而上，动荡芹藻，若江湖之浮舟拥苔于岸，视旧痕不减毫发；由望至晦，置竹井傍，以常所落浅深为候，随月之大小画痕竹上，当其日之数，旦而测之，水之落痕与石约如竹之画。视甃间，滞萍藓枯青相半，殆类水退人家，日蒸气湿，墙壁故在，而浮槎游，栖泊树石，隐隐可记。

余与友人陈君某至，适望后二日。陈君指萍与草，以为斯泉亏落之验。盖冲漠眹兆间，盈虚消息之理与山川呼吸往来之气。相值而不爽也如此。非必有神物主之，如杂书怪录所谓巨鱼吞吐云也。

泉傍旧为堂，祠朱、吕二先生。环阑楯甃上，环诗亭上，四顾烟云竹树复环泉若亭，不敢左。其东北之山曰仙岩者，远望类芝草浮空而立，若皆有所待于斯泉而向焉者。予方谋日游其间，与月约盈亏、泉约消长，与山约无盈亏、消长，亘来今以老。

吾诗有述仙岩之遗迹。约余游岩之麓者，将《鹿鸣》之引以拟笙鹤，曰：子欲穷山中之胜，而惮以足赴目乎？余欣然从之，故书泉之本末，以纪兹游之始。

九、灵顺别祠记　元　柳贯

浦江县东下岩之隈，有故神祠。神本兴于歙，今遍祀吴越间，因土俗也。每岁祷雨旱灾沴辄应。岁久，大风折木，门楼尽圮，两庑半坏，仪观弗显，堂阶芜灭，民既日慢，岁用不稔。至顺三年，临川江公汉尹是县，乃以其勤民之故，稽之于众。遂既捐俸庀工，而众则翕然请从。且买市民间屋，取其材，而后门楼两庑复完。又别作香花之亭，以为民乞灵揭虔之所者，一切就绪。会是岁秋稼毕登，民争谓神之赐，而甚嘉我江公之果勤于民也。盖县负大山，山险地狭，土壤硗瘠，民业不振。天时一不至，虽人力克尽于南亩，则犹嗷嗷然旱暵之是忧矣。夫古之辰民者，修农具饬农不敢慢以劝之。至于土毛既槁，膏泽弗降，乂且靡神之弗举，而欲使之化戾为和，转饥为丰，事躬率也。若为民者，亦但知尽吾之力而已。用民之忧，致神之福，独不在于此乎。由是田谣巷歌，政事清简，已足见其惠爱之博，德化之成。然其所以仰赖于神，而遂得以序其勤民之功者，亦不可谓无也。古之常祀，苟有功于民，虽以邮畷坊庸猫虎昆虫之神，犹且严而事之。则我江公之所为，治民事神，盖已两得其道，诚有古长民者之风矣。今自其一新，幸久不坏，发既致祷乎是，必数得岁，则我江公之遗泽，顾不为益远而益不忘者哉！邑人某尝董役，愿有记也。乃次第其语而使刻焉。

十、蜀墅塘记　明　宋濂

义乌县南四十里，有塘曰“蜀墅”焉。周围凡三千六百步，东西北皆岸山。山之水合七十二，流入于塘而南出。南有蜀山，突然中起，昔人因据山作堤，障水以溉田。山之东，其修七百尺有奇，广如修之数而杀其五之四，深如广之数而又杀其三之二。山之西，其修如广之数而稍加强焉。堤中刳木为三窦以泄水。水之所溉田至六千亩而赢。

至正四年夏，水瀑而堤坏，田遂不稔。丹溪朱君震亨悯农之告病也，白于县尹周侯自强。为下其事，命双林巡检张某来视役。震亨遂尽召有田之民，履其亩而使之输其力，荐货有差，复出役夫之功一千，以为众倡。众悦趋之，一听震亨之经画。补其缺遗，增以崇，高筑其址，加辟而渐杀其上。堤之西，垂凿石为斗门，视水溢干而时畜泄之。门之上架徒杠以便行者。木窦易坏，则易以坚石，且定为高下之穴，使欲水者先后有程而不紊。复惧历岁久而堤弗固也，请于掌塘事者，中析粥鱼之利而嗣葺之。凡用钱四千缗、夫一万功。经始于五年秋八月庚申，逾三月乃告成。里耆朱仁杰等来，谓濂曰：“震亨之兴是役也，初无一弓之田以征塘利，其夙夜尽瘁而不舍者，果何为哉？凡欲利吾农也。我不敢忘，愿吾子记之。”

濂闻海陵胡公瑗之在湖学也，置经义、治事之斋教授诸生，至于水利之属，亦无不习而通之，故其门人皆适于大用。今震亨之学，出于金华许先生谦。先生之六世祖实，尝从海陵游，其家学相传，至先生为尤盛。宜吾震亨见诸行事者有足观哉！世之人方高谈性命以聋世瞽俗，听之虽若可以有为，一遇小利害，辄颠倒衣裳，不知所措，视震亨无所为而利民者，何如也？盍亦知所警哉！

震亨字彦修，有长材。县尝下括田之令，唯震亨行之无忧云。

十一、杨刺史迎享送神歌辞并序　明　宋濂

浦阳鸡冠山上有古神庙，相传祠汉交州刺史杨侯。侯，县人也，名

扶，字圣仪，累官皆有惠政。侯殁已千载，民以雨旸祷辄应。是侯之神在天，犹不弃于吾民也，吾民其可忘于侯乎？濂虽不敏，为撰迎享送神之辞，俾邦人岁时歌以祀侯。其辞曰：

（迎神）纷溶溶，眺天门，白蜺出，杂去敦。翩我灵，整修驾，车登登，船裔裔。翩我灵，降潜场，回飙兴，与之翔。翩我灵，变阳阴，奔以放，光淫淫。翩我灵，缤如廧，神鬼卫，鸟翼张。

（享神）神筵启，混朱黄。愉以慊，恍芒芒。奄灵车，奠芳酎。爵行千，流若雨。奄灵车，蕙为肴。飨且饫，以舞歌。奄灵车，灵已醉。广宣筵，无不备。奄灵车，乐无极。神山高，高可测。

（送神）氛翼翼，欲上升。指青元，化为文。灵之旋，疾如风。从西虎，导东龙。灵之旋，翯长逝。凌紫青，瑶光下。灵之旋，兆逢愓。景已灭，犹放佛。灵之旋，锡我祐。沛若云，雨下土。

十二、月泉书院记　明　毛凤韶

天地之间，惟理与气而已。未有气，先有理，气依理而行，理为气之主。理有晦明，气有通塞，感必应也。故凡天下之物，其兴也若有时而不限于时，其成也若有数而不囿于数，亦归之理与气焉而已矣。

县西二里，仙峰之下有泉焉，消长视月之盈虚，风水擅邑之形胜。天作地藏，而星露于兹，有俟德之道焉。宋政和，令尹孙公潮，疏为曲池，构亭于南沚。咸淳，令尹王公霖龙乃创为书堂，立朱、吕二先生之祠，以淑诸人。逮于元初，遂升为书院，设山长之官，以主教其事。至元，副使王公俣又修创之。大德，县尹蒋公恕又增广之。至顺，达鲁花赤八儿公思不花，至正县尹萧公文质，又相继修饰之。遂与白鹿、丽泽等书院争奇于天下。而当时人才如泉斯涌，朋烈日而友秋霜，何莫非钟此泉之秀者建乎？

元季，四方绎骚，而文教遂弛。我朝龙兴，首建学校。而天下书院多在山林闲旷之地，故未遑起废，今百五十余年于兹矣。泉既壅塞，而人才亦遂寥落。

今当疏导兴建之初，清泉迸出，若应其候者，则圣天子明理学、淑人心，初政清明之感召也。而岂拙令人之所能为乎？游于斯者，苟思阳长阴消之理。刚也、善也、义也、公也，天理也，皆阳之脉也，浚之导之，勿使一毫有所壅遏。柔也、恶也、利也、私也，人欲也，皆阴之流也，窒之绝之，勿使一线得以浸淫。

由月泉而白鹿，由白鹿而洙泗，可航矣。不明理气之说，而以盛衰之时与数，则荒矣。

十三、筑塘解　明　毛凤韶

嘉靖乙酉春三月，聚峰毛子循行于邑中，则召集父老告之曰："尝闻之矣，救荒无他奇策，不如讲求水利。惟邑负大山，山险地狭，土壤硗瘠，民业不振。天时一不至，即苦旱暵，水利尤所当讲也。历考之，域中无大水可凿引灌溉，则莫如修陂塘而已。试为尔等筹之：田近溪涧者，依溪涧开沟渠以灌注。有壅塞者，启之；有阻夺专利及立碓磨自便者，命改之，不从，告拟法。田无溪堰者，则为塘。如田五亩相连，则将上一亩筑塘；田散落，则每丘筑一小塘，大约以十分为率，将二三分为之。积四时之水为一时之用，何忧于旱！"父老曰："恐伤田。"毛子曰："田有塘，则永有秋，粪多力勤，所利足以补所伤矣。若惜田不为塘，使终不旱则可，旱则并弃之矣。"父老曰："侯之言是也，恐土无所归。"毛子曰："高起塘塍而坚筑之，仍加筑各田之塍务高厚，虽少占田不当恤，则土分矣。老农云：'种田先做塍，种地先做沟。'余见尔民，田塍侵削甚薄，水才入即渗出矣，何怪乎田之易涸、岁之不登也。"父老曰："侯之言是也。上以足国税，下以足吾私，敢不勉图。请托之木，以告未谕者。"毛子曰："可。"遂书而刻之，名"筑塘解"。

十四、西湖塘记　明　倪尚忠

云：去予家二里许，折而南，为西湖。志称宋尚书钱公遹父子筑三大湖以利乡民。一椒湖，一东湖。椒、东各有记，而西独阙焉，岂有待耶？椒湖近且湮塞，仅一山限耳。东湖宽其下上，而中二阜束之特隘，若葫芦然，今为蒋氏世业。西湖一山中峙，左右环抱，坦夷深广，恍若大镜之开匣。三湖各为亩凡五六十有奇，岁岁各溉田数百亩。所称利乡民者以此。钱氏子孙不能守，递兴递废。国初，湖属郑氏。弘、正间，稍稍属予家。伯祖父孟重公辟精舍其中，与义门外弟郑宗澜、宗岱，余姚王先生琥，时相往还吟咏。暨伯父仲宁公时，半为湖边黠丐所据。迨予筮仕，而湖始全属于予。盖杖履之地化为瓯脱，而旧日之风流儒雅，亦在荒烟蔓草间矣。嗟嗟可胜叹哉！予每冀修复，未遑也。甲辰再觐便省太孺人于家，始构楼三楹，旁簃各五楹于湖之西偏，以居守者。筑垣百余丈，规为园艺。杂果木千余株，竹数百个，园曰“经锄”，门曰“西湖小隐”。盖自是身羁宦邸，而念无日不在池园矣。丁未罢归，复辟故址，据湖上为阁五楹，上下俱复檐，可环走四眺，阁曰“恩纶”，以藏敕命，荣君赐。堂曰“飞跃”，以时游泳课儿辈。周垣以甓，杂莳花木，复凿小方池，种金鲤可千头，左右各为厨湢，前复为门三楹，榜曰“小西湖”。沿湖岸植以桃、柳、李、榴、柏、女贞、芙蓉之属，草草将有绪，自非有故，未尝不偕诸二三昆弟往，往未尝不信宿。第见夫虎尖、芝岭、西屎、钟阜、龙门、壶盘、乌椒、黄芽、狮岭、石壁诸山，时献葱蒨于吾目，若锦屏，亦若绣纬，若采管，亦若飞练。而澄湖似掌，小艇如凫，鼓棹开篷，分蓼拨荇，浮白引满，浩歌移席。时或烟雨微濛，水天苍碧。青萍乍动，绮谷缤纷。雪月昏朝，冰壶掩映，鯈鱼之鼓鬣，鸥鹭之忘机，莺鸠之坐语，渔牧之行歌，无一不足以供吾适，而恍如身世之蓬瀛矣。旧令公须君美、郡丞公袁抑之，后先来访，予西湖之曲。君美扁予楼曰“山雨”，亭曰“狎鸥”，而各系以柱联，大概取唐人诗句之似者，以颜其上。夫习池、平泉、愚溪，皆足以吞兹湖八九。而予之亭榭，不足以当兰亭诸名园万一，徒以先世之遗，宝若杯棬，方谋为祠于阁之后，奉先赠君以上数世，俾酌水网鳞，以供岁时之祭。宁谓傲睨王侯，留连光景之为沾沾乎？万历庚戌仲夏记。

十五、瑞雨亭记　明　吴应台

今上御极之九年，岁在丙子，夏五月不雨，至于六月。先是树艺甫毕，田父决其余水，耰而粪之，南方之人所谓火耨者也，旬日一雨，则苗怒而加长，否则肤裂而土坚，本窒而不能发，故匝月之间，遂以旱闻。农家率妇子编柳为笠，竿布为幡，遍诣诸龙湫、岩穴间，捕鱼虾鳅蟹之属，贮瓶水，方几舆之，执械道从，号曰“迎龙”，金鼓之声不绝。

盖涓滴既尽，力无所用，举桔槔、辘轳之工，而毕萃之于此，如狂如斗，见者不能不为之寒心也。

予惧甚，断酒屏肉，朝夕步祷。越数日，不得雨。复逾旬，迫甚。迎龙者五步一拜，号呼叫跳，弥月复不雨。六月十一日甲申，予蹑跷晨出，隶人前报，口张色动云：南溪水一夕暴涨。予惊且喜，急遣觇之，良然。南溪者，城南大溪，所谓浦阳江也。自西徂东，垂百里，与浦邑之境相终始。沿溪则壤，赋居邑额十之七八，故邑以是名之。此外则崇山峻岭，可耕者无几矣。自是截溪以灌，递转而上，迎龙者稍息，而桔槔之声出矣。

浦旧雩地在南郊。初循例往祷，不得雨。予谓南郊为祝融司，方盛夏，阳壮而阴伏，当移祷北郊。月泉之旁有小阜，北望仙华云露之气，呼吸相接，祷之必得雨。

邑士大夫倪常博心开、张孝廉汝金、张差副尚聘、楼孝廉邦鲁，皆然予言。遂步履为余先。逾数日。闻西际殷殷雷声，极目望之，片云黑如笠，三日皆然，不谓即是雨也。

是岁稻获十之六，近溪者全获，而粟荞之收更倍他岁。浦之饥，视他邑为不害。浦人士歌咏鼓舞，咸归功是雨。曰：是雨也，瑞也！欲相与立石志之，予曰：雨也，奚瑞焉？曰：子独不见古之志瑞者乎？五穗之麦，不供一粥，史官书之，朝野颂之。

兹雨于西山之巅，而稔乎东原之阳。且西而兰，东而暨，或以源隔，或以流止，皆不得分其余润，以为沾溉，一似造物之独私吾浦者。然视彼数茎之偶然者，大径庭也，乌可以无志？予曰：若然，诚瑞矣！因捐糈为亭，伐仙华之石以志之。

十六、月泉新龙王庙平基记　清　何子祥

买田于甘雨山边者何？建新龙王庙也。何以建？予莅浦半纪矣，每当亢旱，即走白石潭迎龙，每祷辄应，风雨随神幡而至。浦人感之，既为修白石岩庙，以答神庥。惟去县治稍远，朔望难展瓣香，以昭诚敬，予心歉焉。

一日，至月泉书院，见其东偏山上有旧址，云某代祷雨有应，置甘

雨亭，甚丽，今废。山委蛇南下百步，忽向西，下有田，较平衍。田尽为溪，则从仙华来，环抱如带，屈曲以汇于大江。其前为栖鸦峰，平地卓立如笏。外则为大西山，青翠无际。予得此喜甚，询之，则童生张时风、时中产，共六斗。浦例四斗为亩，除时风愿捐外，余则予捐以清估俸银十六金为购买，有案。然有庙则必有祀产，方绵远。而黄以机捐田一石七斗，予又拨以昙花庵一石九斗，即日兴工平基。有耆民石士成捐石柱四根，并塑龙王、风伯、雨师像于月泉，候庙竣日，另请入庙。

时十月中也，而调平文到，首事者惶惶，予亦忽忽如有所失。既而思之，予于浦未惬心者多矣。虽年来刑政颇清简，得与士大夫议创议修，然风俗未尽醇，颠连困苦，毫无资生之计，而莫能佽助。有望于新任之实力教养者多矣，岂独此庙哉？设官置吏，总为百姓锡福计，事神治民其理一也。必有谅予心而踊跃以成之者。予与董事又何必惘惘哉？聊为之记。

十七、重修白石岩龙王庙记　清　何子祥

神之道与人通，先王之制，御大灾，捍大患，有功德于民者，祀之。夫既载在祀典，则必崇庙貌，为神所凭依，庶几雨旸时，若年谷顺成，迓休和以为民福。今一辈子省方问俗，绩庆安澜，江潮河海之神祠，奉敕建修，制甚巨丽。凡以护国佑民，广祈祉锡，是则体圣主轸念民瘼之至意，以修兴废坠，正守土者之责已。

浦阳故有白石龙王庙，自宋时祷雨有验，封灵应侯。岁久倾颓，残碑断碣，剥蚀苔藓，中几不能辨识。余始莅兹邑，思与邦人士谋葺治之，念民力未遑也。

岁壬午夏，邑大旱，并走境内，神祇不应，往祷焉。复自庙行四五里，有潭曰龙潭，面广半亩，群山森列，瀑布飞流，响动岩谷，清冷之气逼人。于是洒濯其心，为民请命，置盂于潭，有蜥蜴跃入其中，众哗，谓得龙，雨必矣。迎至庙，置诸坛，日正午，天空无云，余讶且虑。已而树杪有声，雷隐隐动，云气渐如泼墨，顷之雨下如注，五日始止。田野沾足，民咸欣喜，请返龙于潭，第见洋洋游泳，矫首而望者数四，然后入于渊，若自喜其有功德于民者。

余始感神灵之不爽，且幸是岁之获有秋也。因念庙将圮，非新之，何以答神贶？顾其费不赀，重烦民力，适明经张君国玉慷慨向予曰："公其无虑，某当力图之。"爰鸠工庀材，费约千金，张君任其半。以庙基之隘也，迤逦而西，拓山之坡，左临崖，甃以石，实之以土，列造精舍，堂之中专以奉龙王。别筑室三楹，以移佛像。又广辟庭院，院外溯流筑台，额以"甘霖"，志神庥也。宽广视前倍三之二，统颜曰"浦阳第一溪山"。盖山水之崇深，楼阁之壮丽，若游洞天，入蓬莱，非复曩时之旧观矣。由是永邀神庇，时和岁稔，众庶平康。斯则忝膺民社者厚幸，而张君勇于任事之心，其亦可以不朽矣夫！

十八、嵩溪重修武曲桥记　清　何子祥

注：何子祥清乾隆二十五年（1760 年）任浦江县令

予尝从中余登三十冈，跻嵩溪冈之半，其高已齐仙华。望之岭外，更有峣然峻绝者，曰"鸡冠山"，视通邑悉如嶂嵝云。上可以观海日，视江潮，委蛇而下十余里，为大姓嵩溪徐氏庄。庄对山亦秀丽，而屋宇较少，田土窄隘。户以烧石灰为业，石凿于对山。蓬厂数十，石宕深浅大小不一，如老屋，如破舡，如锯齿，如悬剑列戟，盖不知凿自何年。东南乡肥田者，悉取焉，并心粉壁。故是乡稻粱虽少，而饥馑不至，秀士亦多。

张君淡斋为诸生时，尝教授于此。中有溪，源从鸡冠来，而两掖山涧小水汇焉。溪口有木桥，名"武曲"，数年即须更置。淡斋览山川之胜，谋于其居停徐宗义辈，瓮以石，上覆以屋，雅整与书斋等，因更名为"利济桥"。淡斋于课诵暇，辄携童冠游咏其上。俯清泉，眺远峰，觉爽气袭襟。而负贩石灰与居人之往来者，常络绎焉。桥成而徐氏之列胶庠者踵起，人服淡斋精堪舆家言，而不知异日登之仕版，为舟楫，为霖雨，其济世安民正未可量，岂独兹桥之利济乎哉？是为序。

十九、修小东门外溪岸西门外长堰记　清　何子祥

出西门而至天坛，约里许。坛以外，为冢累累，其上有良田数十顷，居民数十户。天坛逆水，而房屋傍溪。旁有庙，庙旁有大樟树，荫

可亩许，比南向。小东门水则从仙华宝掌而来。西溪则源于深袅。壬午山水暴发，啮天坛，冲山脚，冢地岌岌，民居漂没者数户，庙亦随涨去，而大樟树根悉露。询之父老，云："水向南流，缘中积成沙滩，贪小利者种枣树，水为树阻，其沙弥积，南日高，而北日下。水从北流，日夜冲击，而庐舍田亩及冢域，势必尽归波臣矣。"予视，果然。小东门，则北乡一带士庶于此出入，而门之左列厕五，由城脚至溪约二丈许，枸树合抱者六七本。城内男妇浣衣汲水，悉资是，亦为水啮至城脚。居人架木板以代道路，行人牧畜悉由之，甚黜陒。枸树则林立水中央，月夜视之，状类数巨人折腰赤足渡水而来，令人骇走。而城垛亦将及焉。

其大溃之由，盖非一朝夕之故矣。因是谋之绅庶，决意修复，丁壮出力，富民捐金。以西溪之害尤酷，先治之。斫枣树，疏壅塞，为堤十余丈，广一丈有奇，更多植杨树，以杀上流水势，导水归南。而于堤之内，令有力垦为田，水益南，而居民、冢地得保无虞。东门则以生员董鹏、张搴董其事，取土垫道，而凿山辇石以为堤。所列之坑厕悉撤去，以肃观瞻，清官地。而水中之树，亦得植之实地，清阴绿影，与西溪大樟树相掩映。居者行者，咸得转灾为祥，去危就坦，董事之力也。两地共需金数百，予虽佐以薄俸，为数微矣。要之，水性无定，况浦山高水低，每当暴雨，其至也骤，兹虽修葺，安保无虞？及其示然而图之，事半功倍，是在后之君子留意焉耳。

二十、治道令各扫除记　清　何子祥

予于庚辰六月莅浦任，时适亢旱，翼日即得雨如注。予喜甚，乘雨往谒城隍神，见街道水深尺许，至溢入人户。予骇询所由，则以沟洫不通故。又次日阅城，城有九门，宽广而倾颓。所经街道，无一平坦，且秽甚。夫城垣非动帑不得筑，至街道，则城中烟火数千家，门临大道，道各有沟，第令家为治道，户为疏沟，而通城之道路沟渠治矣。利人而先以利己，民何惮而不为？为这长者，更何惮而不发一令，以收功于旦夕哉？则以视官如传舍，因膜视之，而绅庶亦安为固然也。

爰召工匠并八隅地保，画段分区，刻日兴工。欹者平之，堑者平之，悉布以石。沟则淤者疏之，塞者浚之，起污泥数尺，农夫争取以粪田，浃月而告竣。予又以治其流必浚其源，水道之阻，多由于街道之污积，日不治，上下盈溢矣。更命晨起，各自扫除，有不遵者，予以薄惩。故数年来，虽霖雨连朝，而沟流甚驶，街道如洗，行李往来，居人出入，咸啧啧称便。

是举也，不费财，不动众，人无怨言，家获平康。其事甚细，而所关于政体者甚巨。《传》不云乎“司空以时平易道路”？予虑后人之视为琐屑也，弛而废焉，何难汛滥如前哉？爰识之以告来者。

二十一、五户各置水缸贮水记　清　何子祥

水火于人犹寇盗，所以救之之具犹兵也。兵可百年不用，而不可一日不备。浦处万山中，地高滩峻，每山水暴至，势若汹涌，然其流如驶，弹指即消，故不患水，而患火。火每年发，次延烧多者至数十家，则以既无救火之具，仓卒间不得水故也。夫火初起，星星耳，斗水可灭，迨其势燎原，虽焦头烂额无济。予令每五家公设水缸一，凌晨贮水其中。每出察视，水干即惩之。数年来，火灾顿息。

初发令时，人颇以为扰。信哉，凡民可与乐成，难与图始如是夫！夫以水制火，犹以兵扑盗，小小窃发，则以数卒擒之有余，无至于兴师动众也。顾更有要者，势炎炎难以扑灭，则莫如官自携钱数贯，令以水至者，一桶领钱若干。细民逐利，顷刻数百桶可集，则炎炎者旋可熄。此所谓用全力一举，而剿之无遗类也。然又须严究火所由起，恐不肖者借灾图利，纵火为抢掠计。此犹兵与贼通，其害更甚，尤不可不重惩之。去此一害，遵彼二条，将火患可以永息。琐琐事，悉身所阅历，知我者其不笑吾迂乎？

二十二、修龙潭道路筑方台记　清　何子祥

由谷口以进潭，路随峰转，径绕溪行，纡回逼仄，跨巉岩，计程五六里，始至潭。樵夫上下，蹊止一线，黄叶积而白云封，明灭断续，几难辨识。肩舆固不能达，芒鞋草履健于探奇者，亦屡虞顷跌。因命工人，随险而凿以砌之，长不计数，宽则定以四尺。筑方台于潭上，整齐

平正，周围以丈五尺为度，高尺有零，中安石塌，以便迎龙祷雨者拜奠行礼。创始则乙酉荷月也。吁！使斯胜而生于西湖、虎邱，当游人如蚁，楼阁杰起，总屡有功于人者，何至如蚕丛鱼凫，几与人寰隔绝？仙山净境，神固不欲人数问津耶？予深为之慨叹云。

二十三、修五路岭至石埠头道路记　清　何子祥

予筮仕得浦，取道兰溪。浦接壤为横墓，由横墓至县七十里，其道纡回曲折，或由田塍，或傍溪岸。其村名则有石埠头、西湖荡、上林祝、横溪庄，至施家庄，则皆山径矣。行十里，则为五路岭下，轿着而望，去天如尺。时当六月，赤日当空，道路为雨水冲激成坑堑，山岩破碎，蹑之如刺。顾视役夫汗流如雨，喘息若不相续。予为下舆，步行而上，谛视两旁，土巄巄而石累累，思何不铲高就低，甃以现成之石，一转移间，则崄巇成康庄矣。夫役又告予，以西湖荡一带，路虽平坦，每当久雨泥泞，足陷不能起，由田中则践禾稻，无奈屈曲群绕山行，其苦有甚于此者，予默识之。下车后，绅士来谒，即语及此，佥曰："是无难，惟公提挈耳！"顾简牍繁冗，不暇是也。

迨年余，刑政颇清简，因延各乡绅庶，设簿劝捐，修五路岭，或出金，或助力。佥董事监生陈元英等若如人轮流督造。锄荆棘，平巉岩，填低窳，转曲就直，拓旧辟新，咸用石铺砌，极牢固。高其中央，低两傍，以泄雨水。旌佳树，用荫行人。自施家庄起，有偏陂则葺之，是岭工最巨，弥月始告竣。其横溪庄、长林祝，则佥举人柳若虎、祝永清；石埠头、西湖荡一带，则卫千总倪兆熊领之。咸悉心区画，其近溪，则苯巨石作岸，列种杨树，以卫其跟。工匠视丈尺给工钱。予公余即携酒肴犒劳，为鼓掌称快，无不欣欣踊跃。其余僻壤小村，农隙令自为平易。由横溪而左二十余里，为太阳岭，则界金华，《县志》有"上方雷雨下方晴"之句，高可知矣。岭视五路较宽坦，然亦颇坍塌，则国学生王圣瑞捐修。于是乎穿云入雾，越陌度阡，雨旸之忧以去，而行旅负担者不至分外困顿。是则修浦路之大概也。

吁！回忆莅任以来，弹指六载矣，愧无德以加父老，幸各士庶谅予朴诚，为桑梓力行好事，予所施薄俸何几？惟此寸衷，为之鼓励耳。而

各士庶向义之诚，不可不大书之，令后人知所由，且以励后人也。

二十四、重浚月泉记 清 薛鼎铭

事有非思议所可究，而必思之、议之，其为说终杌陧而不安，浦江县之月泉是已。自古称泉之美者，大率以澄澈而甘香也。澄澈甘香不离乎形气之间，土石之所钟美，可以思议究也。月泉不专以澄澈甘香，而以随月消长见奇。天下之水，鲜有似于此者。

泉之名，不知昉于何时。自宋以来，其兴废则略可考。乾道时，子朱子与吕成公讲学泉上，名以大著。而前此六十余年，志称县令孙潮得月泉旧址而疏之。则是朱子以前，已不知几兴废矣。朱子后百余年，咸淳间，令王霖龙以其堙久重浚，亦表见于旧志。嗣是，皋羽谢氏以其晦朔弦望之消长，述之颇祥。皋羽迄今，又五百余载。

泉之灵胜，少有称道之者，盖其泉复壅塞久矣。而今书院之在仙华山麓者，犹仍其名。不佞莅任之初，以课士至其所，问其泉，莫能指索。慨然于古迹之沦废，而月泉书院之名实不符也。因遍访于故老，新探于山隅，于旧僧寺关壮缪座下得其遗址，土膏滋漉，涓滴渗淫而已。

今年秋，略施疏决，泉即涌沸而出，遂汇为小池。施以阑楯，泓然一镜。当天空人静，宛然有脱尘垢之想。虽以久废初开，消长之应未能毫发不爽。而按之方隅，此泉之为畴曩真迹，确无可疑者也。夫应不应何定之有？大凡物之钟美于地者有定，而瑞应于天者无常。

月泉，泉之瑞者也，有朱、吕之莅止而献其灵；有方、柳、吴、宋之迭兴而豫其兆，不得乎此，则宁潜伏密林幽草间，不肯自炫奇于庸众之耳目。其所以为泉品之殊特，非徒澄澈、甘香者所能几及也，必欲覃思渺虑，以求盈缩之故，是犹不知灵芝之无种，而必欲导其种：不知醴泉之无源，而必欲求其源。不已过乎？

余宦此几四载矣，见浦江之人士，愿而悫，恭而有礼，且夙承其乡。先生之教，有大雅遗风，安知胶庠中，不又有特出之彦，奋其文章事业，继往哲以耀浙东？吾于此泉之隐，久复见占之也，由是益振厉焉。将学成，而利见皋羽氏之所述，消长无爽者，庸讵不复其故象与？吾与二三子，姑少俟以验之。

二十五、新建龙王庙记　清　胡廷槐

《易》曰："云行雨施，品物流形。"又曰："云从龙。"天时雨泽，其权虽造物主之，而龙之为灵昭昭矣。官斯土者，为民请命，诚得雨旸立应，其功德之厚，感召之灵，自当敬而奉之。我世宗宪皇帝雍正五年，特遣官赍像，饬建庙于省城吴山之上，春秋享祀，凡以重民命也。浦在山陬，田多仰雨，恒忧旱岁。五六月间十日不雨，民辄遑遑，迎龙祷雨，奔走之不宁，其待泽于神也尤急。邑故有龙神庙二：其在泄水山者，地连桐庐，去县且百余里；一在白石山，亦距城十有五里，均未便于祈祷。而就近初无揭虔之所。薛侯之下车也，权废兴，量缓急，于斯民之休戚靡不关心，而尤以斯庙未作为缺典。一时苦无善地，常慨然曰："是诚不容缓者矣。"丙申冬，遂集邑绅士谋之，皆言龙峰之冈，面城市绕山林，俯瞰邑中，烟火万家，瞭然在目，地高而气爽，宜可栖神；又东方生气，万物所资始也，于位置允宜。侯曰："诺哉！"乃捐金为倡，卜吉鸠工，俾绅士傅达、洪仲大、赵文林、俞翀董厥事。经始于丙申十一月己巳，落成于丁酉某月某日。凡为屋七楹间，涂茨丹臒，耳目一新。复构亭于南百步外，颜曰"甘雨"，以邀神贶。于是庙貌崇而神居妥，民咸称善焉。夫职司民社，苟有裨于民生土谷，宜亟为之计。山泽之灵，龙峰之土，前人或有志焉。而迟之至今乃就者，岂其有数存耶？侯惟念切民，依心诚而计决，故能举前人所不逮。某忝主讲席三年于兹矣，爰进诸生而告之曰："往者雨泽偶愆，侯即斋宿于外，露顶蹑跷，虔祷赤日中，因之甘雨零而庆有年。非即此一诚之所感哉。今之民和年丰，安居乐业，神庥也，实惟侯德也。"诸生曰："韪哉！"因序其颠末，用不辞芜陋，而为之记。

二十六、蜃灾葺墓记　清　戴殿泗

（嘉庆三年戊午五月初九日，蜃水为灾）是日申刻，九灵山左腋石门竹里园发蜃数百十处，右腋斤竹坑、马家岭等处及马剑山迤西一带，各发蜃数百十处。冲毁田庐丘墓无数，淹死芟粟草三人，死而苏者二人。荡釜山拔起数抱大楮、松五株，稍次者三株。当楮、松与水冲激时，骇浪飞腾，高五丈而嬴。

二十七、浦阳江溯源（《民国浦江县志稿》）

浦邑之水分三大干，其一为湖源，北流至金沙，入于富阳是也；其一为梅溪，西流至横木，入于兰江是也，惟浦阳江为全县中干之水，由西而东而北，奔流三百余里，与富春江、兰江会于钱塘入海。谢惠连《西陵遇风》诗“昨发浦阳汭，今宿浙江湄”，即其事也。后世文人争就其流辨之，有谓下流入钱清江者，有谓曹娥未溺以前亦称浦阳江者，彼此相持，似皆有理。今姑舍其流而究其源，可乎！距县西四十里，与严建德为界，有井坑岭，自岭脚发源，经下大溪，为浦阳江所从出也。迤北为金童两坞，水由王纸坊并流南下，迤南为横山、塘卜。其下有银坑，银坑以南，有峰突起者，曰茨新岭，桑溪之水出焉，并经花桥入花溪，其东北有杨世尖，为寿溪源。无莱山下为袅溪源，旧志以吴莱读书于此，谓袅溪为浦阳江之源，此地以人传耳。寿、袅二源水经马桥头与花溪合。对南为双珠尖，自独岭发源，由里黄村南流为双珠源，至珠桥头与通化界牌源东流之水合焉。又东罗源北流入之，经新安溪至佛堂岭前，与马桥头以上诸水会合东下，总名为吴溪者，因宋末吴渭创月泉吟社，时方、谢诸老，并主其家，以是得名。北有大箬溪、小箬溪，经通济桥。桥下八里许，即县城。西溪、东溪二水注焉，则西溪源出杭口岭，东溪源出仙华山，二水夹城而南，是为南江。“浦阳十景”所称“南江夕照”是也。宋尚书钱遹、元达鲁花赤那海于此建石桥，筑长堤，人行堤上，斜视睨城中，杰阁飞楼，有如入画图之胜。八百年来，桥堤并圮。胜清季年，复于小南门下东溪口上重行建石桥与堤，以便行人，其有稽古之思乎。自是而下，北有派溪，南有宋溪、槁溪，先后入焉。派溪一发源于仙华之梅坞，一发源于宝掌山，两派合流。经七里桥二里许，曰中埂溪，入于大江。宋溪源出大洪岭，经平安张张孟兼祖宅前，下流与槁溪会。槁溪源出白石山，北流经牛山背、火烧张、下于注焉者也。再东为湖泖山，北泖南湖，山对峙，为水口之第一关也。光绪末年邑人筑石桥其间，复于湖山之腰，建校舍一座，风亭月榭，俯视江流，尘襟为涤。其下桃溪注焉。桃溪源出鲤鱼山，为鲤水源，溪上大小各石，无奇不有，古老相传，陈侯驱石以填湖浉之桥，鸡鸣失候，中止，则近于神话矣。东流八里许，有水从东山马墅而来，至鹤塘桥下入焉者也。黄宅上下，又有南北二水会焉。左溪与澄溪是。左溪源出白岩、大岭间，合流而下谓之双溪，经洪公桥，入合溪，入于大江者也。澄溪发源于义乌之分水塘，经戚村桥，过张学官，至下吴，出口是也。东二里许，又有延寿溪发源于义乌之双山岭，过下畈，经石斛桥合于古塘之村前，其地当潮溪下流，三秋之夜，丹枫渔火，弥望江干，十景所称“潮溪夜渔”是也，螃蟹之美，尤为此地特产。然江水至此，又折而北流矣。普义桥亘其上，缘桥而南，普义中学在焉。学生数百人，弦诵其间，为吾浦中学之策源地。自桥而北下，则官岩山峙其前，如狮蹲、如虎踞，上有胡公庙一座，中秋前后，香市繁闹，往来不绝，真浦东胜地也。过夏禹桥，深溪之水注焉。旧志称在王家祠东北余步，其溪经水阁塘，自北而南入浦阳江，其下有横山、独山，东西相扼守，如龟蛇然，此水口之第二关也。北行二里，有二水从西北来。一曰白麟溪，源出金芙蓉山，穿郑义门东下。一嵩溪，源出鸡冠山，南流经孝门桥，东注。二水分流，过厚芦金，至将入江，则并而为一也。其下为合济桥，宣统三年筑成，今浦钟汽车所经过也。再下为白马桥。傅姓之人居焉。族五百余家，浙赣铁路未通以前，此地为浦人走省亘孔道。碧溪之水过之。出白马桥北行五里，有龙门桥，桥下柳溪之水自维里坞来注之。过此为树蓬，为界牌宣，浦邑之地尽矣。计江水自发源至此，东西诸水悉挟之以北行，其下为浣江，为若耶溪，虽酥溪之水过郑家坞而下，五泄溪之水从浦北而来，皆与本江流无涉，且已在诸暨道上矣。

二十八、湖源流域（《民国浦江县志稿》）

山自浦之南山，折而西，又折而东北，分两干（顺水分左右），皆崇山峻岭。自浦入建德境，历桐庐境，尽于富阳之场口镇，为湖溪之左关。右干蜿蜒起伏，曲折顿放，支分派别，自浦江历诸暨、富阳境内，或分入桐庐境内，尽一支于场口镇之对岸，突起马山，为湖溪之右关。湖溪中流百六十里，入富阳江，俗名壶源。壶溪自唐公岭以上皆浦江，金沙以上，桐浦交错，金沙岭以下至富阳江，皆富阳境，此湖溪之大概也。苞芦棚民，隶浦江者，左干为多，今先详左干。湖溪发源于浦之廿四都五家村中和，出曹源口，与东岭源汇于石宅而成溪，其左干源底有截拓岭、苦岭，逾岭水出严州府之对岸，曰小理埠，岭右则湖溪所自出也。窈深有容，棚民聚焉，土著效尤，不假棚也。湖溪经石宅、杭口坪，大流小流水合流入之，至大黄潭破石洞、西山之间，有廿五都茜溪水入之。茜溪发源左干之马岭，逾岭水出七里滩，下芦茨源，岭右则茜溪所自出也。有瞿岩岭通廿四都，故境亦深曲，棚民土著如之，茜溪经朱宅入湖溪。湖溪过席场桥，延虞大塍，至大畈下黄间双姑溪口，合大姑溪来会，小姑源出左干之黄妃岭，逾岭水入芦茨岭，岭右小姑出焉。越西岁岭与茜溪通，客棚少，而土著者有之。小姑至破桥，与大姑源合。大姑源出左干之刀山岭，逾岭水出桐江之柴埠，岭右则大姑所自出，以马鞍岭鹤塘坑通小姑，棚民土著皆倚之，顺流至溪口，入湖溪。经上河、郎家畈，受小源之水四，曰黄檀，曰时皂，曰古塘，曰何坞，源浅不逮左干，然土人往往业苞芦焉。湖溪经圭坑桥头，而圭坑源入之。圭坑源出左干之牛背，逾岭水出柴埠，岭右则圭坑源也，有子母岭右通大姑，有子回岭左通桐邑之引坑，而牛背高平，下蹲雪水，左倚天堂，盖高山之最平旷者，棚民巢窟其中可知也。圭溪入湖溪后，只廿七都篁渡小源，而源浅不足数，过此则唐公岭，而浦邑之境尽矣。

三都与廿四都隔全岭为邻。三都水不入湖溪，而苞芦亦盛。姑言其岭则所谓右干至马山，为湖溪之右关者也。右干既分，曰山桠岭，曰桃岭，曰杭口岭，曰金坑岭，而金坑岭源水入之。曰胡岭，柯溪水入之。曰彭岭，曰小岭，曰大岭，清溪西源由彭岭、小岭东源由大小车方岭会于水口，至清溪口入之。曰白岩岭，曰淡竹岭，曰三十六岗，曰狮母岭，曰楼元岭，曰牛轭岭，曰乔竹岭，曰三望岭，逾岭水皆入浦阳江，左则长短结成村落，傍壶溪远近。壶溪至下毛店，檀溪水入之，檀溪左源出车方岭，右源出廿八都淡竹岭、狮母、楼元岭、乔竹岭，其中绝无棚民，惟廿七都湖塘一棚，亦暂耳。此皆水出唐公岭上者也。又十里，至何家对岸，有山河水来注。山河岭通廿九都，其左有乔坞岭，通廿七都，其巅有胡头山，颇平坦，水分注廿八都，故此间棚民集焉。湖溪出桐庐境，入浦江所辖之下坞口，有鲍家村、戴家坞源，源浅以棚民故及之。湖溪过鹰嘴滩，至溪西有小溪口水，自九灵山来注之，九灵山者，马剑戴氏阴阳两宅之祖山也。右干至洋塘，忽开平畈，陈仓暗度，卓起奔腾，直走紫阆，反肘一挥，为诸暨县下诸山之祖，而五泄山所由随之，以绕洋塘之背者也。面则耸身迎流，张右臂以挽湖溪之水。九灵特起，石门、金竹两涧夹从，此棚民所以得借栖也。对面大鄔山河亦然。廓其有容耳，乔竹岭、半坞岭、王村岭众流争趋，咸归小溪之口。呜呼盛矣！金沙一镇，而湖源大溪荡漾内蕴。湖溪既过金沙，恋恋不欲径去，篙师谥之曰回龙窟，乃至查口。查口者，查溪之口也。麦畈厅基，村落内聚，而洋坞尤为棚民之宅。盖车岭横长，自马剑之金竹坑，蹲蹬而上，背临诸暨，头垂富阳，中间诸源无所不达，宜乎苞芦漫山，砂石平田矣。纵横求之，乃可。湖溪绕竹园至坑口，有下圭坑水入之，圭坑源深而村居盛，自查口来者过三茅岭，自马剑来者过车岭而逾石苔岭，则经龙门大臧村，客棚主业，实繁有徒，其固然耳。湖溪又至寺口，以中有万春寺故名，棚民之逾万春岭至横蛇，免厉涉凡三四处焉。湖溪又至横蛇，不必深源，而屋后山顶皆苞芦矣。自横蛇至场口之马山，凡二十里，安各小泉，已属平阳之境，其砂土乱石，视各山略有间也。此自浦江廿四都分右干后，诸源之大略也。湖溪又五里，入富春江，其下即长山陇东江流矣。

二十九、梅溪源流（《民国浦江县志稿》）

浦邑西溪之水，以梅溪为正干。通化一乡，梅溪之流域也。梅溪发源于六都之大洪岭，西溪至九都之潭头，蜿蜒五十余里，与兰溪横木接界。自大洪岭至横溪二十里，至长陵祝十里，至石埠十里，至横木又十里。有谓横溪以上曰洪溪，长陵祝以上曰陵溪，石埠头以上曰石溪，其间有沈溪、蜀溪、密溪，其下有王沙溪、马溪、龙溪先后合焉，皆以梅溪名者，以宋尚书梅执礼祖居梅街头，水以人得名也。

今试别其源委言之，按大洪岭之西为钱宅，水由钱宅西流，合桐坞岭水，经虞街西下，其南有城头水，自黄茅尖发源，分马岭、龙门二坑，合流至城头水口，由石井岭，出双溪桥，与洪溪合流，经双溪口施宅，由大洪桥出焉，其北有沈溪，自伏虎殿、五六岭发源，经沈宅（以明进士沈文名，其溪为沈溪），由上甲山，至渔塘下，村北水出界牌源，东流入浦阳江，村南水入沈溪，经陈派宅，至百岁坊，入洪溪。流至王北山，对南有汪村陇、上下木坑，沿横山为横溪。北流出猫儿桥入洪溪，经横溪殿前而下。又有兜膝岭水，经峡口坑，沿乌蜀山为上蜀溪，由溪口店至松柏桥，桥之上为上街头，下为下街头，以此溪横亘其间，亦名横溪。北流入于洪溪，经唐孝子陈太竭墓前，对北有芦溪，由芦西村前入焉，南有纪师岩（为元柳贯读书石室）发源，为中蜀溪。由汤坞至横溪街口入溪，经青山岩至宋宅，易洪溪名为陵溪焉。其北有大施源，由横塘出下溪前入陵溪。对南有大、小风门二岭，并百节坞水，由华藏寺，至田畈周西塘下，与蜀山后之水坑岭、何岭二水，合流为下蜀溪。由白枣岗新殿前，经通津桥，出蜀溪口桥入陵溪。又南为梅街头水，经梅大畈下梅桥为梅溪，出白枣桥至长陵祝顶入焉，始名洪溪，继名陵溪，至是始定名为梅溪矣。其北有八仙岗水，经下马源岩下与道岸丘、钱宅水合流，经杨公及洪斯坞水，由下马桥头，出溪口周入陵溪。又有梅坞，合砚塘岭水，经官塘源，由墩头市出焉。其北支流之最大者，曰密溪，发源于叶山慈大坞，汇于洞主殿前，由白岩下，合塘坞源水，经密溪岩寺口为密溪源，并里店水，至万罗山，及内外白坑水，出杨村庄下入溪，至石壁潭，又名大溪为石溪。潭水甚深，不可测，即上下断流，水亦不涸。清光绪十八年间，禀县主善公，禁为放生池，下至乌鱼潭，有禁捕鱼碑为界。潭南有转轮岩水，合里井、分路头、官岩陈、前倪、下仇、唐店诸水，均出下箬溪，上下分流入之，迤北寺坞塘下，及倪大村龙池（为明进士倪尚忠仁祯父子祖居），水出戴宅下畈溪，由外潭王桥下出焉。又有梓树岭源，自倪大功岭外倪湖村等水，经荷宅庄下入溪。又西庚山水，由西庚坞迪塘下，至石埠头村后入溪，是皆北水之南流也。其南水之北流者，惟王沙溪、马溪二源为最巨。王沙溪源出太阳岭，自黄源上徐公馆前，经郑道门钱尚书墓前，由王沙溪庄，左会大尖头峡水，自蒋塘上李葛田，及塘下张、石鼓钱（为宋尚书钱遹祖居），并汪村迪塘钱水，出洪福桥入焉。马溪源出薄刀岗、汤邵诸山，自狮岩下、前店，由白沙殿前西山干、岩下钟宅而出马溪口。又有塔溪者，源出黄马尖，自平青协村，出塔溪下者，亦自南而北流，要皆汇于塔山脚。通洲桥内，挂钟尖者，罗星之所镇也，其在溪北罗星外者，山源浅狭，姑置勿论。南则有龙溪，自金华山龙门发源，分上青岩、正观寺、横山塘三支，由大源出龙门坑口，半源，三支合流，至寺库五龙桥汇为刘源。自刘源前陈观音殿，合西庄与点坑水，至王村蒋畈，由潭头庄顶，出龙溪口，而入梅溪焉。向西入横木，至兰溪界矣。再北有菊花源水，源出蒋兴坞，经上司钟宅、洪塘里、新塘边，与梓树岭后水，经章坞蒋村，入兰界，为小梅溪，至柏树下，与大梅溪合焉，自发源至界，五十余里，自界至入江处，四十余里，凡西流百里有差。

第八章 诗歌旧咏

浦江作为“浙江唐诗之路”上一颗璀璨的明珠，其诗歌文化历史可以追溯到南朝。历史上，浦江的文人墨客、才子佳人留下了许多“浦江水仓”值得传唱研究的诗词歌赋，今撷录其中一二，予以分享。

浦阳旧有明月泉，久而不应，今乃疏道其源，似颇与弦望晦朔之间相为消长者，遂作是诗　元　吴莱

大区何浑沦，元气乃潜泄。忽然为山水，无往不融结。
遥天偶一照，厚地空余洌。盈将光共生，涸与魄同灭。
玄机自消长，至理谁圆缺。发挥虽有在，窥测尚未决。
枯柤曾几栖，断湫遽中裂。半倚岚翠云，微通海潮雪。
昔人来推求，于此得表蕝。虚亭奚其敞，静甃独不啮。
岁年竟悠远，沙石渐填咽。宁加疏瀹功，肯使见闻亵。
恍疑合图经，环坐到稚耋。傥非蟹投埼，几类鲋处辙。
纤纤浮晶彩，湛湛浸寥泬。旧观方尔还，真源可吾绝。
争言彼月行，岂为兹泉设。萧丘胡长寒，汉井或再热。
逝寻白兔公，直探神龙穴。狂歌水仙词，击碎如意铁。

闻家乡旱甚　清　朱寓

眼见临江旱，家乡闻亦然。荒年偏闰月，异地竟同天。
信到夜无寐，愁多秋可怜。日归归不得，谋寄卖文钱。

得雨　清　朱寓

得雨了寻常，久旱实奇物。欲买问青天，万金无一滴。
雨非天所罕，鄙吝胡此极。竟如足谷翁，谷贵闭之籴。
今朝忽慷慨，珠玉倾盆掷。初为撒豆声，旋作翻江色。
龙战血元黄，禾与人俱活。未雨雨何迟，既雨雨何急。
此雨定须雨，何不于前月。似天故窘人，与饮俟其渴。
渴者饮诚甘，饮矣渴未歇。愿天饫饮之，好雨得复得。

望雨　清　朱寓

黄梅不做怪今年，望到分龙又眠。
天意实教风当雨，人情空想海为田。
香烟是处供泥佛，升斗何时乞水仙。
渴尽池塘智尽井，眼中惟有汗如泉。

大旱叹　清　贾应鸿

嘉庆七年岁壬戌，魃虐道死救无术。
亦越辛未旱又臻，十室逃荒虚九室。
甲戌乙亥复少收，闾里老弱捐渠沟。
地僻所幸无兵燹，草根树皮食已周。
意者否极时应泰，讵料今年旱最大。
白岁翁云见未曾，赤帝威权毋乃太。
四月十五暴雨狂，四野漂没田无秧。
天要长晴故泻尽，入夏九十日骄阳。
闰六交秋一朝雨，万颈齐延农起舞。
霎时中止天又晴，杯水车薪亦何补？
二麦大歉田禾无，荞干粟萎菜复枯。
重阳已过小春至，仍然无雨民谁苏？

旱荒叹　清　贾应鸿

五月一雨三农喜，皆曰时若丰年矣。

讵料祝融正当权，火伞高张火龙起。
火龙夭矫盘空中，喷光吐焰青天红。
炮烙地媪日惨酷，助虐煽以轩轩风。
雨师焦额抱头窜，云母血面拂衣散。
俯怜壬公刮骨熬，回看田祖通身烂。
稻苗柔脆民所天，出土尺短僵腴田。
秋边得雨或苟活，蓐收瑟缩仍迁延。
三农号泣百无救，谷旱并无粟与豆。
荞麦种子价顿昂，仟五伯钱悭一斗。
忽焉风雨乃大来，连宵达旦波崔嵬。
高阜人家半扉水，近港瓦屋余蒿莱。
传说浮尸多于鲫，草裹蒲包掩骨骼。
余皆漂没杳难寻，茫茫何处撩魂魄。
天胡嗜杀旱复荒，致之由人难揣详？
潸然泪下不敢怨，起爇一瓣平安香。

偕宋景濂、戴叔能陪蔡士安、韩思学游月泉书院得“矣”字

元　王祎

良辰盍华簪，出郊余二里。精庐寻月泉，散策稍游止。
吾邦宋巨儒，厥有吕夫子。渊源自濂洛，述作偕经史。
维时紫阳翁，志合道相似。律吕相倡宣，规矩互模拟。
传绪斯有归，正学固如此。兹土昔过化，百世崇明祀。
余思尚蔼然，盛德非远矣。后生抱区区，结发蹈先轨。
今游虽云乐，车马谢繁靡。望远登高址，临幽玩清泚。
仰惟古人意，岂敢肆娱喜。仙华翠如削，引领足频跂。

月泉书院　明　盛夬

吾邦宗丽泽，似觉月泉小。泰山俯云亭，乔松施萝茑。
乾淳大儒出，天下同师表。惟我父母帮，涵濡深更早。
畏垒化庚桑，晋人咨史赵。乡称丽泽规，家诵成公稿。

尸祝到精舍，百年荐芹藻。浦川北山北，分祠殆非矫。
当时紫阳翁，切磋互相考。大名垂宇宙，过化其音昭。
并祀两夫子，月泉未易少。但恨碑者谁，潮月征庐肇。
明魄易其位，视月目犹眇。举此酹儒先，神或吐觞醥。
山水识儒宫，褒衣垂大祒。江汉以濯之，吾道云皓皓。
作诗语同俦，路迷须见晓。九轨鸣和鸾，慎勿从骖筱。
明月照空潭，万丈云阴扫。

月泉怀古　明　郑守儒

疏林衰草讲堂深，往哲芳纵喜乍临。
朱吕谈经传绝学，方吴吟社有遗音。
几番穿凿泉非旧，一鉴清寒月到今。
为语游人休浪汲，渊源还向个中寻。

月泉书院怀古　清　朱兴悌

化雨当年精舍开，考亭讲学与东莱。
须知杖履名贤集，共企渊源胜地陪。
泉脉于今仍泼泼，月轮终古总皑皑。
寻幽莫负高山仰，先觉堂中泽未颓。
公亭深处路萦纡，吟社由来韵事殊。
遗老标题曾制锦，名流雅什亦联珠。
春风栗里心堪赏，化日桃源迹未孤。
剩有田园探杂兴，分明一幅辋川图。
《离骚》读罢问苍旻，曾憩当年汐社人。
燕北不归文相国，台西长恸宋遗民。
冬青有树埋陵骨，晞发无家剩只身。
魂到月泉仍俎豆，不将许剑委沉沦。
春诵依然碧水盈，缅怀古社读书声。
河东博士匡庐句，深袅山人蠹简情。
午夜开帘窥皓月，凌晨把卷听啼莺。

沉吟讲席今犹昔，谁与金兰订旧盟？

月泉书院怀古　清　楼承顺

月泉泉应月，千载涤尘襟。
地与清溪近，云含古树深。
芳怀依讲席，梵语杂书音。
道脉传朱吕，徒惭私淑心。

月泉书院口占　清　张邦彦

胜赏曾经证昔贤，盈虚悟道一青毡。
问渠消息归何处，泉在池中月在天。

月泉鼎新　清　张守涌

别业关名教，重辉古月泉。寒波无昔影，正学有遗编。
朱吕神如接，方吴诗更翻。地非鞠草日，人是拨云天。
好雨连新塌，清风理旧弦。境幽僧习静，士奋吏称贤。
合浦珠仍合，圆灵镜复圆。溪门吟活水，蔚起大薪传。

月泉春诵　清　郑鸿明

澄波澄魄两莹然，把卷相看逸兴翩。
悟到盈虚心似月，坐来活泼思如泉。
时哉化雨怀先哲，快也春风启后贤。
缅想田园吟社在，更谁韵事继当年。

月泉春诵　清　郑晋卿

泉倍清兮月倍明，二公绛帐盛名扬。
盈虚消长凭弦望，桃李芳菲即简狂。
地满蟾辉流玉屑，花飞水面叹文章。
渊源皎洁高千古，回首人琴已渺茫。

宝掌冷泉　清　郑晋卿

飞锡名山宝掌开，明珠显出冷泉胎。
一泓能解相如渴，千岁曾传长老怀。
翘首高峰参北极，清心甘露自西来。
云封洞口僧何在，流水猿声动暮哀。

月泉春诵　清　卢镐

还从月窟涌山泉，晦朔盈虚岁历千。
雨笠魁儒曾接席，春园社兴记当年。
波声徐应弦歌节，佳色深环芹藻筵。
漠漠苔花埋古甃，谁思吾道久经天。

宝掌冷泉　清　卢镐

阿耨池分一勺甘，兜罗锦里挹飞泉。
快如佩剑能开石，洁比方诸忽泻天。
掷瓦不来童子戏，浣肠便会老僧禅。
清凉绝胜金茎露，却笑铜盘铸汉年。

卢镐，鄞县（今宁波）人，字配京，号月船，晚称月船居士，藏书家、书画家、诗人。乾隆十八年（1753 年）举人，官平阳教谕。有《月船居士诗集》。

月泉春诵　清　曹开泰

名泉岂是昔时泉，白月依然照讲筵。
赢缩已难圭影测，春秋犹喜诵声传。
悟生玉鉴冰壶里，梦绕鹅湖鹿洞边。
二老瓣香知有在，天渊活泼是真铨。

宝掌冷泉　清　曹开泰

勺水能飞六月霜，劈开石穴走金浆。

名山要卓高僧锡，甘露先凝选佛场。
半壁寒漪毛发冷，一瓯新茗齿牙香。
游人内热知多少，瓢饮何当满腹尝。

曹开泰（1750—1819 年），坦溪（今金华市金东区曹宅镇）人，字文鸾，字佩卿，号珩园。候选训导，嘉庆十年（1805 年）至二十四年任东明书院山长。有《宜弦堂诗抄》。

月泉春诵　明　张应槐

泉自混混月自明，天教泉月象亏盈。
和歌欲借阳春色，起舞先闻弦诵声。
三峡雄源霏玉屑，九霄清露吸金茎。
只为冠盖鸣珂里，稽古宁忘宿昔情。

宝掌冷泉　明　张应槐

无削玲珑锁大荒，吟龙先吸冷泉尝。
何来老衲传千岁，携得高峰到上方。
宝掌有珠还的皪，禅心无地沙暍眠。
若得慈航离苦海，壮心灰尽此逃禅。

张应槐（1525—1617 年），龙溪（今浦江城区）人，字汝檀。万历丙戌（1586 年）进士，官湖广屯盐水利参政。有《续浦阳人物记》。

月泉春诵　明　潘泰

精舍清虚依水月，六朝建制意何穷。
中原道脉还同派，两浙儒流只二公。
济济英才从化育，堂堂文运冠西东。
等闲不是咿唔地，谁洗穹碑树旧风。

宝掌冷泉　明　潘泰

古洞东西悬两磬，登临苍翠满衣衫。
清泉迸出寒泷湜，孤掌撑开半壁天。

长老千年空卓锡，人间万事总虚瓮。
倦游拂坐松荫石，静看闲云自在还。

潘泰（1348—1414 年），枫树塘（今浦南街道潘宅）人，字树滋，号兆南。

月泉春诵　元　钱惟善

泉在空山月在天，东莱夫子武夷仙。
担簦有客来长白，载酒何人学太元。
心印寒潭同皎洁，书声春雨杂潺湲。
一灯肯借栖松桂，饱听南薰鼓舞弦。

宝掌冷泉　元　钱惟善

清冷寒心白芙蓉，灵物蜿蜒古有龙。
山见县华森宝掌，洞藏贝叶殷金钟。
听猿欲访三生石，见鹤还疑五老松。
赤脚只从泉上去，萧然卧雪看云松。

钱惟善（？—1369 年），钱塘（今杭州）人，字思复，号曲江居士，心白道人。官儒学副提举，张士诚据吴后不仕。与杨维桢、陆居仁合称三高士。有《江月松风集》。

月泉春诵　元　柳贯

有盈有泚即寒泉，犹隔芦峰道里千。
岳麓云深藏策处，匡山人老读书年。
松楠叠影青浮几，华树生香晚入筵。
稽首堂中两夫子，六经言远视如天。

宝掌冷泉　元　柳贯

一勺曹溪未是甘，刺山容易出飞泉。
消融太古岷峨雪，澄映中秋沆瀣天。
挂树青猿窥洗钵，眠沙白鹿伴安禅。
岩笼无缝身如石，逆数高僧入定年。

柳贯（1270—1342年），浦江湖塘里（今兰溪市横溪镇国庆）人，字道传，号乌蜀山人，与黄溍、虞集、揭傒斯共称“儒林四杰”。官翰林待制承务郎兼国史院编修。有《柳待制集》。

感泉溪诗　清　童家庆

胎分派合一泉溪，蜿蜒无波声自澌。
鸡犬却闻流水外，杏桃斜映碧沙堤。
小桥平渡云间日，渔子垂纶路转迷。
今日武陵谁做主，濯缨童稚傍荫栖。

童家庆，上童山（今属花桥乡）人。

过沉湖塘　佚名

水镜澄清顷千开，凭虚纵目若无涯。
朝天巨鲤随波跃，驾雾神蛟带雨来。
风起千纹铺锦绣，日晴四岸悉蓬莱。
天光云影虽浮上，俯瞰无余旷我怀。

潜溪堰水　佚名

门前一堰水长流，邑宰迟公惠泽留。
曾记当年蒙判断，滔滔不舍到千秋。

月泉　元　吴莱

浦阳旧有明月泉，久而不应。今乃疏道其源，似颇与弦望晦朔之间相为消长者，遂作是诗。

大区何浑沦，元气乃潜泄。忽然为山水，无往不融结。
遥天偶一照，厚地空余洌。盈将光共生，涸与魄同灭。
玄机自消长，至理谁圆缺。发挥虽有在，窥测尚未决。
枯查曾几栖，断洑遽中裂。半倚岚翠云，微通海潮雪。
昔人来推求，于此得表蕝。虚亭奚其倘，静湫独不啮。
岁年竟悠远，沙石渐填咽。宁加疏瀹功，肯使见闻亵。

恍疑合图经，环坐列稚耋。倘非蟹投碕，几类鲋处辙。
纤纤浮晶彩，湛湛浸寥穴。旧观方尔还，真源可吾绝。
争言彼月行，岂为兹泉设。萧丘胡长寒，汉井或再热。
逝寻白兔公，直探神龙穴。狂歌水仙词，系碎如意铁。

月泉春诵　元　吴莱

古木丛中息世喧，老生力学掩溪门。
危弦未绝人须听，蠹简多忘我欲温。
白兔流光分石色，苍龙拥沫验沙痕。
从今更浚源头水，莫待投胶与救浑。

宝掌冷泉　元　吴莱

乍拨山亭木叶堆，老僧千岁喝岩开。
天从白石云根出，地带青泥雪髓来。
竹影自深斜映月，鱼腥不到半凝苔。
世间梦渴知多少，可待金茎露一杯。

吴莱（1297—1340 年），吴溪（今浦江通济桥水库库区）人，字立夫。元祐庚申（1320 年）荐礼部未就，隐深袅山著述，为义门郑氏教席。有《渊颖集》。

咏月泉　元　徐木润

兹泉以月名，与月共亏盈。
万古自辉映，一泓常湛清。
地通沧海脉，气合太阴精。
未尽形容妙，余诗想像成。

徐木润，金华人。

宝掌冷泉歌　清　王夔

宝掌之山冠金浦，寻幽选胜自今古。
层峦叠嶂相勾连，不时岚气蒸云雨。

上界高发仙华山，下方泚泚流清泉。
香甘好比金茎露，承来石罅时涓涓。
鱼虾不到水常涌，半壁凝成雪霜重。
浮光掩映指生寒，探取源头神益竦。
自来老衲寿盈千，行尽中州数百年。
手持一杖握玄妙，大瓢贮月资参禅。
更闻深袅吴夫子，乍拨荒林旋挹水。
遥从一脉溯渊源，际此风流共标美。
揽之真堪涤俗襟，聊资一掬清我心。

王燮（1773—1842 年），深溪集凤堂（今郑宅镇樟桥头）人，名可大，字功甫，庠名燮，字用和，号次轩。邑庠生。

郑塘涵月　明　吴思厚

秋夜林塘净一泓，云开风静月初生。
珪痕倒浸寒波底，疑若兹泉有璲璜。

雨町春耕　明　吴思厚

春雨纷纷水溢畴，村翁终日荷蓑耰。
自古勤苦恒无惮，黍稷多收愿有秋。

吴思厚（1378—1451 年），芦塘（今仙华街道大许）人，名嗣潛，字思厚。自幼随父在伯父四川左布政吴彦珍处，父逝后佐伯父行事。归老浦江仍手不释卷，精于书法。

鹤塘　宋　黄震龙

星星鬓影雪霜堆，还入骚坛镜里来。
鱼蓄池中何日化，鹤飞天际几时回？
何妨落笔诗千首，赢得开怀酒一杯。
心地清闲随处乐，欢娱奚必候登台。

黄震龙（1222—1295 年），合溪（今黄宅镇上宅）人，名寄父。梦弼子，裳侄，咸淳丁卯（1267 年）进士，上书论斥贾似道，抗节不仕。

有《松轩稿》。

鹤塘　明　郑柏

鹤塘之水如西湖，清波潋滟金碧铺。
轻风时来飞云浪，皓月浸景湛冰壶。
神鱼变化知莫测，潜伏深渊以时出。
群山众壑齐生云，腾波一跃高千尺。
天台墨客中书贤，鳞鬣笔下生云烟。
玉堂得此清梦远，持赠鹤塘之隐仙。
隐仙词章世英妙，名满朝端尚高蹈。
三亩儒宫十畝园，两顷荷花一兰棹。
观鱼自得濠梁乐，不若玉璜渭川钓。
水光山色有余清，濯缨歌罢闲舒啸。
天池跃鳞会有日，蓬瀛刷羽何时到？
三复兹图怀故人，写寄狂歌君莫诮。

郑柏（1361—1432年），郑义门（今郑宅镇郑宅）人，字叔端，称清逸处士。受业朱濂，后从学宋濂。有《金华贤达传》。

长塘八景诗并序　清　张以本

长塘之水，其源发自双溪。纡回十余里，至此始与汭会，故又名合溪。自黄氏始祖卜居于此，乃导水上合而截其下流数百步，筑堤为塘，以资水利，则今日之长塘，即昔日将合未合之合溪也。故其形绵衍如带，环于宅前。虽其间古迹不无废兴，而波光月影、柳浪松风，足以供人流览者，四时不同，朝暮异况矣。余友黄子得行居塘之湄，去余馆处不满里许，故余亦得时领略焉。一日者袖长塘八景句以倡吟坛，向余索和。余思长塘诗社初盛于南薰楼之分韵，再盛于世德堂之会饮，几乎打破黄鹤楼矣。况落魄如余，何堪以巴曲俚词唐突名胜，而吾友怀古情深，则欲借是以昭来者也。其守先待后之志，又曷可少哉。遂于课余逐景步和，以供喷饭。

张以本（1688—1743年），龙溪十甲仁房（今浦江城区）人，字道生，号东皋。邑庠生，乾隆丙戌（1706年）考授候选教谕。

长塘怀古　清　黄凤纪

古城西上千余步，长塘百顷浴乌兔。
天开地辟几多年，畸人逸士浑无数。
闻道宋末田居子，从容耕稼恒于此。
作歌九章写闲情，《春秋》一卷启吴氏。
岩南皋羽与交游，芳名高洁传千秋。
田园杂兴联吟社，林壑逍遥卧道周。
当时名士皆佩服，敬如边孝便便腹。
迄今数历六百年，遗编散尽何从读。
小子临塘忽怀古，徘徊怅望风和雨。
双溪渔隐亦遗民，道是颠生之鼻祖。

黄凤纪（1859—1927年），新屋小房（今属黄宅镇六联）人，名从律，字轶凡，号元卿，又号符卿，晚号颠生。邑庠生。有《啸园诗》《青萝唱和》。

塘沟灌溉　秦亿

一泓派出自塘沟，溶溶沾溉偏田畴。
风动鲲鲸兴巨浪，雨余鸥鳦浴盈秋。
不追浩瀚三江阔，更胜汪洋四渎周。
从兹氓俗无荒草，万顷黄云岁岁收。

隆溪十二景之八石古堰　明　张贞

堰名八石古人留，沟水盈盈济陇邱。
潦有绿波千顷碧，旱无枯涸万家收。
岁登获刈增埤岸，时暇施工运石牛。
百谷播来农务急，不须临渴掘泉求。

隆溪十二景之庙山古祠　明　张贞

古祠一座镇山头，老少相传数百秋。

塑像有严人景仰，荒碑无字草封稠。
千年香火灾祥告，百世居民旱潦求。
愈久愈能施感应，四民清泰荷神庥。

隆溪十二景之义峰晓风　明　张贞

晨烟飞过碧嵯峨，水旱能占应验多。
拂晓淡云笼石笋，应时甘雨泻天河。
浓烟绕麓增愁叹，赤日烧空炽酷苛。
传道峰峦钟秀气，蝉联冠冕壮山河。

张贞（1422—1507 年），隆溪（今黄宅镇张官）人，名守贞，字发祥，号隆溪，成化丁酉（1477 年）举明经，授上杭司训。有《隆溪集》。

嘉溪十景之马塘澄波　明　钱叔养

芳塘十亩碧悠悠，坐石偏宜把钓钩。
光映水云相上下，影随鱼鸟共沉浮。
澄清冷浸三更月，灌溉登丰八月秋。
杨柳阴浓波泛绿，凉风长在屋东头。

嘉溪十景之梓里沟堰　明　钱叔养

窅窅嘉溪十里长，熟梅时节势难量。
江流拥埭如巫峡，水急翻洪似吕梁。
春雨一川蒲叶短，秋风两岸稻花香。
居民借此饶丰岁，黍稷年年足预藏。

钱叔养，即钱鞠。

钟岩龙溪四景诗之静庵塘　佚名

静庵塘水碧，活泼动天机。
日月长沉际，鱼龙变化时。
晨初箫笛奏，夜半斗星移。

洁净涵天秀，圆灵古所稀。

钟岩龙溪四景诗之白塘草堰　佚名

白塘开宝鉴，一望甚汪洋。
塘罩鱼龙化，堤围鸟色忙。
炎天能彻暑，凶岁可滋荒。
虽贮是泉物，功堪济国粮。

横街八景诗之龙井胜迹　清　叶维城

万仞山头井一丘，荒民何事致心求。
神龙遁迹渊波底，霹雳分声天际头。
化境未容人亿度，灵泉长许世传流。
休教四海频舒望，广赐甘霖济九州。

横街八景诗之楼下涌泉　清　叶维城

龙楼楼下凿甘泉，宅第储祥不等闲。
重门影吸银波皎，午梦光浸碧浪寒。
汪汪滋味盈厨灶，湛湛清辉满石栏。
频汲应知轮暗活，有源千古不愁干。

横街八景诗步前人韵之龙井胜迹　清　倪葆仁

怪石云山水半丘，南征虔祷尽心求。
不知此处生何脉，也有清泉涌石头。
霹雳宏声连地震，龙鳞细汗遍天流。
甘霖下沛渊源远，泽济横街利一州。

横街八景诗步前人韵之楼下涌泉　清　倪葆仁

备闻龙井涌甘泉，滋味汪汪不等闲。
银波皎洁光弥淡，碧浪清新水倍寒。
鲜渴何须传酒肆，揉瓢不许倚门阑。

源头活水山楼转，取用无时也不干。

林塘晓色　明　方彰

碧草离离珠露晓，枝头淫透青衫鸟。
海日微红波渐明，凉飔习习吹元昊。
妆栖次第镜初开，野寺晨钟声自杳。
儿啼应为梦初醒，夙积烟尘时自扫。
临轩抱瓮灌新花，芟爇剪蔓无情草。
幽幽少径伉君峰，不问前驱临大道。
东壁何须图史充，西园不必琴书绕。
坐间休羡玉屏风，喜颂欧苏词峡倒。
不衫不履放吾怀，求个呆痴天下少。
颠毛种种白如霜，历遍风尘何物好。
齿残舌敝度余年，不策元藜形自老。
方翁有祖显仙踪，亦叶留芳犹可考。

方彰，洪武正统年间（1368—1449 年）林塘（今黄宅镇古塘）人。永乐甲午（1414 年）举人，官广西参政。

林塘十景之古塘秋月　明　范思祖

澄波浸天天悠悠，太阴一片涵清秋。
烂银销烁凝不流，天吴宫阙金光浮。
婆娑丹桂碍龙楼，天吴夜唤吴刚修。
吴刚蹈天斫玉球，蟾兔惊走羿复忧。
二八之后成玉钩，清冷惊动龙与虬。
长庚在天不可求，安得到此骑鲸游。

范思祖，豫章人，字敬先。

林塘十景之古塘秋月　明　程石琮

月出古塘上，照见东林树。
碧时流素光，青枝濯寒露。

凉空秋冥冥，仰闻笙鹤度。
桂宫谅非远，乘风从此去。

程石琮，广平人。

林塘十景之古塘秋月　明　郑元凤

林塘溯皇古，悬月时亏盈。
高秋气殊肃，水天抒空明。

郑元凤（1484—1526年），郑义门人，字廷岐，号麟溪樵。

林塘十景之古塘秋月　清　郑尚莀

月照古塘上，皎皎秋气多。
此塘云已古，古人复几何。
横柯撑疏影，投袂激明河。
空水相与碧，波光共凝涡。
万里捣素辉，清虚珮婆娑。

郑尚莀（1636—1707年），郑义门人，字良翊，号立羽，晚号钓叟。

林塘十景之古塘秋月　清　郑梅屿

秋色沧桑容易换，冰轮今昔未曾殊。
林塘处士停杯夜，也向清光问得元。

郑梅屿，瀫水人。

林塘十景之燕尾溪流　明　范思祖

山奇水偶天生成，一溪却作两溪行。
并州剪刀快且轻，剪破吴湘分不平。
左溪气势迷沙江，过滩触石如雷鸣。
右溪隐秀量不衿，细流脉脉全无声。
左溪春暖生浮萍，右溪秋净如冰清。
安得小大成一泓，江湖河海齐其名。

林塘十景之燕尾溪流　明　郑元凤

归燕欲何之，低飞分尾垂。溯洄从伊人，在水之一湄。

林塘十景之稻蓬雨霁　明　范思祖

膏腴百顷如云烟，甘霖霡霂如酥妍。
老农乘时驾雨犍，优渥沾足块不坚。
二百五十皆秫田，稼穑刈获争相先。
青黄垂垂便纪年，一岁当取三百廛。
不轻不偿得自专，击壤高歌人共传。
沙坡草软宜醉眠，休将白眼望青天。

海塘春雨　清　佚名

一鉴芳塘仰旧题，先人遗泽雨澌澌。
文孙珥笔情何极，春动赓歌感白圭。
雨洒春塘翠浪新，一泓称海宛无垠。
灵钟千古文明瑞，辉映余澜世泽臻。
冠海于塘旧泽遗，春风拂雨蹙涟漪。
丝丝不断波心绿，派衍萦洄系我思。
雨润青阳处处同，风光偏觉海塘浓。
波澄岸柳山松翠，泽沛千秋一片洪。
每念遗迹感世恩，塘逢春雨古风存。
今秋甲子修明会，意马心猿献祖尊。

海塘春雨　清　洪继效

海塘纪胜爱春融，好雨知时四望通。
雾谷平铺青垄外，波纹细簇绿荫中。
膏浓别墅炊烟湿，翠敛长堤土脉丰。
柳浪松涛都淡荡，生机活泼润无穷。

洪继效（1767—1801年），东市（今浦江城区）人，字崇人，庠名汝弼，字良赉，号龙峰。郡庠生。

海塘春雨　清　洪祖淳

海塘灵胜古来传，春雨溟濛景色妍。
隔岸夭桃鲜有汗，沿堤娇柳翠含烟。
披蓑垂钓留千载，著屐长吟别一天。
回首先踪占地脉，涵濡人杰出尘缘。

洪祖淳（1756—1810年），上店（今属黄宅镇）人，字士秀，庠名宪。邑庠生。

海塘春雨　清　洪祖基

时雨溟濛一鉴明，神通海脉著芳声。
挂冠卜胜钦先代，瑞叶振振竹帛荣。

洪祖基（1771—1813年），东市（今浦江城区）人，字始之。

海塘春雨　清　张大勋

池塘入梦谢庭夸，尤爱名传锡海嘉。
云雨楼台疑蜃气，风烟鸥鹭即仙家。
披蓑有客拱垂钓，对酒何人闷落花。
父老温颜话间里，此番十倍长桑麻。

张大勋（1765—1827年），十甲仁字大房城北（今浦江城区）人，名致珂，字书常，号金庭。嘉庆庚午（1810年）举人。有《祝金华曹珩圃山长》诗。

海塘春雨　清　钟嘉勋

有塘名海大非夸，定识鱼多丙穴嘉。
镜里烟光浮彼岸，雨中春色属谁家。
霏霏有脚连云气，滚滚无声促浪花。
却笑东门成韵事，临池只道沤菅麻。

钟嘉勋（1777—1828年），钟村（今属黄宅镇）人，字应德。邑庠生。

长堤夕照　清　黄世昌

忽转西风作晚晴，夕阳反照半村明。
羊随斜影堤边落，雀欲归巢堤上鸣。
天放新晴入翠堤，夕阳无语自依依。
云胡薄暮分疆界，半面阴沉半面晖。

海塘春雨　清　黄世昌

烟迷远岫雾迷川，烟雾迷离膏泽宣。
慢道海塘世泽永，还如春泽落长天。
鸣鸠个个呼春雨，雨打烟花覆绿苔。
欲上海塘探雨景，还如人间辋川来。

黄世昌（1891—?），新屋大房（今属黄宅镇）人。

长堤夕照　清　洪继效

凝眸堤畔送斜晖，数道娥眉耸翠微。
莲浦香从孤鹜散，渔舟影逐落霞飞。
一川烟景连天碧，几处春声夹岸飞。
最爱苍茫红十里，达观不碍晚依依。

洪继效（1772—1801年），东市（今浦江城区）人，字崇人，庠名汝弼，字良赉，号龙峰。郡庠生。

长堤夕照　清　洪仲全

沙堤绵互镇江湄，惯向长空揽夕曦。
领得荣华天不老，红光满地泼胭脂。

海塘春雨　清　洪仲全

廉织瑞雨到春浓，润时津茎蚁不封。
洗净繁华归大海，偏教此地记朝宗。

洪仲全（1841—1901年），义乌后明塘（今属义乌市北苑街道）人。

长堤夕照　清　八十老人洪大文

一带长堤媚远天，晚来照耀更芳妍。
斜晖透翠疏林挂，落日流光遍地延。
上览古城霞影赤，下临潮水绮纹鲜。
暮烟缥缈笼无际，古道优游亦快焉。

海塘春雨　清　八十老人洪大文

名命海塘东复东，霏微膏雨助朝宗。
瀫文织就形旋没，锦浪裁成影转空。
岸上桃花添艳丽，堤边杨柳润青葱。
密云处处生芳泽，共沐涵濡乐化工。

长堤夕照　清　洪锡范

闲情此日步沙堤，畹晚残阳景已西。
深翠淡红光暧暧，平林烟景落霞齐。

海塘春雨　清　洪锡范

霏微细雨洒芳春，点缀海塘瑞色新。
滴滴归源常不溢，烟波浑似望洋尘。

洪锡范（1751—1827年），新厅（今属黄宅镇）人，名孟汝，字九畴，号静斋。邑庠生。

新宅沙堤记并诗　清　洪呈麒

新宅之东数百步有长江，曰汭水。江之隔岸有山，曰康侯山。山色则翠黛如屏，江水则潆洄若带。兼此二胜，亦浦阳一巨观也。甲辰春，麒随先君子往来其间，湍清流，挹白云，林野幽旷，四顾踌躇。谓麒曰："是间萃山水之灵，惜当山水之冲，宜筑沙堤以卫之。有裨于里居者不浅。”乃未果而麒旅食京师，与桑梓隔绝者凡五载，念无日不在康峦汭左间也。迨还归故里，溯遗言，追先志，欲力成之，遂与诸父老等议，发公赀公粟，阖村募工，运石畚沙，筑为长堤。高十尺，长二百余丈，宽二丈。为度时闲农隙，人乐输工。干筑已完，倏成胜概。是役也，肇自乾隆壬子二月乙卯，毕功三月壬午，不越月而告竣矣。爰是栽松植竹，以固斯堤。俾无剪代，第见葱蒨蓊郁，霞蔚云蒸，掩映于山巅水湄。四时殊景，物态变新。或倏鱼鼓鬣，或渔牧行歌。每当夕阳欲堕未堕时，步履斯堤，周览遥瞩，以穷其趣，觉万虑消散，飘然世外。窃以为我里中父兄子弟，踊跃之功不可没，而麒亦得以慰先人之志矣。且也往来行人驻足凝眸，恍估如蜒蜿之横空，蝃蝀之下饮，莫不喜见颜色，曰：“是堤也，虽为十年计者树木，实为百年计者树人也。”麒闻而乐之，更期后之从有同志者时加修筑，则斯堤之永，讵不与山水并峙不朽哉！是不可以不记，并系以诗云：

先志追成惬素衷，好乘农隙便鸠工。
千人力役三春早，数里堤成一月中。
乍讶蟠旋开地利，还期爱护兆年丰。
从今树木栽培厚，奕世流徽绍祖功。
长堤上筑护村东，百丈周遮一径通。
沙际光浓春早绿，桥头景衬晚霞红。
贻谋始信当年泽，成事无忘今日功。
最是躬亲培偃盖，庶期高厚地天同。

海塘八景之长堤夕照　清　洪呈麒

目尽江东送夕晖，沙堤葱蒨客依依。
谁家牧唱斜阳去，何处樵歌返照归。
一带长虹连水互，半天孤骛共霞飞。
优游舒啸涟漪晚，蹈破林阴月半扉。

海塘八景之海塘春雨　清　洪呈麒

春雨溶溶万派通，众流汇纳景无穷。

光浮松岭溟濛外，影写楼台潋滟中。

玉鉴新磨千古迹，天机斜织五更风。

为霖未尽形容妙，溉我三洪奕世丰。

洪呈麒（1754—1834年），新宅（今属黄宅镇）人，名重麒，字圣瑞，号云岩。九品候选，与郑冲、王守畇等唱和。

新宅沙堤诗　清　洪继鹏

康侯山下海塘东，一带沙堤久大功。

数里银钩堪挂月，几重锦帔欲凌风。

龙盘蜿蜒图难画，蚁垤高低镇独雄。

乔木十年堪庇荫，滔滔江水利无穷。

长老经营夺化工，沙堤斜筑跨长虹。

山峦耸髻春为染，江畔修蛾望欲空。

指点村墟苍蔼里，依稀鸡犬白云中。

分明一幅辋川画，绣壤今看虎踞东。

洪继鹏（1772—1799年），新宅（今属黄宅镇）人，字用抟，号云程，庠名鹏。郡庠生。

柑塘八景诗之白石春耕　明　陈仕裕

皎洁南山石，根从陇畔生。

农驱篱外犊，儿打柳中莺。

数亩连云湿，一犁带雨耕。

春潭资灌溉，静听桔槔鸣。

柑塘八景诗之蚌堤新柳　明　陈仕裕

濯濯珠塘柳，含芳绕石堤。

柔枝添雨重，细叶带烟齐。

水照眉痕浅，风迎燕舞低。

招呼同志客，携酒听黄鹂。

柑塘八景诗之璧沼香泉　明　陈仕裕

璧沼余香在，长流一派泉。
泓澄涵碧藻，摇漾起清涟。
学海元无竭，文澜信有渊。
余波浩润泽，诗兴亦悠然。

陈仕裕（1419—1487 年），柑塘（今黄宅镇姓陈）人，字希济，号淡斋。景泰甲戌（1454 年）举明经进士，累官建宁太守。廷试京师时与义门郑肃联姻。成化间由东阳根溪迁柑塘。

柑塘八景诗之璧沼香泉　明　陈玉明

池泉清以涟，余香缭且绕。
灌注玉堂秋，文澜何浩渺。
乃知化龙鱼，即潜在此沼。
芹草出澄波，芳气惹多少。

陈玉明（1520—1591 年），柑塘（今黄宅镇姓陈）人，名尚珊，字汝耀，号曲沧。嘉靖戊午（1558 年）进士，考授云南曲靖府通判。

柑塘八景诗之璧沼香泉　清　陈钦

泉分泮璧暗流香，学海无涯灌溉长。
文鲤乘时破浪去，满池芹藻亦留芳。

陈钦（1608—1679 年），柑塘（今黄宅镇姓陈）人，字学智，号芸香。

柑塘八景诗之璧沼香泉　清　陈绶

灵泉澄澈暗流芳，芹藻参差映夕阳。
孝感于今传胜事，还推此沼一分香。

陈绶（1686—1769 年），柑塘（今黄宅姓陈）人，名永佩，字子绶，号乐山。乾隆辛酉（1741 年）贡生，黄治安撰七十寿序，何子祥撰八十寿序，戴望峄撰传。

孝感泉　清　戴望峄

盈盈白麟溪，水味清且冽。
相传昔孝子，有母饮成癖。
岁旱水脉枯，疏凿绝涓滴。
岂无他水甘，母口苦不适。
孝子起彷徨，呼天为号泣。
一号土膏动，再号土脉裂。
三号水洊至，沦波偏洋溢。
旱魃为之藏，天吴为之决。
鉴此孝子心，供彼慈母食。
一从泉涌后，终古永不绝。
至孝通神明，天人理非隔。
嗟哉行路人，临渊宜自惕。

戴望峄（1718—1769 年），儒林门（今浦江城区）人，字邹山，号桐峰。乾隆二十五年（1760 年）进士，官云南禄丰知县。有《桐峰听鹂记游》。

孝感泉　清　陈果

滴滴千行泪，盈盈一勺泉。
我来思汲饮，不觉泪沦涟。
风木悲犹在，云山恨复牵。
更无亲啜水，呜咽泳斯篇。

陈果（1790—1862 年），沙城（今岩头镇岩头陈）人，名可果，字若侯，号菊人，又号浦岩，有《沙城文钞》。

孝感泉　清　曹开泰

飞流潺潺破壁开，百年泱漭溪之隈。
自古至诚能动物，泉声如为泻呜咽。
旱魃一何虐，流波一何涸。

阿母以此水为命，孝子号啕血泪落。
天所怜石乳出金浆寒，至今游人彻骨冷。
藩王锡书日月炳，君不见姜诗之泉耿恭井。

建文井　清　曹开泰

《成祖宝录》称建文大内自焚，御撰《纲目》三编亦云“帝不知所终”，则知帝并无出亡之事矣。今义门有建文井，岂因旧传逊国时从亡二十二人，而浦江翰林待诏郑洽与焉！又传帝往来者七家，洽亦与焉，故从而附会欤？然《致身录》之诬辨者不一，而胡濙访张三丰，又有阴以觅帝踪迹之说。帝子之残碑旧咏，亦所在多有传闻异词，此井殆其类欤？兹过其地，作歌志之。

一掬流泉彻骨冷，个中剩有山河影。
前朝逊国事已遥，父老犹传建文井。
当时飞燕入京城，君王便作打包僧。
惠襄出走悲无那，狐赵从亡感不胜。
曰臣程济曰郑洽，二十二人盟共歃。
老佛游踪遍吴楚，得毋曾饮寒泉渫。
兴亡从古皆前定，削藩鼌错原持正。
度牒袈裟事有无，潜龙入海皆天命。
独怜瓜蔓尽诛夷，惟有孤臣结想痴。
宁武橐饘虽不失，鲁昭反国恨无期。
潜出金川齐祝发，师弟一饼还一钵。
白龙山下曾诛茅，罗永庵中传诗笔。
麟溪留此雪泥痕，岂是稗官都臆说。
太液池波昔梦荒，御沟灵沼几沧桑。
空山苔甃年年绿，留与词人吊夕阳。

曹开泰（1750—1819年），坦溪（今金华市金东区曹宅）人，名文鸾，字佩卿，号珩圃。候选训导，嘉庆十年（1805年）至二十四年任东明书院山长。有《宜弦堂诗抄》。

思远楼八景为郑允资赋之柳塘飞玉 明 王稌

方塘水暖细草肥，柳外春声早已知。
双玉飞来清浅处，空青点破晚晴时。
结盟只许驯鸥伴，篷羽尤堪入凤池。
高洁丰标闲雅趣，云外烟水更相宜。

王稌（1382—1440年），华川青岩（今属义乌市徐江街道）人，字叔丰，王袆孙。受业方孝孺，有《青岩稿》。

梅花泉 明 郑渊

梦醒罗浮月满家，冷泉一勺浸寒葩。
空明照胆无纤翳，贞白问心绝点瑕。
茗碗香清癯鹤骨，冰壶泉绕护犀牙，
春阳暖到虬枝上，池畔芳氤长绿霞。

郑渊（1326—1373年），郑义门（今郑宅镇郑宅）人，字叔高。有《致用斋稿》。

题郑仲潜东明山凿池曰灵渊 元 陈樵

凿池得清泉，泉清乃见天。
宁知天可见，有自未凿前。
池泉一何静，天体一何圆。
仰视天广覆，俯察天在渊。
俯仰倏上下，孰得知其然。
至人有真见，不滞方若圆。
百虑本一致，万殊同一原。
渊渊与浩浩，信匪言可宣。
天运妙不息，君子贵干干。
孔圣有明训，请子观逝川。

陈樵（1278—1365年），东阳人，字君采，号鹿皮子。与黄溍友，有《鹿皮子集》。

题玄麓山八景之五折泉　明　宋濂

一汲复一汲，有若步云梯。
终然投东意，万折不肯西。

宋濂（1310—1381 年），金华潜溪人，后迁居浦江青萝山。字景濂，号潜溪。任《元史》总裁，官翰林学士承旨知制诰兼赞善。有《宋学士全集》。

玄鹿八景诗之五折泉　清　郑晋卿

九曲麟溪五折泉，同居九世五公贤。
清涟荡漾之形转，流水萦回弓字眠。
得路青云梯级级，濯缨皓月水涓涓。
看他东去频回顾，如别山人不忍前。

柳溪十景之浦汭渔舟　明　斯一绪

浦汭即浦阳江，源出县西深袅山中。东流八十里达于柳溪，复逶迤三百余里由诸暨入钱塘。本吴越三江之一。《春秋外传》所谓“三江环之”者是也。谢灵运诗“朝发浦阳汭，夕宿浙江湄”即其地。此江白水翠岩，互相映发。晶气吐纳，云雾每多。渔舷酒舸，随风上下。击楫酣歌，欸乃互答。或风光淡爽，水月空清。铁笛一声，素鸥欲舞。或轻烟拂渚，山雨欲来。披蓑顶笠，执竿烟水，莫不倚浪以奇傲，临流而檥榜。似以幽致，恍若图画。

溪流直到若耶津，云接苎萝山暮春。
玉女寄言渔子去，洗头池待浣纱人。

杜溪春兴

溯柳溪而上，其源由两水各而下，白马桥一水流自杜溪，潺湲出山谷中。虽无怪石峭岩，悬瀑奔溜，可骇可愕。山初攒而分谷，谷随折而闲原。茂林密篠，峄隗葱郁，纡余随地而高下，委蛇信步以夷犹。前是卜者以地气盘桓而不泄，良是归藏之所。故自中庭墓之后，郁郁佳城，列祖之魂灵宅焉。是以襄阳公宦成栖息，预卜孝友之庵。嗣后避难却器，往为寄亭。相其风声之寥寥，皋鱼之风木恨焉；松柏之萧萧，许孜之涕泪枯焉。世学相传，大德不逾闲。且其沿山皆瓯娄之充，近原悉汗邪之膴，堤谷多潴汇之池。人无遗国，地无伏利。累朝用之，又皆先人手泽所存也。故篱落相错于林丛，鸡犬交群于雉兔。亦有幽人结构而侣白云。每际春暮，惊花乱下，巧鸟争鸣。柳溪之山谷颇多，而杜溪为胜。惟此之故，往称费胪坞之类，不知从何得此斋东不根之语。今概削之。

冻瀑初消水汇流，杜溪曲处岸林稠。
白萍流尽桃花出，长惹渔郎渡口舟。

巢岩石壁

巢岩在浦汭东，巨石拔地峭起，壁立如削成。世传黄巢余孽曾枭其巅，故名。下瞰大江纵横鍧硿，穷水之变。有灵官祠据其上，以足顿祠地，冬冬如鼓有声。柞棫竹箭，横生倒植，菁葱相纠壁趾。飞石乱叠，如假山状。俯视四围，有石罅尺许，匍匐始得入，复高广可通。壁后有田百数亩，村落两三家。樵歌渔唱互答，萦纡百余武。至施公洞麓，地多榛莽，翳荟不见路。沂洄而进入，行草木交戟中，触面揎发。涧中乱石齿齿，水流其间有琅琅声，可当子荆一漱。东上半里许，施公沿崖顶危石岌岌，欲坠畏人。入洞中，峪岈延互玲珑，寥廓可容数百人。上以巨石覆之，若琢惜不甚深耳。有一石如砥亘其中，止容数十人宴坐，起立便触头。洞左水声漉漉，自悬崖堕涧中，如十丈珠帘，喷冰洒雪，凉气飒飒侵肌骨。岩巅石色苍翠，尤可爱。右可缘磴而上，凡数百级始抵洞。巨石夷旷，不毛如平地，到处可席。众石奇出，有崭然角立者，屹然对峙者，横裂者，直折者乎；铺者、凸者、窪者、罅者，种种不可尽述。若望，重山若阙，真奇观也。

巉岩石壁控江堤，曾话当年驻鼓鼙。
乌鸟只今频聚散，可怜荆棘尚凄凄。

白马清流

广济桥一名白马桥。相传此桥初成，有客骑白马过，久而精灵不泯。尝有马影闪烁波澜间，居民恍惚见之。客盖异人也，桥因以名。溪源自柳溪东北，一出沈家坞，一出宣岭中，俱西流十余里，潆洄百折，幽涧千支。至松墩而合，往复漫衍数里，以达柳溪。于水色蔚蓝，文鱼彩石，历历可数。每有奇人逸士栖偃桥上，临泛忘返。

柳溪南折下通衢，鞭石成梁聘驾舆。
莫是驮经西竺后，长留马影伴游鱼。

球山新月

球山在柳溪东，穹然拔起众峰之间。左右顾盼，严、越山川云气遥接，与鸡冠山对峙作主宾，国公山、汤家岩又若健士守阍者。余峦或驻、或跃、或拜、或舞，种种难状。而浦阳江水自西飞注，一泻数十里，旋绕其麓而去。俯瞷原隰聚落，星罗棋布，收尽远近之胜。至薄暮，霞光零乱更天末。少焉，月自山间出，莹彻横空。山如烟黛，波似练白。吞吐林光，相映发语云。临水漾碧，攒林漏光，致可掬也。

众山环耸一峰孤，俯瞰烟林乱绿芜。
纤月如弦东海上，微晖初映独当吾。

野芳晴翠

野芳亭在山堂庵巅。群山左右嵱嵷，辏空而入。南望平原村落，数十里万转清川，千里绿嶂。每旭日弄晖，岚光泻色。空水相鲜，青碧闲呈，横抹无际，信足以荡累遗物娱衰赏，恐市门未易知也。

野霁群芳带润生，郊游席草傍花明。
山灵未识幽亭没，叠翠依依恋旧盟。

松墩牧唱

松墩去柳溪四里许。两溪夹绕，万川龙崇列秀。其间一二村落，皆编柳成径，插篱为门。有古松十数本，虬枝奇崛，绿荫葳蕤。修者戛云，低者拂檐。如幢竖，如盖张。盛夏无暑地，因以名。每随风涛作谡谡按节，与牛背笛声相应。和彼吹竹、弹丝、敲金、击石者，其近与偃仰。是闲意风味，不减通明。

大麦初黄雨正晴，牛肥秧长听晨耕。
好教布谷催他壑，牧梦醒来笛数声。

石涧樵歌

石涧去柳溪北八里许。重峰沓障，苍峭万寻，周匝若垣，疑无去路，止清泉出石中，彻莹无沉滓，洄悬激注，声琮琮若琴。翠木鳞石，交荫其上。定堪逸者占为山居，以其僻在岩窍，足力未到，只耳伐木丁丁、樵歌互答而已。徘徊涧上，令人怅然。

北山樵罢涧增波，山鸟争花笑语多。
憩石呼朋来听取，适来会意且高歌。

天宫塔影

天宫卓锡在邑志。柳溪聚族，阅五百年。祇林之故迹，向烟牧童指顾，遥示往来，恍天台之有方广寺也。而白云缥缈，常伴一塔。义乌双林塔，为大士涅槃之所，万历中季亦曾倾其数级，此独巍然无恙耶。

山岷指点旧天宫，化国原来是幻空。
不见至今方广寺，更多塔影出云中。

宝应钟声

寺在石壁岩之西下数里。过溪取路山谷中，又数里，而经其地。地遥而岭隔，夜阑人静，钟声恍恍。闻之唐诗云“姑苏城外寒山寺，夜半钟声到客船”。姑苏临江，而城外寒山，兹匪有重嶂之峻阻也。彼宜有钟声，而此亦然，不异矣乎。寺插崖胁山，夕间僧火莹莹，龙象入天。路回峦逸，云暗烟迷。钟声疏越，远在白雪之外。

迤逦山深过客稀，寺残犹识锡初飞。
钟声夜半能惊梦，多少嗤愚觉梦非。

斯一绪（1555—1628 年），吴宁白石（今东阳市城东街道斯村）人，字惟武。曾与吴之器、龚士骧、陈达德、章有成等结“八咏诗社”。

湖地八景诗　民国　陈元文

龙门啸月

静听水悠悠，龙门夜景浮。

迷离桥上月，长啸数声秋。

珠岭吟梅

吟上大江东，寒梅放晚风。
岭南春信早，先报一枝红。

清溪饮鹤

渴鹤不时来，清流净绿苔。
江湖嫌水浊，恐染点尘埃。

长畈耕云

满望老农夫，豳风一图画。
犁锄烟水阔，频把牧童呼。

三江渔唱

渔利三江口，歌声两岸通。
网疏鱼易漏，补向夕阳中。

灵屏泉石

石髓灵屏泻，涓涓冷绝伦。
一泓能解渴，宜饮热心人。

陈元文（1905—?），湖地（今白马镇安华水库库区）人，字孔书，号玉亭，学名景宜，字闇然，号日章。黄凤纪婿。

合济桥八景之芦塘印月　清　何镜清

数丛芦荻满秋塘，月印波心彻底光。
恰是西湖风景好，泛舟同玩水中央。

合济桥八景之柳溪渔火　清　何镜清

柳叶垂青似线柔，渔翁夜宿伴沙鸥。
一溪灯火无时熄，卧听新歌唱未休。

合济桥八景之芦塘印月　清　何镜清

数丛芦荻满秋塘，月印波心彻底光。

恰是西湖风景好，泛舟同玩水中央。

何境清（1872—?），球山（今属白马镇何石塔）人，名守涌，字本源，号心泉。太学生。

嵩溪十景之石潭龙映　清　徐宗泮

潭深无夏亦无冬，翻落孤峰挂老龙。
风薄飞涛悬白涧，雨来瀑布吼青松。
大夫枕石深藏干，处士漱泉不受封。
倒影扶疏含变化，干云直上几千重。

徐宗泮（1734—1792 年），嵩溪（今属白马镇）人，字硕儒。太学生。

小西湖八景　明　倪尚忠

湖距家可二里许。岁丁未，余自吉州归，始构阁其上，杂莳花木，日盘桓于兹，恍若身在六桥两峰间，遂赋八景以记之。

其一　画阁环梅

湖边重阁彩云流，为种罗浮百二稠。
斜影周遭迷杖履，暗香迢递促吟喉。
朱栏衬贴冰澌丽，画栋参差玉缀裒。
鼎鼐山林天性别，莫言何逊在扬州。

其二　长堤垂柳

湖堤缭绕镜光团，五柳门前柳拂栏。
丛里流莺能织锦，阴中走马惯攀鞍。
柔丝不惹离亭憾，青眼频将世路看。
漫说寒塘多寂寞，汉宫春色锁椒兰。

其三　晴浦夜渔

潋滟晴光晚亦宜，呼童携罟向河湄。
歌鱼已了怀中铗，把钓何烦梦里罴。
芦荻烟开鷁欲逝，稻花香满蟹将肥。
鲈莼渌酒吾侪事，醉踏长堤且赋诗。

其四　雨楼春诵

山雨濛濛风满楼，披襟开卷兴偏幽。
吹藜绿府窥千古，滴露丹铅到九邱。
教属先天非有岐，道从身外更何求。
经锄本是吾家事，惓此春阴莫放休。

其五　榴园朝暾

晓来榴火喷湖光，湖面亭亭上太阳。
露蕊娇盈脂欲堕，风葩摇飏酿犹香。
累累结子中常赤，颗颗开心品自良。
榴伴葵花花正吐，也随晴旭永相伴。

其六　蓉湖秋月

夜行元不厌湖月，况是芙蓉夹岸秋。
老鹤踏翻蟾兔乱，琉璃碾尽玉轮浮。
孤槎已向中天落，狂客何劳秉烛游。
三万六千能几夕，百壶还解鹔鹴裘。

其七　孤屿攒云

蓬壶三岛移来一，漠漠闲云锁翠微。
树影苍茫疑蜃结，波痕黯淡赚鸥飞。
展书楼阁垂檐静，抱瓮庭除带露稀。
君自无心吾已倦，长安不见总依依。

其八　四岩积雪

谁家拥出玉巑岏，倒浸平湖霄色寒。
冰柱浮撑呈太素，珠帘斜挂映琅玕。
纤纤月影宜元鹤，淡淡去踪恍白鸶。
携酒问梅亭上坐，一团清味到袁安。

倪尚忠（1551—1630 年），浦江龙池园（今兰溪市梅江镇倪大）人，字世卿，号葵明。万历戊戌（1598 年）进士，官吉安府同知。

观岩八景之椒湖瀑布　明　傅世瑛

太华曾分一脉泉，古今不息自涓涓。

玉虹直讶横银汉，素练犹疑驾碧天。
宝鉴有光悬玉柱，瑶琴无调转冰弦。
余波浩浩清如许，宜种仙家十丈莲。

傅世瑛，正德时乌伤（今义乌）人。

潭溪十景之西湖钓月　明　汤义

婵娟散彩印湖心，余润沄洄自古今。
楚竹夜燃浑不寐，一丝钓意任浮沉。

汤义，三山（今福建福州）人。嘉靖乙未（1535 年）浦江县训导。

直塘十景　钱可芳

直塘一作迪塘，又称荻埭，村以塘得名。塘居归山之下，其形方长，约五亩有奇。水色澄滢，终年不竭，既利灌溉。村之四周小山环绕，遍种桃花，间植梅李。每当阳春桃红李白，如火如荼。其景如画，洵人间之仙境、世外之桃源也。兹仿西湖十景体例，集成十则，分自吟咏，供诸同好。其端附以小引，描衬一般景况，非仅为景生色，有如按图索骥，一目瞭然矣。

椒湖飞瀑

转轮岩之顶有泓沛然。尚书钱遹垒石积土，潴为巨浸，而名曰“椒湖”。天清风止，虚明下澈，可鉴毛发。沿堤植以杉竹，蓊郁葱蒨，掩映于两山之间。万籁作止，鸣禽上下，四时殊景，物态无穷。其泓下泻，百丈飞练，虽二十里外亦可目触。况如虬龙腾空，蝃蝀下饮。伫足仰视，万念顿消，诚壮观也。

百丈飞泓榛莽间，恍如蝃蝀白玉弯。
轮岩胜景非凡响，天下闻名第一山。
椒湖飞瀑非天然，万马奔腾不计年。
物态无穷惟争巧，孤松长啸忆先贤。

太液神骏

直塘四周丘陵起伏，中平坦如居盆地，五路交错，俗称五马归槽。

门前塘古称太液池，相传曾经仙人开凿，泉源不竭，色如醍醐，味清香甘洌。掬饮之，沁人心脾，且可延年。昔年尝有五色神骏降池饮水，饮毕跳跃数巡，始各腾踔而去。见人不避，人亦不以异。其后村人嫌旧堤残缺陷落，有碍观瞻，遂更筑之。源流阻塞，水成溷浊，神马亦从兹绝迹矣。

莫言神马事荒唐，洛数河图故国光。
天降琼浆龙骧饮，直塘自古称仙乡。
神奇莫逾太液池，色比醍醐味可知。
我欲谱图非语怪，五花天马信有之。

大观金印

独峙俗称大尖头，直塘后山即其发脉也。脉势跌宕遒劲，遹公辟大观塘，断其脉，泉涌如血液。闻龙鸣嘶嘶，大地震颤。翌日忽于隄埂坟起一墩，形如覆钟。工人戏刨其土，随刨随臃，遂懼不敢动。术者曰此名螭卵，毁之不祥。一说尚书公垒土为台，日登其上而督工焉。一日其台腾空而起，公大惊，急差近侍取官玺镇之，始降伏。此墩迄今尚存，无敢毁者。乡人呼曰“印上”。余意当以此说较确耳。

大观浩渺比西湖，罍罍印山　小姑。
最是晴天三春月，水光潋滟半波无。
云光缥缈水光寒，不愧洋洋称大观。
我欲闲来印山下，一蓑一笠一鱼竿。

归山访古

归山山形如龟，故俗称龟山。山麓有小塘，名曰乌龟塘。水色黝黑，深邃无比。昔有高僧云游至此，见而异之，留一偈云：“塘水黟，龟无灵；塘水清，龟飞升。”不数年，其水果清，而龟则蹒跚欲起矣。村人恶之，急凿断其项，始蹐然伏地。顾水色，复黝黑如初矣。相传先祖钱慧公字如遇，号默斋，文章清丽，尤长于诗。官至元中军元帅府都事。辞官归田，爱归山幽秀，结茆筑室，楼隐其上。改龟山曰归山，又称乌龟塘曰洗砚池。山居十余年，足迹不入城市。公有二子，长曰梦吉，即绵远堂远祖；幼曰孟渊，即文献堂祖也。余每登临，缅怀古风，辄爽然神往。

试问归山归什么，先生已去可奈何。
登临欲赋清平曲，郁郁诗怀感慨多。
我爱归山诗境多，临风蹁蹁舞婆娑。
倦来倚石向阳卧，一片浮云带雨过。

钱可芳（1910—1984 年），浦江直塘（今属兰溪市梅江镇迪塘钱）人，字啸槑。

钟山汪氏十景律诗之古井泉香　汪资深

鳞接千家炊暮烟，香闻井底涌清泉。
严冬温暖心田快，盛夏清凉滋味鲜。
杯酌无须添绿蚁，壶提不待费青钱。
楼台四座墙围处，犹有阶前一巷穿。

汪资深（1854—?），浦江石埠（今属兰溪市梅江镇）人，名时祺，字仁敌，号秀峰。邑庠生，曾任育才学堂监学兼修身教员。

和溪石氏八景诗之东山凤竹　明　潘惟学

山在和溪之东，其峰号青灵岩。立胡公祠于其上，祈祷靡不感应。其巅有泉，盛夏不竭。祠侧竹木森然。

灵宇翚飞云影间，万竿苍玉满东山。月来石畔筛金屑，风到林中响佩环。谁信七贤甘避迹，应知六逸苦休官。清泉白石无法染，高望方知宇宙宽。

和溪石氏八景诗之右谷龙池　明　潘惟学

山在和溪之东南。上有龙湫，自宋以来，但遇亢旸，祈求雨泽，有白龟出现，无不应验。

右谷幽幽到者稀，神龟霭霭喷霖霏。
巅岩霞彩三千丈，古木霜皮四十围。
层汉迷离云势合，深池霹雳电光飞。

潭波乍动松风起，报道苍龙带雨归。

潘惟学，嘉靖时宁国人（一作宣城人）。

茅庐八景之石响洞泉　清　任良佐

洞里鸣泉韵，泉声震洞天。
能教趋热客，转作广寒仙。
水活全浇药，风微半带烟。
禅房花木在，幸有一啼鹃。

任良佐，大楼（今属杭坪镇）人，字鼎铉，郡增生。主持光绪甲午（1894 年）、乙巳（1905 年）修谱。

中坑村居十景诗之泉塘积水　金启耀

闲游信步到村畔，泉塘积水满居然。
细浪澜翻原可爱，寒泉清洁本非贪。
凭渠波浪纷纭起，漫把渊源仔细探。
幽赏尚逢明月到，坑边合更培重圆。

金启耀，诸暨人，自号浣西失学子。

墅屏八景之西塘南阡　明　何传

山绕南阡第几重，写归图画墨痕浓。
白云密护牛眠地，青草频生马鬣封。
一束生刍绵渍酒，两行壤树手栽松。
羡君兴感偏能孝，长是披图思不穷。

墅屏八景之西塘南阡　明　杜桓

西塘草木蔼如云，马鬣封高处士坟。
庆泽余波流后裔，晴烟墅色带斜曛。
画图写入丹青笔，山水开张锦绣纹。
族谱有亭如欲记，只消深刻老泉文。

又　明　杜桓

西塘塘下是南阡，邱木千章翠拂天。
一水东流滢玉带，两山高耸插金莲。
石麟草上眠春雨，乌鸟台前集暮烟。
怅望哲人今已矣，披图清泪倍潸然。

杜桓，金华人。

西塘南阡古　明　冯大纲

斋居听风木，感叹心不宁。载闻慈乌啼，益使涕泪零。
峨峨南山下，溪流相带萦。眷兹面阳地，永妥先人灵。
牛眠卜云吉，马鬣封峥嵘。秋霜春雨露，焄蒿凄怆情。
痛哉隔尘世，长年閟泉扃。羹墙念在是，梦寐见仪形。
爰辟数亩基，载构南阡亭。于焉奉祀事，尤易孚精诚。
岂无五色芝，晔晔生林坰。亦有连理木，乌哺无相争。
嗟彼夸毗子，嗜利奔营营。或落江湖间，无日扬归艇。
或处歌舞地，朱楼恋娉婷。双亲在高堂，两鬓垂星星。
定省既缺然，宁念尝与蒸。美哉吴氏子，孝道人共称。
不日拜征书，终古流芳馨。

冯大纲，丹溪（今义乌市赤岸）人，字清德。

墅屏八景诗并序　清　吴承池

墅屏者，浦阳东偏之名山也。余先祖卜于朝阳之麓，建奎映斋一座。螺光黛色，点缀窗前。其欲有志之士仰止高山者，意深切矣。原夫山之灵异，尝云雾阴翳之日，曾传仙人弈于棋盘石上。余窃心异之，尝著阮公屐、携谢公诗而登其巅。一时瞻眺所及，狮岭拱于南，鸦山带于西，北指莲庵，东流仙鸽。沿仙鸽而下，则月潭之白石清湍，爽心豁目者，不胜缕述。乃俯首而言曰：天光一鉴，碧色千层，非槐塘之水耶；铿铿然漱石余音，令人闻之，如涤尘虑，如写幽怀，非石笋之鸣泉耶！盖造物无尽藏，贶我良多矣。迨咏归之暇，与二三良友相聚于奎映斋，焚香扫地，对酒论文，亦吾人之胜概也。爰作序以志奇观，并赋诗以畅高情云尔。

石笋泉琴

鸣泉声里恍鸣琴，倚树闲人契独深。
簇簇萍花铺水面，亭亭石笋立波心。
莺簧细雨听将彻，蛙鼓新晴响共沉。
可爱春塘方半亩，学谁洗耳掉头吟。

槐塘春水

春色宜人引兴长，蹈青邀伴到槐塘。
轻烟柳絮风飘白，细雨苹花水度香。
峰影千层描黛笔，波纹一鉴漾天光。
投竿偶触鸥飞去，背指屏山胜夕阳。

仙鸽观鱼

翘首高吟旱麓篇，天机活泼兴悠然。
潭光可鉴鱼真乐，雨意能知鸽亦仙。
字摸荒碑多剥落，路寻危岭极盘旋。
饶予几度登临趣，好景由来记不全。

龙潭八景诗　清　佚名

天、地、人、物一气也。峙而为山，流而为川，钟山川之秀气，而人生焉。特纪景状之佳丽者，以见人才之生不偶然也。因律成八咏于左。

龙潭雨泽

绿水悠悠可浴沂，龙潭深处尚依违。
嘘云蔼蔼山光暗，驾雾茫茫日色微。
或跃或飞观世变，时行时应顺天机。

民人诚祷桑林下，际会风云雨泽施。

清溪后钓

源泉混混四时流，有水如斯不断头。
万丈深中鱼活泼，一临岸上意幽悠。
垂纶不设钩中饵，把钓常披体上裘。
明月沉时归又味，将鱼沽酒共月讴。

清塘十景诗之清塘月柳　清　张惟信

向晚余闲蹈柳坡，亭清漪水漾诗脾。
非干有句能酬月，柳线月钩善钓时。

（塘系浦之二十一都，在陈氏祖居前之右。居址曰“清塘畈”，即指此塘。大可余十亩，而久潦长清，因谓“清塘”。旧塍植柳。友人晚食余闲散步，柳阴涌魄，与悬蟾辉映，辄恍动月落万川之想。）

张惟信（1600—1665 年），八甲西房（今浦江城区）人，字尚友。府庠生，曾任教于清塘。

清塘十景诗之清塘月柳　清　陈大昌

一泓清可月来先，潋滟金波跃柳烟。
叶翠千条清影白，漪绞万斛绉光联。
昨穿缕线银钩挂，今照尖眉玉镜悬。
池上流辉难独寐，三眠杨柳不成眠。

陈大昌（1626—1695 年），清塘（今属白马镇）人，字得全，号绍邱。府痒生。

清塘十景诗之清塘月柳　清　夏严，浪石子

国运行来处处清，君家泽畔早驰名。
多逢月色呈佳况，静织丝纶挂玉衡。

清塘十景诗之清塘月柳　清　陈所学

蒨蒨池上柳，皎皎山间月。

月柳浸空明，娑婆障兔窟。

陈所学（1598—1665 年），湖地（今白马镇安华水库库区）人，名大器，字行之，号素其。

清塘十景诗之清塘月柳　清　陈大旦

碧浪盈村西，长清久潦池。

玲珑一片月，烟柳宿凫鹥。

陈大旦（1640—1719 年）清塘（今属白马镇）人，字旭之，号日华。府庠生。

清塘十景诗之清塘月柳　清　陈其超

寻诗鉴致意如何，应见猗猗两岸抛。

翠色偏宜空皎洁，清光更喜影婆娑。

丝纶斜系添金字，皓魄流连在绿波。

月柳临池诚可羡，却疑银海浪清波。

陈其超（1654—?）清塘（今属白马镇）人。

清塘十景诗之清塘月柳　陈元文

柳线千条月一钩，钓诗不愿钓王侯。

梦衣新染垂青眼，古镜重磨照白头。

细叶迷离争皎洁，寒光荡漾叹沉浮。

清塘那得清如许，定有清源在上流。

陈元文（1905—?）湖地（今白马镇安华水库库区）人，字孔书，号玉亭，学名景宜，字闇然，号日章。黄凤纪婿。

清塘十景诗之清塘月柳　陈培芝

皎皎天上月，青青堤边柳。

方塘一奁开，摇影倾斗酒。

陈培芝（1899—?），清塘（今属白马镇）人，字升侯，号封建。

清塘（二首） 明 王仕功

塘开半亩镜然清，未许人来问浅深。
鸥弄碧波浮白雪，鲤牵翠荇现黄金。
时见复观天云影，日饮尝铭孝义心。
宅取清塘原有趣，不才何幸续和声。
世塘何似此塘名，果是其中映得清。
不是源头来活泼，焉能云影此分明。
光涵霄汉新开镜，亮展江湖任濯缨。
彻底神鱼难稳卧，伫看雷响即飞升。

王仕功（1551—1631 年），钟余（今中余乡中余）人，字惟谦，号养泉。嘉靖时自钟余迁居盛村（今白马珠岭）。

槁溪十景之枫井流泉 明 黄洵

志乎畎亩之乐者，不可语以读书之贵；味乎藜藿之甘者，不可语以猗顿之富。惟士之生，苟无富贵之慕，必修其行谊，不陋村墟草莱，以安耕凿。及其闲暇触物感兴，发为咏歌，以娱心志，岂非康衢击壤之遗意欤。同邑槁溪孙士能氏，好学而能文，工医而善施，士君子莫不高其行谊，喜与之交，而相延誉以其才学。际斯盛世，当进用以展所蕴，而恬然韬晦于草野寂寥之乡。其率子弟勤树艺，供贡赋，服力役，尚淡泊，节嗜欲，养真元，则其乐畎亩、甘藜藿，概可见矣。环其所居有十景之胜，暇日形诸赋咏，为唐律十章。客至，歌以为乐，诵其诗则知其心志。《诗大序》不云乎："诗者，志之所之也。在心为志，发言为诗。有是志必有是诗。"美哉，士能志之也！以所赋十景示予，予三复叹羡，不能释手。窃重其志之所乐，味之所甘，超乎世慕之处。复喜其诗冲淡平和，因书首简以归之。若夫士能所善，皆缝掖之士，和之者宜日众，又必有大手笔为之序引。宣德五年（1430 年）龙集庚戌良月既望，同邑合溪黄洵序并引。

黄洵（1378—1460 年），合溪（今黄宅镇上宅）人，名灏洵，字叔允，号抱戚子。嗣宿子。与郑楷、陈礼等人交。宣德间率耆老诉藩臬，减全县荒芜重租三千石。诗文若干卷，有《赠郑允鹏》诗。

槁溪十景诗并引　明　孙士能

智闲居，爱溪山之胜，盘桓于槁溪之上，挹其尤胜者十景而赋之。夫山川之胜，靡不由人物而得名。若是韦处厚之凤山十二咏，欧阳永叔之琅琊六题，至今传诵人口。予何人哉，乌足以贻名溪山于久远也！姑志吾兴趣于寂寞之乡，庶几效击壤之乐，以鼓舞太平之盛耳，不敢以言诗也。同志君子，才有俪于韦欧者，傥辱教而和之亦将永传人口。附骥之荣，斯足赖焉。

枫井流泉　明　孙士能

凿开顽石漾清漪，水脉潜通接槁溪。
石罅流来融雪髓，云根引去润春畦。
渴痟偏称相如饮，秋至还宜络纬啼。
最是旱天能灌注，管教金谷遍高低。

孙士能（1382—1449 年），槁溪（今浦南街道巧溪）人，名学智。

枫井流泉　明　王稌

灵泉一派涌郊坰，万古寒波似鉴澄。
莹洁光生银窟兔，清冷凉胜玉壶冰。
汲烹石鼎茶尤美，分灌膏田稻已登。
有客濯缨枫树底，新诗题遍石栏凭。

王稌（1382—1440 年），华川青岩（今属义乌徐江街道）人，字叔丰，王祎孙。受业方孝孺，有《青岩稿》。

枫井流泉　明　郑燧

枫木森森绕四围，一泓彻底净无泥。
源流混混通潮浦，派衍沄沄接槁溪。
灌注禾苗无旱暵，润沾亩亩遍高底。
清冷何处堪相并，太华峰头玉井齐。

郑燧（1366—1431年），郑义门（今郑宅镇郑宅）人，字允资。曾为宋濂誊稿。有《安素集》。

枫井流泉　明　陈绮

一泓芳润注平田，直与龙湫水脉连。
九夏地寒融雪髓，三秋枫落酿丹泉。
静含兔魄澄今古，清沁诗脾契妙元。
闻说最多功利处，挽回旱暵作丰年。

枫井流泉　明　郑勋

叠石粼粼比岸齐，一泓寒玉浸涟漪。
桔槔引灌篱边菊，洗药流添竹外池。
凉漱井花藏酒渴，香烹山茗润诗脾。
间行几度归来晚，爱看澄波月半移。

郑勋（1347—1446年），郑义门（今郑宅镇郑宅）人，字允建。有《怡云轩集》。

枫井流泉　明　郑臈

枫井流泉旱不干，年年赖此灌原田。
凉如天上金盘露，香比峰头玉井莲。
晓卷辘辘清见底，时烹山茗绿生烟。
卢仝陆羽那能舍，绝胜衔杯李谪仙。

郑臈（1399—1465年），郑义门（今郑宅镇郑宅）人，字允然。

枫井流泉　明　吴栗

团团石甃漾漪涟，水脉潜通白石源。
汲渌烹茶多异味，引流灌稼顿蕃鲜。
天光倒浸无纤翳，月彩斜轮胡缺圆。
水气生凉宜九夏，不妨高枕日间眠。

吴栗（1402—1463年），芦塘（今仙华街道大许）人，名大桴，字景宇。通经史，吟咏有唐人之体。

枫井流泉 明 吴玑

阑畔青枫覆碧漪，莹然一眼鉴毫丝。
引流灌稼年频稔，汲渌烹茶味最奇。
不比酒泉兴爱嗜，却同橘井济瘫疲。
幽人饮此心常洁，千古何妨效隐之。

嘉庆丁巳新增十景诗引 清 孙承辂

槁溪宗谱《十景诗》者，始于八世祖士能公讳学智所作也。公号四休，其生平德行，历历见前，诚上祖承先启后之伟人也，无庸再赘。再卜迁以来，未有家乘。公乃不吝多资，探源求本，得获余姚古谱。始知吾族系烛湖派祖开公之嫡支，随父任，历三迁而卜居斯土者也。公于旧祠之所，创构书院一座，颜云“槁溪书院”。朝夕与绅士翰墨题咏不绝，复挹村景之最胜者，拟成“十景”，首题即“槁溪书院”也。诸绅士翰墨群相步和焉，俨然唐宋之遗音，实吾族之至宝。迭更修葺，莫能再易。迨辛巳重修，内缺郑燧公所和“西陇晴揪”之三，而总缉邑庠讳汉瑛者，考觅古本无获，为之谨续矣。至今纂修之际，而汉瑛兄之胞侄录试讳珏者，欣然有继祖怀古之心，谨和前诗。其业师赵昆山先生，系汉瑛兄在日之契友也，更联姻戚，幸不吝金玉，慨吐珠玑。此正后先继美，实一时之盛事，大有光于斯谱者也。应亦如士能公与诸绅士翰墨之作，共垂于不朽焉，固其宜耳。辂也从师日浅，茅茨盈胸，若云和也，诚有愧矣。但慕上祖开创之功，喜后贤继美之志，情不自禁，效击壤之讴吟，等樵牧之歌唱，仰瞻祖德于靡涯，感颂时雍之盛化，未敢云诗也，妄赋俚言，垂于诗尾，并为引其略焉。嘉庆二年（1797 年）岁次丁巳冬月，十八世孙承辂谨识。

槁溪十咏 清 孙承辂

村居古井植丹枫，水脉澄清灵泽通。
孝感诸泉原迥异，方塘一槛似相同。

墨流古砚鱼翻藻，茶煮香瓯鹤伴松。
井内流泓今不改，槛林宛在古诗中。

孙承铬（1758—1804年），槁溪（今浦南街道巧溪）人，字绍殷，号朴斋。

谨步士能公十景诗元韵之枫井流泉　清　赵良瑛

古井无波讵有漪，磷磷可赛白鳞溪。
枫飘赤色标祠畔，水渡清光着圃畦。
味美何殊诚孝感，泉甘应动老莱啼。
流来肯向禾苗灌，只润高枝结子低。

赵良瑛（1693—1742年），罗塘（今属前吴乡）人，字英玉，号昆山。时为槁溪孙氏西席，后官至钦赐翰林院检讨。

谨和槁溪十咏　清　孙国珏

停车最爱是枫妍，不爱林边爱井边。
脉脉常函霄赤碧，盈盈不与月亏全。
从知大畜原无竭，始信中孚果有然。
水味尝来清且洌，声华藉藉赛廉泉。

孙国珏（1773—1830年），槁溪（今浦南街道巧溪）人，名珏，字兼玉，又字廷玉，号璞山，别号默斋。邑增生。

霖雨行　祷雨白石潭得应作　清　何子祥

火云烧野成焦土，蕴隆虫虫润夏五。
谁能飞跷排天阊，手决银河下甘雨。
嗟余为政愧淳良，来彼旱魃心徬徨。
中田龟坼禾就槁，如焚如炙摧肝肠。
脚着芒鞋勤步祷，云坛礼设香烟袅。
北叩仙华帝子灵，神旗一路祥云绕。
云去云来雨意多，密云不雨竟如何？
山南闻有灵湫在，乞取蛟龙制碧波。

宝马香舆行路绎，扪葛寻源穷白石。
喜看蜥蜴入�笼，变化神灵寄此物。
迎归虔奉胆瓶中，顷刻风云蔽远空。
向午霏微先有点，隔宵滂沛已交通。
从兹三日云沾足，枯槁回生兴愈速。
同云如磨雨如油，四境周遭尽优渥。
墙阴鼓腹庞眉叟，笑指秋成书大有。
荷蓑荷笠五尺童，倒骑牛背歌喁喁。
田家此乐知何极？都道甘霖自天锡。
爱民甚矣天之心，岂予薄德能感格？
雨沃心苗静不喧，绿莎厅畔鹤翩翩。
解囊试拨旧冰弦，忧乐相关声可传。

君不见，五风十雨星从月，圣世如春夸黄轩！南风和兮民财阜，箱斯万兮仓斯千。吾皇寿考祝万年，小臣恭纪《霖雨篇》。

第九章 水事民谣

车水点数歌

正月梅花啰一匝车，
梅花开过二樱桃，
樱桃过啰桃花开，
桃花过喔四枇杷，
枇杷过啰五榴花，
榴花过喔荷花开，
荷花开过七秋凉，
秋凉过喔桂花香，
桂花香过九重阳，
重阳过啰一十匝车。
（就这样反复二十、三十、四十……唱下去）

踏水歌

一双来两匝车，
一两过起又轮；
二双来四匝车，
二四过起又轮；

三双来六匝车，
三六过起又轮；
四双来八匝车，
四八过起又轮；
五双来一十匝车，
五双一十过起又轮；
一双来两匝车，
一两过起又轮；
二双来四匝车，
二四过起又轮；
三双来六匝车，
三六过起又轮；
四双来八匝车，
四八过起又轮；
五双来一十匝车，
五双二十过起又轮；
……
（依次类唱）

挑水歌

日头照到金竹园，
姐姐挑水路呀远，
脚呀小，腰呀软，
路上碰着同年弟。
帮助姐姐挑肩去：
一肩挑到百花亭，
二肩挑到台门里，
三肩挑到水缸边。
歇几水桶挂几钩，
金竹扁担铁扎钩。

同年弟，坐几去，
红绿茶，食碗去。
同年姐，不食歇，
包裹雨伞还俺自。

求雨歌

潘宅接个九令公，
吹了三日四夜大西风。
第二次再接胡公，
太阳日日狂红。
平安张接个圣九太，
恐怕晴到三十夜。
七里接个凯哥，
一直晴到拔粟。
再上仙华叩拜莫公，
又是一场落空。
黄宅接个娘娘，
一晴晴至重阳。
前吴接个吴莱，
有人发了横财。

占年歌

（正月）
岁朝宜黑四边天，
大雪纷纷是旱年。
但得立春晴一日，
农夫不用力耕田。
（二月）
惊蛰闻雷米似泥，
春分有雨病人稀。

月中但得逢三卯，
处处棉花豆麦宜。
（三月）
风雨相逢初一头，
沿村瘟疫万人忧。
清明风若从南至，
定是田禾大有收。
（四月）
立夏东风少病疴，
晴逢初八果生多。
雷鸣甲子庚辰日，
定主蝗虫侵稻禾。
（五月）
端阳有雨是丰年，
芒种闻雷美亦然。
夏至风从西北至，
园内瓜蔬受熬煎。
（六月）
三伏之中无酷暑，
田中五谷多不结。
此时若不见灾难，
定主三冬多雨雪。
（七月）
立秋无雨甚堪忧，
万物徒然只半收。
处暑若逢天下雨，
纵然结实也难留。
（八月）
秋分天气白云多，
处处欢歌好晚禾。

只怕此时雷电闪，
冬来米价道如何。
（九月）
朔望飞霜侵损民，
重阳无雨一冬晴。
月中火色人多病，
若遭雷声米价升。
（十月）
立冬之日怕逢壬，
来岁高田枉费心。
此日更逢壬子日，
灾伤疾病苦百姓。
（十一月）
初一西风盗贼多，
飞来大雪有灾魔。
冬至天晴无日色，
来岁定唱太平歌。
（十二月）
初一东风六畜灾，
若逢大雪旱年来。
但遇此日晴明好，
丝棉五谷稳成堆。

第十章 谚语

立了秋，雨水收，塘堰快点修。

天晴不开沟，落雨叫救救。

晴天防雨天，丰年当荒年。

上半年望秧田，下半年望菜田。

上山怕老虎，下田怕辛苦。

田要深耕，囝要亲生。

种田要秧好，养儿要娘好，秧好一半稻。

会管管一丘，不会管管百丘。

有稻呒稻，节夏看稻。

饿死光棍鳅，晒死塘口丘。

过水要望前头人。

有收呒收在于水，多收少收在于肥。

人要勤换衣衫，稻要浅水勤灌。

水是稻的命，也是稻的病。

秋前勿搁田，秋后讴皇天。

楼上千年枫，水底万年松。

云掩中秋月，雨打上元灯。

惊蛰不冻虫，寒到五月中。

未过惊蛰先鸣雷，四十九日云不开。

麦吃四季水，最怕清明连夜雨。

黄梅寒，井底干。

小满不满，芒种不管。

芒种火烧天，夏至雨绵绵。

五月壬子破，大水漫山过。

夏至见青天，有雨在秋边。

夏雨隔田晴。

熟不熟，但看五月二十六。

东风吹过西，仓前饿死鸡；西风吹过东，十仓九仓空；南风吹过北，有钱籴不得；北风吹过南，无钱赊不难。

六月不热，五月不结。

六月值连阴，遍地是黄金。

立秋无雨甚堪忧，万物从来只半收。

十月无落雨，高田休用作。

五月南风发大水，六月南风井底干。

夏南秋北，无雨磨墨；春南夏北，有雨即刻。

夏至前西风发大水。

一天南风三天雨，三日南风发大水。

秋前北风秋后雨，秋后北风干到底。

天上鲤鱼斑，晒谷不用翻。

鱼鳞天，不雨也疯癫。

天上钩钩云，地下雨淋淋。

云向东，一场空；云向西，穿蓑衣。云向南，雨涟涟；云向北，晒开铁。

南山戴帽，有雨要来到。

今日花花云，明日晒死人。

天际灰布悬，雨丝定连绵。

人黄有病，天黄有雨。

瓦片云，晒死人。

落日胭脂红，无雨就是风。

乌云过银河，有雨在明朝。

小雪无云主大旱。

八月十五云遮月，正月十五雪打灯。

天上呒云走，地上晒死狗。

早上红云雨勿停。

五更云蚀霜，晴勿到黄昏。

月从云里走，雨在半夜后。

乌云接日头，半夜雨稠稠。

乌云接日，来日雨急。

乌云接日，勿过三日。

靠夜上云半夜开，半夜上云雨就来。

若要晴，五更靠夜上天云。

傍晚红云天变晴。

夜里云散一日开。

雨打早五更，雨伞勿用撑。

雨打中，两头空。

雨落霉头，无草饲牛；雨打霉脚，田缺勿要作。

芒种勿落空种田。

不怕初一雨，就怕初二阴，初三下雨半月不得晴。

七月十五雨，十月十五霜。

冬水枯，春水铺。

五月无大水，十二月无长水。

伏雨打熟地。

六月雨，隔笆篱。

七月七勿落雨，七月十四打大水。

一日黄沙三日雨，三日黄沙九日晴。

立秋落雨廿日旱，过了廿日烂稻秆。

立夏晴，蓑衣箬帽丢田塍；立夏落，蓑衣箬帽丢壁角。

十月十五晴，柴炭满街城；十月十五落，柴炭贵如药。

雨落起水泡，连夜就天好。

未到惊蛰敲天雷，四十五日挖炉灰。

小暑打雷，倒灶黄梅。

雷打冬，十家牛栏九家空。

一夜天雷七夜雨，七夜天雷打大水。

六月六敲天雷，塘底焐焦灰。

南角花闪火门开，北角花闪雨就来。

夏雾露，塘底当大路。

云雾裹山脚，落死癞头壳；云雾裹山头，晒死活泥鳅。

立冬晴，一冬晴；立冬落，一冬落。

霉天勿做霉，黄谷哪里来；五月不做霉，田兄哪里来。

甲午乙未，翻天倒地。

甲戌乙亥，两头通海。

甲寅乙卯晴，四十五日满天星。

戊申己酉连庚戌，天上呒云地下黑。

春丙申阳阳，燥死秧娘。

夏丙申阳阳，燥死稻娘。

秋丙申阳阳，晒谷上仓。

冬丙申阳阳，呒雪呒霜。

辰日分龙巳日雨，八十公公去踏水。

五月壬子破，水从山头过。

八月毛雨撒，有米无柴煨。

元宵大雪，中秋大水。

东鲎日头西鲎雨。

鲎高日头低，大路淌成溪。

鲎低日头高，大路晒成破木杓。

东鲎送日半夜雨。

虹低日头高，大路晒燥壳；虹高日头低，大水打平溪。

明星照黑地，明天晴不起。

稀稀星，日日晴；密密星，雨淋淋。

月亮生毛，有雨呒逃。

锅底迎灯，有雨阵阵。

水底起青苔，大雨快要来。

中秋河路清，必定好年成。

人黄有病，天黄有雨。

六月盖被，有谷呒米。

三月三落雨，落到茧头白。

久晴西风雨，久雨西风晴。

云食霜，晴勿到靠夜。

云朝东，一场空；云朝西，穿蓑衣；云朝南，雨团团；云朝北，晒做铁。

第十一章　水仓碑刻及碑文（部分）

禁堰碑（图 11－1）

图 11－1　禁堰碑

碑文：

正堂李示

为双溪三源，全赖堰坝蓄水以溉田稻，因为立禁：谷雨以后，立秋以前，不准顺放柴薪、竹木，以固堰坝而保田稻。毋违。特谕。

〔清〕宣统二年（1910 年）二月　日双溪三源仝立

虞大塍碑（图 11－2）

图 11－2　虞大塍碑

吾乡滨大溪，旧有虞大塍，为万田畈之堤，勘古来修废无稽。自乾隆庚申，洪水永续。次岁一修，至壬辰又氽。甲午大修，有碑可考。嘉庆癸亥复被水患，暂时小修。延至道光丁酉再修，业已载匾。今丁巳七月间，任涨较甚，大塍下截一带百有余丈并中塍尽被水坏，如同沧海。首事者鸠工垒石，起自十月，成于十二月，规模仍旧。其科料资费出自堰头大路直下至祠口横路，通畈田亩派为五则，视被灾之浅深定起科之上下，公议允协，爰勒石告竣。至逐年补阙之资，向有塍脚田念秤田租在，不赘。共料百八十八千零，用百八十一千零，其余为修葺之资。

〔清〕咸丰八年（1858年）十二月　日公立

塘岭金村水龙会碑（图11－3）

图11－3　塘岭金村水龙会碑

《瑞雨亭记》《西湖塘记》《椒湖塘记》碑刻（图 11－4）

图 11－4 《瑞雨亭记》《西湖塘记》《椒湖塘记》碑刻

《东湖塘记》碑刻（图 11－5）

图 11－5 《东湖塘记》碑刻

《水仓赋》碑刻（图 11－6）

图 11－6 《水仓赋》碑刻

《刘笙水仓》碑刻（图 11－7）

图 11－7 《刘笙水仓》碑刻

薛家村禹王庙碑刻（图 11－8）

嵩溪石板路碑刻（图 11－9）

图 11－8　薛家村禹王庙碑刻

图 11－9　嵩溪石板路碑刻

后　　记

我从20世纪90年代初起从事基层水利工作，与农村水利已经打了三十多年交道。工作之余，我喜欢和农民聊聊身边的水利，喜欢逛逛每个村的文化礼堂，寻找古村水利遗迹。

像溪井、拗井水仓一类的小型水利工程，对浦江本地人也说，或许并非新鲜之物，甚至熟视无睹，一直以来，没人真正关注过，也没有真正认识其蕴藏的价值。有一个契机是，2019年4月29日，浙江省水利厅治水办主任朱法君受水利厅原厅长、时任金华市委书记陈龙委托，前来浦江考察嵩溪村的“明暗溪”等古代水利设施。朱法君主任对此次考察兴趣浓厚，专门撰文介绍了嵩溪“明暗溪”的水利价值和文化价值，建议浦江县加强古代水利遗产的开发、利用和保护。

在各级领导、同事的关心支持下，这些年来，我开始有意识地收集、考证一些水利遗迹和文史资料，多次请教水利专家和县里文史爱好者。从2019年起，我陆陆续续写了一些有关“浦江水仓”的文章。为了编纂本书，又开始系统性考虑浦江水仓的起源、结构、功能、作用，以及随之衍生的诗歌、信仰、习俗，试着从人民群众独创性提炼其科学内核，从功能结构、区域分布进行定义和分类，从地理地貌、气象水文、水旱灾害、耕作习惯等方面探讨起因来源，从水与人口、资源和环境的关系上研究其功能与作用，从歌谣、诗词、楹联、传说中寻觅水文化的影子。为提高全社会水生态文明建设水平和水文化的高度自觉和自信，建立人水和谐的社会生产生活方式，建设资源节约型和环境友好型社会贡献一份自己的微薄力量。

《浦江水仓》成书，非一己之力，是许许多多浦江水仓爱好者、水利工作者共同努力的结果。借此向中国水利水电科学研究院副总工程师兼中国水利学会水利史研究会会长谭徐明、中国水利水电研究院水利史研究所所长助理兼中国水利学会水利史研究分会副秘书长李云鹏、水利部发展研究中心副主任吴浓娣、浦江县水务局长潘期枫、浦江县总工会主席彭思灿、县文史爱好者洪国荣、潘朝阳、江东放、鲍黎明、于元顺、邵继材等，以及所有热情关心和帮助过的朋友，致以最诚挚的谢意。

征得作者同意，本书部分摘录了潘朝阳先生著的《盘洲古风》、洪国荣先生编著的《仙华山传说》中与水仓有关的文章。摘录了《浦阳风物旧咏》、《浦江县故事、歌谣、谚语卷》中收录的与水有关的诗词，也参考了其他书籍和资料。本书封面由冯冲设计，照片除傅克平所摄外，冯冲、吴拥军、魏礼鸿、何敏等诸先生也提供了精美的图片，使本书锦上添花，在此一并深表谢意。

本人水平所限，加之文章均为业余时间完成，时间跨度又大，难免挂一漏万，存在诸多不足之处，恳请各位领导和专家继续提供有关“浦江水仓”资料与线索，并提出宝贵意见，使本书得以不断改正与完善。

傅克平

2023 年 8 月 1 日于浦江县水务局